土木材料学

宮川豊章
六郷恵哲
[編]

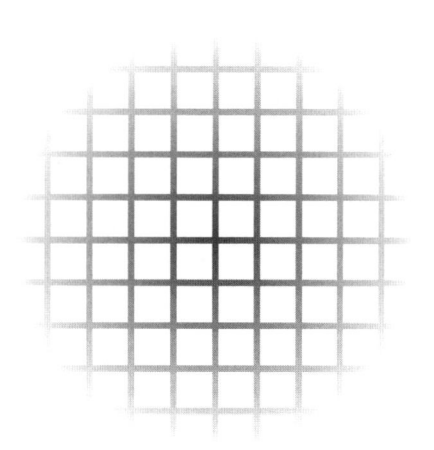

朝倉書店

執筆者

綾野 克紀	岡山大学大学院環境学研究科
五十嵐 心一	金沢大学理工学域
上田 隆雄	徳島大学大学院ソシオテクノサイエンス研究部
内田 裕市	岐阜大学総合情報メディアセンター
大島 義信	京都大学大学院工学研究科
大津 政康	熊本大学大学院自然科学研究科
岡澤 智	BASFポゾリス株式会社
岡本 享久	立命館大学総合理工学院理工学部
鎌田 敏郎**	大阪大学大学院工学研究科
河野 広隆	京都大学経営管理大学院
岸 利治	東京大学生産技術研究所
国枝 稔	岐阜大学工学部
小門 武	日鉄住金環境株式会社
小林 孝一	岐阜大学工学部
佐伯 竜彦	新潟大学工学部
橋本 親典	徳島大学大学院ソシオテクノサイエンス研究部
服部 篤史	京都大学大学院工学研究科
久田 真	東北大学大学院工学研究科
松岡 和巳	新日本製鐵株式会社
松坂 勝雄	積水化学工業株式会社
宮川 豊章*	京都大学大学院工学研究科
山田 一夫	株式会社太平洋コンサルタント
山本 貴士	京都大学大学院工学研究科
六郷 恵哲*	岐阜大学工学部

(*は編集者，**は編集幹事，五十音順)

まえがき

　2011年3月11日の東北地方太平洋沖地震に起因する東日本大震災は，1995年1月17日の兵庫県南部地震による阪神・淡路大震災に引き続いて，社会基盤施設を造ること，使いこなすことの大切さを改めて市民社会に知らしめた，といってよい．コンクリート構造物などの社会基盤施設を適切に計画し，建設し，維持管理し，運用することの重要性が明らかとなったのである．このような，社会基盤施設の時空間における利用を考える場合，社会基盤施設の生涯シナリオを創造することが必要となる．

　土木材料は土木構造物をはじめとする社会基盤施設を形づくる素であり，形づくられた社会基盤施設は現在のみではなく将来にわたって美しく市民にとって誇りあるものとして，"丈夫で美しく長持ち"する必要がある．したがって，土木材料およびそれらを組み合わせて造られる構造系もまた，"丈夫で美しく長持ち"しなければならないことは当然である．そのため土木材料として用いられる多くの材料については，強度はもちろんのこと，耐久性を含めた種々の性質を理解することが必要となる．この理解があって初めて構造物の生涯シナリオの創造が可能となり，シナリオデザインが姿を現すのである．

　現在，教科書としてはできるだけ内容を絞り単純で理解しやすいものが求められることが多く，その目的に沿った多くの教科書が発刊されている．しかし，本教科書はそういった近年の流れに安易に従うことをよしとしなかった．もちろん理解のしやすさには配慮したつもりであるが，土木材料学の考え方の基本に基づき，材料学の体系が理解できるとともに，内容はできるだけ最先端のものを取り込んだ記述とすることを心がけた．つまり，種々の土木材料が何から成り立ち，その発揮する性能は何に起因しているのか，そのメカニズムが理解できることをまず念頭において，世界最先端の情報をも含めたつもりである．そのため，各章の執筆者は，「簡単にお願いできる方ではなく，書いてほしい方」にお願いすることを基本とした．また，本質的には学部の教科書を意図しているが，部分的には大学院あるいは職場においても使用可能であると考えている．本教科書が，学生諸君の知的興味の覚醒を促し，土木構造物の計画・設計・施工・維持管理に技術的な面白さをますます覚えてくれるよう願っている．

　『土木材料学』という教科書としての名著がある．昭和39年の刊行時の著者は，岡

田清・明石外世樹・神山一・児玉武三の4先生であり，現在では小柳洽先生が中心となって改訂がなされている．しかし，岡田先生らがお亡くなりになり，お元気でおられるのは小柳先生のみになられた．さらに発行元の国民科学社が廃業したため，きわめて使いにくい教科書になってしまった．本教科書はこの名著に多くを負っているといって過言ではない．ここに記して，深く謝意を表したい．

　本教科書にはさらに整備充実しなければならない点も多いかと思われるが，この教科書が用いられることによって，お使いになった方々からのご意見をもとに内容が適宜改訂され，その結果，本書『土木材料学』がますます充実することを祈念する次第である．

　最後に，本教科書を執筆するにあたって，短い執筆期間で相当の無理をお願いした執筆者各位に深く感謝するとともに，編集にあたって多大なるご助力をいただいた鎌田敏郎先生には深甚の謝意を表したい．

2012年2月

編　者

目　　次

第1章　材料学への招待　［鎌田敏郎・宮川豊章］ 1
1.1　本書の位置づけ 1
1.2　材料学を学ぶ目的 2
1.3　材料の分類 3
1.4　材料としてのコンクリートおよび鉄筋コンクリート 4
1.5　本書の構成 5
1.6　材料と人間・環境との関わり 5

第2章　基本構造　［大島義信・宮川豊章］ 9
2.1　はじめに 9
2.2　原子の結合力 9
2.3　結晶の構造 11
　　2.3.1　結晶 11／2.3.2　非晶質 12／2.3.3　結晶における欠陥 13
2.4　複合材料 14
2.5　材料の力学特性 14
　　2.5.1　弾性および塑性挙動 15／2.5.2　応力-ひずみ曲線 16／2.5.3　弾性係数 17／2.5.4　粘性挙動 18／2.5.5　破壊と強度 19／2.5.6　靱性・脆性・硬さ 21
2.6　おわりに 22

第3章　金属材料　［小門　武・松岡和巳］ 23
3.1　はじめに 23
3.2　金属の結合と構造 23
　　3.2.1　金属結合 23／3.2.2　金属の結晶構造と変態 24／3.2.3　合金の構造 24
3.3　平衡状態図 25
3.4　金属結晶の変形 26
3.5　格子欠陥 28
　　3.5.1　点欠陥 28／3.5.2　転位 28／3.5.3　面欠陥 29

3.6 金属材料の強化……………………………………………………29
　3.6.1 ひずみ硬化 30／3.6.2 固溶強化 30／3.6.3 析出硬化 31／3.6.4 結晶粒の微細化 31
3.7 金属材料の力学的性質と破壊………………………………………32
　3.7.1 金属材料の力学的性質 32／3.7.2 金属材料の破壊 32
3.8 チタンおよびチタン合金……………………………………………34
　3.8.1 チタン 34／3.8.2 チタン合金 34
3.9 おわりに………………………………………………………………35

第4章　鉄　　鋼……………………………［松岡和巳・小門　武］　37
4.1 はじめに………………………………………………………………37
4.2 鉄鋼の製造……………………………………………………………37
　4.2.1 製造の歴史 37／4.2.2 現代の鉄鋼製造法 38
4.3 鉄鋼の冶金的性質……………………………………………………39
　4.3.1 炭素鋼の平衡状態図と組織 39／4.3.2 熱処理 40／4.3.3 化学成分の影響 41
4.4 鋼の力学的性質………………………………………………………41
　4.4.1 応力-ひずみ特性 41／4.4.2 圧縮強さ 42／4.4.3 せん断強さ 42／4.4.4 硬さ 43／4.4.5 衝撃強さ 43／4.4.6 疲れ強さ（疲労強度）44／4.4.7 クリープ・リラクセーション 45
4.5 溶接性…………………………………………………………………46
4.6 耐食性…………………………………………………………………47
4.7 加工時の特性…………………………………………………………47
4.8 鋼材の種類……………………………………………………………48
4.9 おわりに………………………………………………………………49

第5章　金属の腐食・防食………………………［小林孝一・宮川豊章］　52
5.1 はじめに………………………………………………………………52
5.2 腐食反応………………………………………………………………52
5.3 金属の標準電極電位…………………………………………………53
5.4 反応の平衡論…………………………………………………………54
5.5 反応の速度論…………………………………………………………55
5.6 不動態…………………………………………………………………57
5.7 腐食の形態……………………………………………………………58

5.7.1　均一腐食　58／5.7.2　異種金属腐食　59／5.7.3　孔食　59／5.7.4　隙間防食　60／5.7.5　応力腐食割れ，腐食疲労　61／5.7.6　水素脆化　61
　5.8　防　　　食……………………………………………………………62
　5.9　おわりに……………………………………………………………63

第6章　高分子材料……………………………［松坂勝雄・宮川豊章］ 65
　6.1　はじめに……………………………………………………………65
　6.2　熱硬化性樹脂・熱可塑性樹脂………………………………………65
　6.3　高分子材料の弾性率…………………………………………………67
　6.4　高分子材料の力学挙動………………………………………………69
　6.5　高分子材料の粘弾性…………………………………………………71
　6.6　高分子材料のクリープ挙動…………………………………………74
　6.7　建設材料として用いられる成形品…………………………………75
　6.8　接着剤とそのメカニズム……………………………………………76
　6.9　コンクリートの表面処理……………………………………………77
　6.10　高分子材料の劣化と耐久性…………………………………………79
　6.11　高分子系新素材………………………………………………………80
　6.12　おわりに……………………………………………………………81

第7章　セメント………………………………［山田一夫・宮川豊章］ 83
　7.1　はじめに……………………………………………………………83
　7.2　主要なセメントの種類と概要………………………………………83
　　　7.2.1　組成の種類　83／7.2.2　ポルトランドセメント　84／7.2.3　混合セメント　86／7.2.4　強さクラス　86
　7.3　セメントの強度発現の原理…………………………………………87
　　　7.3.1　強度発現に関わる物質　87／7.3.2　セメント硬化体中の空隙　88／7.3.3　ポルトランドセメントの強度発現　88
　7.4　ポルトランドセメントの製造と組成………………………………90
　　　7.4.1　原料　90／7.4.2　焼成　91／7.4.3　仕上げ　92／7.4.4　ポルトランドセメントの鉱物組成推定　92
　7.5　ポルトランドセメントの水和………………………………………93
　　　7.5.1　固相の反応　93／7.5.2　液相の変化　95／7.5.3　水和発熱　96
　7.6　おわりに……………………………………………………………97

目次

第8章 コンクリート用の混和材料 ……………………〔久田 真・岡澤 智〕 99
- 8.1 はじめに …………………………………………………………………… 99
- 8.2 化学混和剤 ………………………………………………………………… 99
  - 8.2.1 概説 99／8.2.2 界面活性剤の効果 99／8.2.3 化学混和剤の成分系の違いによる分散作用 106／8.2.4 その他の効果 107
- 8.3 混和材 ……………………………………………………………………… 109
  - 8.3.1 概説 109／8.3.2 混和材使用の効果 109／8.3.3 代表的な混和材 111
- 8.4 おわりに …………………………………………………………………… 114

第9章 骨材・水，フレッシュコンクリート ……………〔橋本親典・岸 利治〕 117
- 9.1 はじめに …………………………………………………………………… 117
- 9.2 骨材 ………………………………………………………………………… 117
  - 9.2.1 概説 117／9.2.2 密度と含水状態の関係 118／9.2.3 粒度分布と粗粒率 120／9.2.4 粒形，実積率および単位容積質量の関係 121／9.2.5 骨材の時代的変遷と問題点 121
- 9.3 水 …………………………………………………………………………… 122
- 9.4 フレッシュコンクリートのレオロジー ………………………………… 123
- 9.5 ワーカビリティー ………………………………………………………… 125
- 9.6 コンシステンシー ………………………………………………………… 127
- 9.7 材料分離抵抗性 …………………………………………………………… 128
- 9.8 おわりに …………………………………………………………………… 130

第10章 コンクリートの力学特性 …………………………〔内田裕市・六郷恵哲〕 132
- 10.1 はじめに ………………………………………………………………… 132
- 10.2 コンクリートの破壊のメカニズムと強度 …………………………… 132
- 10.3 圧縮強度 ………………………………………………………………… 133
  - 10.3.1 圧縮強度に関する経験則 133／10.3.2 圧縮強度に影響する因子 135
- 10.4 圧縮強度以外の特性 …………………………………………………… 140
  - 10.4.1 引張強度 140／10.4.2 曲げ強度 141／10.4.3 せん断強度 142／10.4.4 鉄筋とコンクリートの付着強度 142／10.4.5 疲労と疲労強度 143
- 10.5 変形特性 ………………………………………………………………… 143
  - 10.5.1 1軸圧縮応力下の変形特性 144／10.5.2 1軸引張応力下の変形特性 147
- 10.6 おわりに ………………………………………………………………… 150

目　次　vii

第11章　コンクリートの変状……………………［綾野克紀・五十嵐心一］152
11.1　はじめに……………………………………………………………152
11.2　アルカリシリカ反応………………………………………………152
11.3　凍　　害……………………………………………………………154
11.4　化学的侵食…………………………………………………………156
11.5　クリープ……………………………………………………………158
11.6　体積変化……………………………………………………………162
11.7　おわりに……………………………………………………………164

第12章　コンクリート中の鉄筋腐食………………［佐伯竜彦・上田隆雄］166
12.1　はじめに……………………………………………………………166
12.2　コンクリート中の鉄筋腐食………………………………………166
12.3　塩　　害……………………………………………………………167
　　　12.3.1　コンクリート中への塩化物イオンの供給　167／12.3.2　鉄筋腐食の発生と進展　171
12.4　中 性 化……………………………………………………………171
　　　12.4.1　中性化の進行とそれに伴う劣化のメカニズム　171／12.4.2　中性化の進行に影響を及ぼす各種要因　172／12.4.3　鋼材の腐食開始　175
12.5　鉄筋腐食によるひび割れの発生と劣化進行………………………175
12.6　対　　策……………………………………………………………176
　　　12.6.1　予防　176／12.6.2　補修・補強　176
12.7　おわりに……………………………………………………………178

第13章　コンクリートの配合設計……………………［山本貴士・岡本享久］180
13.1　はじめに……………………………………………………………180
13.2　配合設計の基本……………………………………………………180
13.3　配 合 条 件…………………………………………………………182
　　　13.3.1　粗骨材の最大寸法　182／13.3.2　スランプ　182／13.3.3　空気量　183／13.3.4　水セメント比　184／13.3.5　暫定の配合の設定　189
13.4　環境に配慮した配合………………………………………………191
13.5　おわりに……………………………………………………………192

第14章　高性能なコンクリートと補強材……………［国枝　稔・服部篤史］194
14.1　はじめに……………………………………………………………194

14.2 高流動コンクリート ……………………………………………… 195
　14.2.1 概要　*195*／14.2.2 材料・配合　*195*／14.2.3 高流動コンクリートの性質　*195*
14.3 水中不分離性コンクリート ……………………………………… 196
　14.3.1 概要　*196*／14.3.2 材料・配合　*196*／14.3.3 水中不分離性コンクリートの性質　*196*
14.4 高強度コンクリート ……………………………………………… 196
　14.4.1 概要　*196*／14.4.2 材料・配合　*197*／14.4.3 高強度コンクリートの性質　*197*
14.5 短繊維補強コンクリート ………………………………………… 198
　14.5.1 概要　*198*／14.5.2 ひずみ軟化型 FRC　*198*／14.5.3 ひずみ硬化型セメント系複合材料　*199*／14.5.4 超高強度繊維補強コンクリート　*201*
14.6 膨張コンクリート ………………………………………………… 202
　14.6.1 概要　*202*／14.6.2 材料・配合　*202*
14.7 レジンコンクリート，ポリマー含浸コンクリート，ポリマーセメント
　　　コンクリート ……………………………………………………… 203
　14.7.1 概要　*203*／14.7.2 レジンコンクリート　*203*／14.7.3 ポリマー含浸コンクリート　*204*／14.7.4 ポリマーセメントコンクリート（モルタル）　*204*
14.8 エポキシ樹脂塗装鉄筋 …………………………………………… 204
　14.8.1 概要　*204*／14.8.2 特徴　*204*
14.9 ステンレス鉄筋 …………………………………………………… 205
　14.9.1 概要　*205*／14.9.2 特徴　*205*
14.10 連続繊維補強材 …………………………………………………… 206
　14.10.1 概要　*206*／14.10.2 特徴　*206*
14.11 おわりに …………………………………………………………… 207

第15章　コンクリート構造物の調査試験方法 …………［大津政康・鎌田敏郎］ 210

15.1 はじめに …………………………………………………………… 210
15.2 反発度に基づく方法 ……………………………………………… 211
　15.2.1 原理　*211*／15.2.2 測定方法　*211*
15.3 弾性波を利用する方法 …………………………………………… 212
　15.3.1 原理　*212*／15.3.2 打音法　*213*／15.3.3 超音波法　*214*／15.3.4 衝撃弾性波法　*215*／15.3.5 アコースティック・エミッション（AE）法　*216*
15.4 電磁波を利用する方法 …………………………………………… 217

15.4.1　概要　*217*／15.4.2　電磁波レーダ法　*218*／15.4.3　電磁誘導法　*219*／15.4.4　X線透過法　*219*／15.4.5　赤外線サーモグラフィ法　*220*
　15.5　電気化学的手法 …………………………………………………………… 221
　　15.5.1　概要　*221*／15.5.2　自然電位法　*221*／15.5.3　分極抵抗法　*222*
　15.6　コンクリートの化学分析手法 …………………………………………… 223
　15.7　お わ り に ………………………………………………………………… 223

第16章　お わ り に …………………………………… ［河野広隆・六郷恵哲］ 226
　16.1　20世紀に加速した材料の高性能化 ……………………………………… 226
　16.2　21世紀に求められる環境適応型材料 …………………………………… 227
　　16.2.1　長持ちする材料　*227*／16.2.2　シンプルな材料　*227*
　16.3　これからの有能な研究者・技術者 ……………………………………… 228

索　　　引 ……………………………………………………………………………… 229

第1章

材料学への招待

1.1 本書の位置づけ

今，あなたは，どんな場所で本書を読んでいるだろうか？

自宅の勉強部屋，大学の講義室，職場のデスク，あるいは電車の中かもしれない．ここで，ちょっとだけ周囲を見渡してほしい．机，椅子，時計，照明，壁，天井，….私たちは，生活に必要な実に多くの「もの（人工物）」に囲まれて生きていることに気づく．私たちの生活を支えているあらゆる「もの（人工物）」は，すべて，人間が何らかの材料を用いて作り出したものであり，材料なくして私たちの生活が成立しえないことは明白である．

材料は，「もの」作りに際して，「もの」に要求される機能や性能を満足できるものかどうか，あるいは，経済的な面から合理的なものかどうか，などの観点から最適なものが選ばれる．木や石など自然界でのそのままの姿で用いられる材料もあれば，鋼材やセメントのように原材料に少し工夫を施して作り出した材料，さらには，プラスチックのように人間が一から新たに作り出す材料もある．このように，私たちは多種多様な「もの」を構成するさまざまな材料とともに暮らしているわけであり，材料を理解することは，私たちの世界の成り立ちを理解することにほかならない．こう書くといかにも大げさに聞こえるかもしれないが，この世に生きるものにとって，材料を学ぶことはきわめて基本的で重要なことであり，特に，科学技術で身を立てるものにとっては，材料学を修めることは必須の条件といわざるをえない．

本書は，上記のような視点のもと，特に社会基盤を形成する代表的な材料としてのコンクリート，およびプレストレストコンクリートを含む鉄筋コンクリート（以降，鉄筋コンクリートとのみ記述）に焦点を当て，これらを構成する材料の種類や特性，コンクリートのさまざまな機能や性能，特徴などについてメカニズムを中心として記述した「材料学」の書である．本書では，読者諸氏がコンクリートおよび鉄筋コンクリートに関する材料の基礎と応用に関して本質的・包括的に内容を理解し，また身につけることができるよう，さまざまな工夫が施してある．本書で学習することによっ

て，読者諸氏の新しい未来が拓けるよう願うものである．

1.2 材料学を学ぶ目的

「材料学」とは，材料科学や材料工学などの学問分野を包含した，広く材料に関わる学問と解釈してよいと思われるが，本書では「材料学」を，あくまでも材料の本質を理解し，材料を有効に利用するための技術に関わる学問として定義する．

材料学は，材料そのものの構造とその性質との間に存在する関係について解明する学問であり，一方で，材料の構造と特性との相互関係に基づいて，必要とされる性能を有する材料を設計し，あるいは人工的に作りうまく使っていくための学問であるといえよう．

材料は，物質の最小単位である原子が，あるルールのもとに集まって構造をなしたものである．したがって，材料を学ぶためには，まずは原子の集合体である材料の基本構造を知ることから始めなければならない．続いて，たとえばコンクリートのように，自然界に存在する砂や砂利を，水とセメントを混ぜて作製したセメントペーストで固めた複合材料においては，砂，砂利，水，セメントといった構成材料単体の材料としての基本的な性質を学ばなければならない．さらに，セメントペーストが固まる仕組みや硬化したコンクリートの性質に至るまで，ミクロな視点のみならず材料のマクロな視点からも，材料の成り立ちを学ぶ必要がある．

材料は，基本構造を含むその成り立ちに応じた特性を示す．ここでいう特性とは，材料が，外部からの何らかの作用，たとえば力を受けると変形を生じるような，いわゆる作用に対する応答に関わる性質のことを指す．さまざまな材料の特性とその理屈を学ぶことが，目的に応じた材料を適確に作り，うまく使いこなす上で重要である．一般的には，材料の特性としては，力学的特性（弾性係数，強度など），熱的特性（熱容量や熱伝導率），電気的特性（電気伝導度，誘電率），磁気的特性，化学的特性などが想定され，これらについて幅広く理解を深めることが，材料を学ぶ上で不可欠である．

メカニズムを中心とした本質的な材料学を身につけることができれば，任意の条件下での材料の挙動を事前に予測することで，従来よりもさらに過酷な条件下で機能を発揮することが要求される場合，あるいは超長期にわたっての機能保持が求められる場合などにおいても，どのような材料を用いることが適切か，あらかじめ知ることができる．構造物がさまざまなシナリオのもとで十分に性能を発揮するために，どのような計画・設計を行い，施工・維持管理を行えばよいのか，その答えを見つけるために材料学的なアプローチが不可欠である．材料学を学ぶことによって，私たち人類の

未来に無限の可能性が与えられるといっても決して過言ではないのである．

1.3 材料の分類

本書は，社会基盤を形成する代表的な材料としてのコンクリート，および鉄筋コンクリートに焦点を当てた「材料学」の書であると述べた．ここでは，材料全体の中で，本書で扱う材料がどのような位置づけにあるのかを紹介しておきたい．

材料の分類の仕方には，実にさまざまなものがあるが，ここでは原材料を加工して「もの（製品）」を作るという，いわゆる工業分野での工業材料について述べる．工業材料には，構造物を構成し内外から受ける力学的負荷に耐える役割をもち，一般に力学的性質（強度，弾性係数など）で評価される「構造材料」と，熱的，電気的，化学的，磁気的特性などの強度以外の因子で評価される「機能材料」とがある．機能材料は，非構造材料とも呼ばれる．これらの分類から見れば，コンクリートは，たとえば橋梁やダムなどを構築する「構造材料」とみなすこともできるし，見方を変えれば，鉄筋コンクリートにおいては，内部の鉄筋を高熱や腐食から守る「機能材料」と考えることもできる．

一方で，社会基盤の建設に関わる工業材料を物質および物質構成により分類すると，図1.1のようになる．これら建設材料は実に多岐にわたっており，本書では無機材料のうち非金属材料としてのセメント，コンクリートについて主に扱っている．このほかにも，鉄筋コンクリートの補強材としての鉄金属材料や複合材料，あるいはコンクリート構造物の補修材料などに用いられる高分子材料についても本書で学ぶことができる．

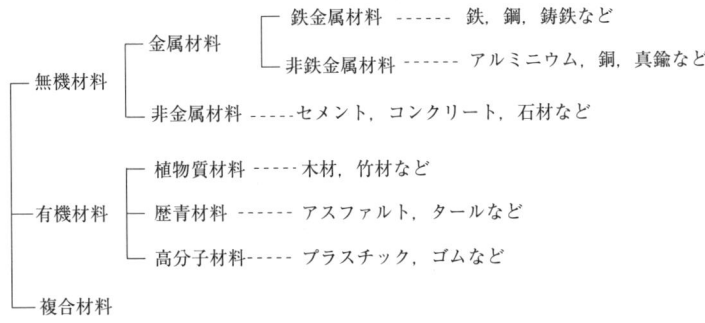

図1.1 建設材料の分類

1.4 材料としてのコンクリートおよび鉄筋コンクリート

それでは，本書で対象とする材料としてのコンクリート，および鉄筋コンクリートの役割や歴史について，簡単に触れておこう．

私たち人類の活動は，道路，鉄道，港湾施設，上下水道施設，エネルギー施設などの社会基盤施設の上に成り立っている．これらの施設は，大半がコンクリート構造物や鋼構造物などであり，コンクリートは社会基盤施設を構成する代表的な材料として位置づけられている．

コンクリートは，任意の形状および寸法の部材をつくることができ，圧縮強度が大きく，耐久性・耐火性に優れた材料である．また，ほかの工業材料と比較して安価であり，そのためボリュームの大きな構造物の建造にも適している．一方で，引張強度が小さく，乾燥などのため収縮することによってひび割れが生じやすく，自重が大きい，あるいは取り壊しが困難であるなどの欠点も有する．

過去に遡れば，コンクリートは，古くは紀元前にエジプトのピラミッドにその類の材料が用いられた事実が認められている．また現存するローマ時代の建造物にも，古代のセメントを使ったコンクリートが用いられ，二千年以上の年月を経た現在でもその雄姿を保っている．現在用いられている近代のセメントが発明されたのは19世紀の初めで，その後コンクリートは至るところで用いられるようになり，社会基盤施設の代表的建設材料として位置づけられるようになった．そして20世紀に入り，コンクリートと鋼材とを組み合わせた複合構造である鉄筋コンクリートが実用化され，コンクリート単体では実現できなかった長大構造物，あるいは耐震性を高めた構造物の建造が可能となり，コンクリート構造物の用途は拡大され，現在に至っている．

一方，近代に入ってから工業的に生産されたセメントで製造したコンクリートを用いた構造物は，まだ約100年程度の歴史しかなく，実構造物の長期耐久性については十分な検証ができているわけではない．とはいえ，わが国内だけを見ても，明治時代に建造された小樽港防波堤，京都疏水鉄筋コンクリート橋，神戸港ケーソンなどをはじめ，耐久性に関して十分な配慮が施され，現在に至るまでその健全な状態を確保した構造物が存在するのも事実である．したがって，新しくコンクリートを作るための材料学を学ぶだけではなく，現存する長寿命の構造物から得られた情報を分析し，コンクリート材料を多角的に深く理解することが大切である．構造物のこれからの維持管理，あるいは今後建設する構造物をさらに耐久的なものへと発展させるための努力を惜しんではならないのである．

1.5 本書の構成

　コンクリートはセメント，水，砂（細骨材），砂利（粗骨材），およびその他の混和材料からなる複合材料であり，さらに鉄筋コンクリートでは，これらに加えて鉄筋やPC鋼材が用いられる．したがって，コンクリートおよび鉄筋コンクリートを学ぶ上では，上記に挙げた種々の構成材料についてそれぞれ学んだ上で，これらを合わせた複合材料としてのコンクリート・鉄筋コンクリートの特性や役割，あるいはこれに関連する項目について学習する必要がある．

　本書では，まず2章で，材料を学ぶ上で汎用的な基礎知識を身につけることを目的として，材料の基本構造と力学的性質について説明する．続いて，コンクリートの補強材に用いる鉄筋などに関する項目として，3章で金属材料全般について学習する．4章では，鉄筋の主たる素材としての鉄鋼について，さらに，5章では金属の腐食や防食について，その種類や方法を示している．一方，6章では，塗料や接着剤をはじめ建設材料として重要な高分子材料について説明している．また，7~9章では，コンクリートの主たる構成材料であるセメント，コンクリート用の混和材料，骨材・水について解説しており，9章には，これらを練り混ぜた状態でのまだ固まらないコンクリート（フレッシュコンクリート）について記述している．続く10~12章では，硬化した後のコンクリートに関して，その力学特性，コンクリートの変状，コンクリート中の鉄筋腐食といった観点から解説を加えている．13章では，目的に見合ったコンクリートを製造するために必要な構成材料の混合比率の決定方法に関して，配合設計としての説明を行っている．そして，今後のさらなる活用が期待される高性能なコンクリートや補強材について，14章にまとめている．さらに，15章では，構造物の点検・調査などに用いられる試験調査方法について概説している．最後の16章では，材料の将来について展望し，読者へのメッセージとしてまとめている．

　なお本書では，読者の理解を助け，さらに発展的な学習を促す目的で，各章の章末に関係規準類，最新の知見が得られる文献，および演習問題を掲載している．巻末索引には各用語の英語表記を併記した．適宜，ご活用いただきたい．

1.6 材料と人間・環境との関わり

　本章の締めくくりとして，材料と人間，あるいは材料と環境との関わりについて述べ，材料学を学ぶ上で是非とも念頭においていただきたい事柄をまとめ，読者へのメッセージとしたい．

コンクリートをはじめとする材料は構造物の構成要素であり，社会基盤施設や社会システムの構成要素としてその責務を果たしている．しかし，材料が私たちの生活を豊かにし利便性を高める施設の建設に用いられる一方で，過度な施設開発は自然を阻害し，環境破壊をもたらしかねない．したがって，環境と調和した安全・安心で快適な社会を築くためには，原材料の採取から構造物の廃棄に至るまでの流れを適切に把握した上で，構造物のライフサイクルにわたって環境保全や省資源などに配慮した材料の計画・設計・施工・維持管理を行わなければならない．そのため，材料学に関わる技術者・研究者は，持続可能な社会の実現に向けて，材料の望ましいあり方について考え，材料の価値を高める技術改善や技術革新のため努力する必要がある．具体的には，たとえば構造物やシステムが環境へ与える影響の評価技術，材料特性の時間的な変動や劣化挙動の予測技術などの確立が不可欠である．このほか，人や環境にやさしい新しい材料を開発することも重要な視点となろう．これらの技術の開発に際しては，材料特性に関する知見のさらなる集積に加え，材料試験方法の高精度化，非破壊評価技術あるいは構造解析技術の高度化，材料製造技術の高度化など，多方面からの各種要素技術の高度化が求められる．

世界中のすべての人々に信頼される社会基盤を確立する上で，構造物に用いる材料に関わる技術者・研究者が「材料学」を根本から学び，得られた知識と経験を十二分に発揮することが重要である．世の中に役立ち，丈夫で長持ちし美しい，そして市民に喜ばれる構造物が造られ使いこなされることは，人類に未来永劫の幸福をもたらす．本書を手にした諸氏が，真摯な姿勢で材料学に取り組み学ぶことによって，材料を通じて社会とのつながりを深め，自らの可能性を広げるとともに社会貢献に努めていただければ幸いである．

□関係規準類

2章以降では，各章の内容に関連した日本工業規格（JIS），土木学会規準などが章末に示されている．ここでは，上記を含めて，土木学会などにより制定されている本書に関連する示方書，指針類を以下に紹介する．

[土木学会]
コンクリート標準示方書［設計編］
コンクリート標準示方書［施工編］
コンクリート標準示方書［ダムコンクリート編］
コンクリート標準示方書［維持管理編］
コンクリート標準示方書［規準編］（土木学会規準および関連規準，JIS規格集）
コンクリートライブラリー66号 プレストレストコンクリート工法設計施工指針
コンクリートライブラリー67号 水中不分離性コンクリート設計施工指針（案）
コンクリートライブラリー74号 高性能AE減水剤を用いたコンクリートの施工指針（案）付：流動化

1.6 材料と人間・環境との関わり

コンクリート施工指針
コンクリートライブラリー75号 膨張コンクリート設計施工指針
コンクリートライブラリー88号 連続繊維補強材を用いたコンクリート構造物の設計・施工指針（案）
コンクリートライブラリー90号 複合構造物設計・施工指針（案）
コンクリートライブラリー92号 銅スラグ細骨材を用いたコンクリートの施工指針
コンクリートライブラリー93号 高流動コンクリート施工指針
コンクリートライブラリー94号 フライアッシュを用いたコンクリートの施工指針（案）
コンクリートライブラリー95号 コンクリート構造物の補強指針（案）
コンクリートライブラリー97号 鋼繊維補強鉄筋コンクリート柱部材の設計指針（案）
コンクリートライブラリー98号 LNG地下タンク躯体の構造性能照査指針
コンクリートライブラリー100号 コンクリートのポンプ施工指針［平成12年版］
コンクリートライブラリー101号 連続繊維シートを用いたコンクリート構造物の補修補強指針
コンクリートライブラリー102号 トンネルコンクリート施工指針（案）
コンクリートライブラリー105号 自己充てん型高強度高耐久コンクリート構造物設計・施工指針（案）
　―新世代交通システム構造物への試み―
コンクリートライブラリー107号 電気化学的防食工法 設計施工指針（案）
コンクリートライブラリー112号 エポキシ樹脂塗装鉄筋を用いる鉄筋コンクリートの設計施工指針［改訂版］
コンクリートライブラリー113号 超高強度繊維補強コンクリートの設計・施工指針（案）
コンクリートライブラリー117号 土木学会コンクリート標準示方書に基づく設計計算例［道路橋編］
コンクリートライブラリー119号 表面保護工法 設計施工指針（案）
コンクリートライブラリー120号 電力施設解体コンクリートを用いた再生骨材コンクリートの設計施工指針（案）
コンクリートライブラリー121号 吹付けコンクリート指針（案）トンネル編
コンクリートライブラリー122号 吹付けコンクリート指針（案）のり面編
コンクリートライブラリー123号 吹付けコンクリート指針（案）補修・補強編
コンクリートライブラリー125号 コンクリート構造物の環境性能照査指針（試案）
コンクリートライブラリー126号 施工性能にもとづくコンクリートの配合設計・施工指針（案）
コンクリートライブラリー127号 複数微細ひび割れ型繊維補強セメント複合材料設計・施工指針（案）
コンクリートライブラリー128号 鉄筋定着・継手指針［2007年版］
コンクリートライブラリー130号 ステンレス鉄筋を用いるコンクリート構造物の設計施工指針（案）
コンクリートライブラリー132号 循環型社会に適合したフライアッシュコンクリートの最新利用技術
　―利用拡大に向けた設計施工指針試案―
コンクリートライブラリー133号 エポキシ樹脂を用いた高機能PC鋼材を使用するプレストレストコンクリート設計施工指針（案）―内部充てん型エポキシ樹脂被覆PC鋼より線― ―プレグラウトPC鋼材―

［日本材料学会］

ASRに配慮した電気化学的防食工法の適用に関するガイドライン（案）
レジンコンクリート構造設計指針（案）

［日本コンクリート工学会］

JCI規準集

海洋コンクリート構造物の防食指針（案）
マスコンクリートのひび割れ制御指針
コンクリートのひび割れ調査，補修・補強指針

［プレストレストコンクリート技術協会］
高強度コンクリートを用いた PC 構造物の設計施工規準
外ケーブル構造・プレキャストセグメント工法設計施工規準
複合橋設計施工規準
貯水用円筒形 PC タンク設計施工規準
PC 斜張橋・エクストラドーズド橋設計施工規準
PC 斜張橋・エクストラドーズド橋維持管理指針
高強度 PC 鋼材を用いた PC 構造物の設計施工指針

第2章
基本構造

2.1 はじめに

　材料の性質を理解するためには，それを構成する物質の各種性質や組織構造についての理解が必要となる．材料の性質は，材料に含まれる不純物や欠陥によらず，その物質に固有の「構造鈍感」な性質と，逆に不純物や欠陥のために顕著な変化をする「構造敏感」な性質とに分けられる．一般に，破壊強度や塑性などは構造敏感であり，弾性係数，ポアソン比，熱膨張係数，密度，融点，比熱などは構造鈍感である．
　本章では，種々の建設材料の性質を理解するにあたっての基本として，物質を構成する原子の結合力，結晶としての構造，また材料の力学的特性について述べる．

2.2 原子の結合力

　原子間にはさまざまな結合力が存在し，その作用により材料である固体が形成されている．原子および分子の結合力は，原子間の距離により定まる引力と，電気的な反発である斥力との和として生じている．図2.1は，原子間に働く相互作用力fとそれによって生じるポテンシャルエネルギーUを示している（コンドン-モース曲線）．

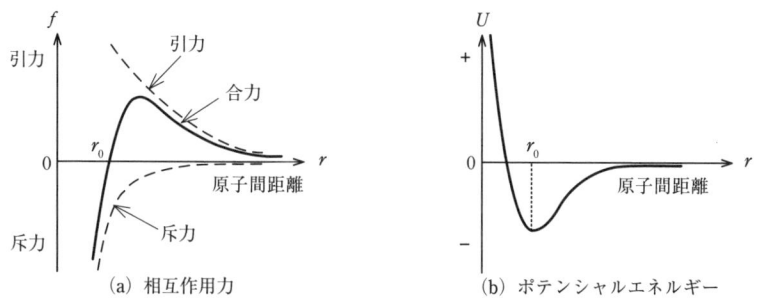

図2.1　原子間の相互作用力とポテンシャルエネルギー

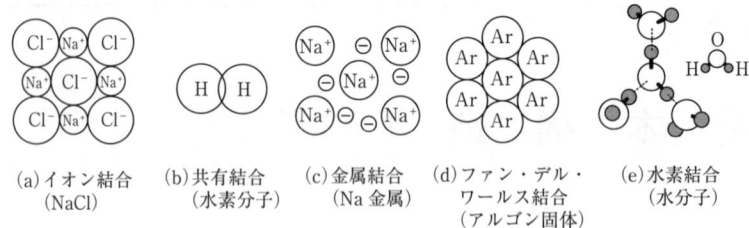

図 2.2　典型的な結合

　原子間に作用する引力と斥力は，ポテンシャルエネルギーが最も低くなる平衡距離 r_0 で安定したつり合いを保っている．そのため，この距離から離れても近づいてもポテンシャルエネルギーは高くなる．

　原子の結合力には，原子間に作用する強い結合力（1次結合：イオン結合，共有結合，金属結合）と主として分子間に作用する弱い結合力（2次結合：ファン・デル・ワールス結合，水素結合）が存在する．図 2.2 は，これらの結合力の概要について図示している．

(a) イオン結合：　イオン結合は，正電荷をもつ陽イオンと負電荷をもつ陰イオンの静電気引力（クーロン力）による結合である．たとえば NaCl では，Na^+（陽イオン）と Cl^-（陰イオン）が交互に配列し，その結合力の大部分がイオン間の静電気的な引力によると考えられている．

(b) 共有結合：　共有結合は，原子どうしが最外殻の電子を共有し合うことによって生じる結合である．たとえば，水素原子が H_2 分子になるように，結合される原子の双方から電子が1個ずつ両原子の中間に移動し，これらを各原子が共有することで結合している．

(c) 金属結合：　金属内部では金属の陽イオンが規則正しく配列した格子を作る．この格子の隙間を外側の殻から放出された価電子が自由電子として運動し，陽イオンが自由電子を共有する形でクーロン力により結合している．このような結合を金属結合という．金属では，自由電子がエネルギーの運び手となるため，電気伝導度や熱伝導度が高くなる．

(d) ファン・デル・ワールス結合：　中性の原子や分子でも非対称な電荷の分布による分極や，電子の運動に基づく瞬間的な分極の発生によって，いわゆるファン・デル・ワールス力と呼ばれる弱い引力が生じ，原子または分子が結合する．この結合をファン・デル・ワールス結合というが，この結合力はすべての材料で常に存在する．

(e) 水素結合：　電気陰性度が高い原子（陰性原子）と共有結合した水素原子は，電子を1個提供し電気的に弱い陽性となる（分子分極）．水素結合は，分子分極により陽性

となった水素原子と，ほかの電気的に陰性な原子との間に生じる静電気的な引力による結合であり，比較的強いファン・デル・ワールス結合の一種と考えることもできる．

2.3 結晶の構造

原子や分子の結合で形成される固体において，原子や分子が規則的に3次元的配列をしている状態を結晶といい，不規則な配列をしている状態を非晶質（アモルファス）という．たとえば，結晶性固体には鉄，アルミニウム，亜鉛などの金属，岩石を構成している鉱物などがあり，非晶質固体にはガラス，プラスチック（合成樹脂）などがある．結晶と非晶質では，前述のように微視的構造の規則性に大きな差があり，この差により種々の性質にも差が現れる．また一般の固体は，これらの集合や複合体（複合材料）となっているものが多い．

2.3.1 結　　晶

結晶内部では，全く相等しい単位に区画された構造が3次元空間内に繰り返されている．この区画の中にある原子，または分子は空間において規則正しく配列し格子を作っている．このような空間格子の最小の要素単位を単位格子という．単位格子は14種類の型に分類することができるが，その代表的な7種類を図2.3に示す．図中の黒点（格子点）は原子の位置を示す．

また，結晶は原子の結合方式によって，イオン結晶，金属結晶，共有結晶，分子結晶に分類することができる．

NaClなどのイオン結晶は，面心立方格子をとる．また，普通に見られる金属結晶は，体心立方格子，面心立方格子，稠密六方格子をとる．

一方，岩石鉱物の大部分を占めるけい酸塩は，種類も多く結晶構造も多種多様であるが，構成元素である4つのO^{2-}イオンがSi^{4+}イオンを取り囲んだ$(SiO_4)^{4-}$を，その基本構造と考えることができる（図2.4）．このSi^{4+}とO^{2-}の結合は，イオン結合と共有結合の中間的な結合と考えられている．けい酸塩は，これらが独立なもの，鎖状（たとえば輝石類），

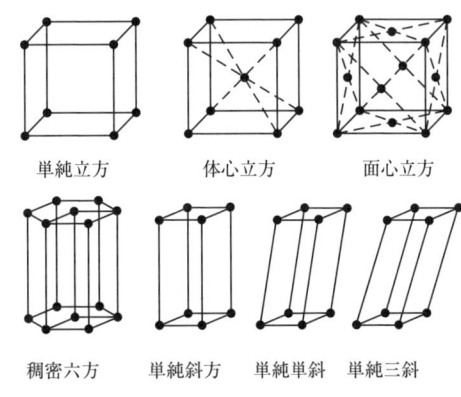

図2.3　結晶格子

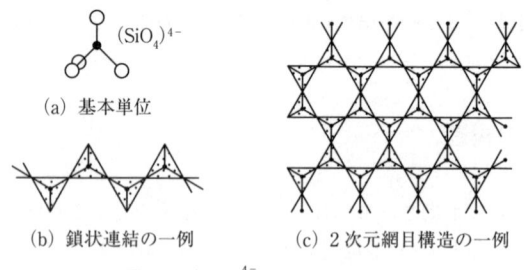

(a) 基本単位

(b) 鎖状連結の一例　　(c) 2次元網目構造の一例

図2.4　$(SiO_4)^{4-}$四面体の連結の例

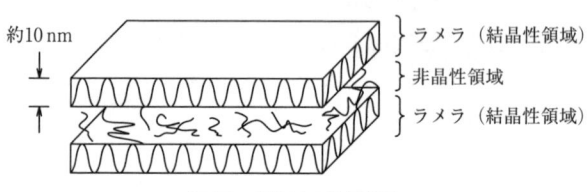

図2.5　高分子の結晶構造

2次元網目構造（たとえばカオリン，雲母類），3次元網目構造（たとえばシリカ，長石類）のものなどに分類することができる．

　ファン・デル・ワールス結合や水素結合による分子結晶は広い範囲にわたり，一般に分子量が大きくなると結晶でなくなり非晶質となる．分子結晶の大部分は有機化合物であるが，そのうち線状高分子では，径が数Åに対して長さが数千Åもあり，分子の長さも多様に混在している．また，高分子の中で規則的な構造をしている部分を結晶性領域，規則的でない部分を非晶性領域という．結晶性領域の形成は分子の化学構造，延伸や温度などの条件によって変化する．図2.5は，長い分子鎖がラメラ面に繰り返し折りたたまれたポリエチレン単結晶（結晶性領域）と，ラメラ間に形成される非晶性領域との積層構造を示す．

2.3.2 非晶質

　溶融したシリカ（SiO_2）を急冷すると，大きな網目構造を形成して粘性が増すため，$(SiO_4)^{4-}$が規則正しく配列する結晶化が起こらないまま固体化し，石英ガラスとなる（図2.6）．このような構造をもつ固体を非晶質固体，または無定形固体という．非晶質を有する材料には，ガラスのほかに樹脂などもある．樹脂には，1次元的な鎖状高分子よりなる熱可塑性樹脂と，3次元的な網目構造をもつ熱硬化性樹脂とがある．非晶質の樹脂は，分子鎖が無秩序にからまったまま，あるいはガラスと同様な状態で，規則的な配列をできないまま固化したものである（図2.7）．また，分子鎖が網目状とな

2.3 結晶の構造

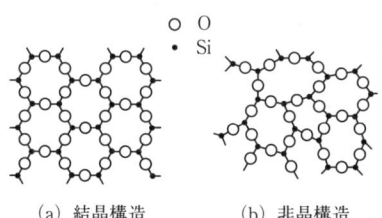
(a) 結晶構造　(b) 非晶構造
図 2.6　シリカの結晶と石英ガラスの構造
　　　（2次元模型）

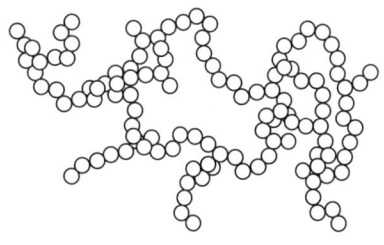
図 2.7　線状構造
○は特定の原子ではなく，高分子鎖の繰返し単位を表す．

る場合，分子鎖がファン・デル・ワールス力により相互作用するため，軟化温度などに違いが生じてくる．

固体と液体の混合物であるゲルも非晶質のような力学的挙動を示す．固体骨格が長鎖状分子からなるものを弾性ゲル，3次元網目構造であるものを剛性ゲルという．前者にはゼラチン，アスファルトなどがあり，後者にはシリカゲル，ポルトランドセメントの水和生成物であるC-S-Hゲルなどが挙げられる．

2.3.3　結晶における欠陥

実際の結晶では，格子構造に空間的な乱れ，すなわち点欠陥や転位，粒界などの格子欠陥がある．詳しくは3.5節で扱う．

(1) 点欠陥

単一の原子からなる結晶格子間にほかの原子が侵入した侵入型固溶体や，格子点がほかの原子と入れ替わった置換型固溶体において，侵入原子や置換原子は点欠陥と呼ばれる．さらに，格子を構成する原子が欠落した部分も点状の欠陥であり，空孔または空格子点という．

(2) 転位（線欠陥）

格子状の原子配列には線状の欠陥も存在し，「転位」と呼ばれている．すべり方向が転位に直角なものは刃状転位，平行なものはらせん転位と呼ばれ，それらが混合した混合転位も存在する．

(3) 粒界（面欠陥）

結晶では，連続した結晶構造が無数に集まった集合体（多結晶）として存在していることが多い．連続した結晶構造は結晶粒と呼ばれ，結晶粒の境界面を結晶粒界と呼ぶ．結晶粒界は，結晶構造の原子配列が乱れる空間であり，原子の充填率も低くなるため，面状の欠陥と考えることができる．

 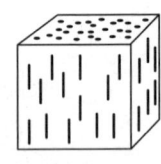 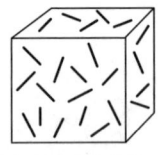 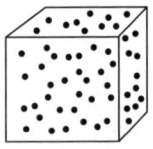

(a) 一方向連続繊維強化型　　(b) 短繊維強化型（一方向配列）　　(c) 短繊維強化型（3次元ランダム）　　(d) 粒子強化型

図 2.8　複合材料

2.4　複合材料

複合材料とは，2つ以上の異なる材料を組み合わせた材料である．こうした複合材料において，複合体強化のための材料を強化基材，それを支持する材料を母材あるいはマトリックスと呼ぶ．たとえば繊維強化プラスチック（FRP）の場合，繊維が強化基材，プラスチックが母材となる．またコンクリートの場合，骨材が強化基材，セメントペーストが母材となる．材料強度は主に強化基材により発揮されるものの，それぞれの強化基材への応力伝達は母材によるものであるため，母材には複合材料内の応力を配分する重要な役割がある．

強化基材の形状には，長繊維，短繊維，粒子などがある．図2.8には複合材料の概要を示す．炭素繊維やアラミド繊維，ガラス繊維などを強化基材とする複合材料は，繊維強化型複合材料である．一般的に，繊維強化型複合材料において，強化基材の形状が長繊維で一方向に配列されている場合には，一方向連続繊維強化型複合材料と呼ばれる（図2.8(a)）．また，短繊維の場合には短繊維強化型複合材料と呼ばれる（図2.8(b)）．繊維強化型複合材料の場合，繊維方向に対して大きな引張抵抗力を示すが，繊維直角方向には強化基材の特性を発揮することができない．そのため，短繊維をランダムに配置する場合が多い（図2.8(c)）．

一方，コンクリートなどは，粒状の強化基材を有するものと考えることができるため，これらの材料は粒子強化型複合材料と呼ばれる（図2.8(d)）．粒子強化型複合材料は，巨視的には均質な材料としてみなすことができる上，圧縮作用に対して大きな抵抗力を発揮することができるが，引張作用に対しては脆弱となる．

2.5　材料の力学特性

材料の力学的性質は機械的性質とも呼ばれ，外力によって生じる変形挙動，すなわち応力-ひずみ関係や，破壊やこれと結びつけられる強度（強さ）などの性質を示す．

このほか，硬さ，もろさ，疲労，靱性などがある．材料の変形特性は，弾性，塑性，粘性の3つの性質を基礎として考えることが多い．弾性とは外力によって変形（ひずみ）を生じ，外力を除けばただちに完全にもとに戻る性質である．塑性とは，ある限度以上の応力または長時間持続応力によって，その応力が消失してももとに戻らない変形を生じる性質である．また粘性とは，ある限度以上の応力において，その大きさに応じて変形速度が変化する性質をいう．

実際に用いられている材料は，一般にこれらの性質をあわせもっており，ある条件下でこれらの性質のうちいずれかが著しく現れたりする．たとえば，応力がある大きさに達するまでほとんど弾性を示し，それを超えるとしだいに塑性が現れるようになるものがある．

2.5.1 弾性および塑性挙動

弾性挙動および塑性挙動について，模式的な応力-ひずみ曲線を図2.9に示す．弾性挙動を示す材料には，応力（σ）とひずみ（ε）との関係が線形となるもの，および非線形となるものに分けられる（図2.9(a)）．鋼材のように応力-ひずみ関係が線形となるものは，フック弾性材料と呼ばれる．一方，応力-ひずみ関係が非線形となるものは非フック弾性材料と呼ばれるが，木材，コンクリートなどは，その関係が上に凸な非線形となり，ゴムなどは下に凸な非線形となる．塑性挙動を示す材料にも，同様に応力-ひずみ関係が線形となるもの，非線形となるものがある（図2.9(b)）．

実際の材料では，それぞれの材料に対して定まった応力の限度，すなわち弾性限度以下の応力に対しては弾性的性質を示すが，これを超えて外力を加えると塑性的性質を示すようになる（図2.9(c)）．塑性的な挙動を示した場合，外力を除いても変形は完全に回復せず，残留変形を生じるが，その一部は時間の経過とともに消失する．このような弾性の回復を弾性余効（遅れ弾性）と呼び，その後に残る変形を塑性変形と呼ぶ．また，図2.9(d)に示すように，弾性変形に比べ塑性変形がはるかに大きくなる場合，弾性変形をほぼゼロと考えて剛塑性挙動として扱うことがある．

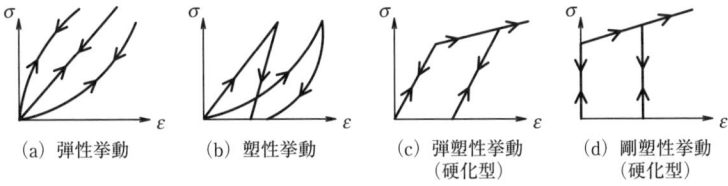

(a) 弾性挙動　　(b) 塑性挙動　　(c) 弾塑性挙動　　(d) 剛塑性挙動
　　　　　　　　　　　　　　　　　（硬化型）　　　　（硬化型）

図2.9　弾性挙動および塑性挙動

2.5.2 応力-ひずみ曲線

応力とひずみの対応関係を表す応力-ひずみ曲線は,材料によって特徴ある形状を示すが,荷重作用下における構造物内の応力,破壊強度,変形などを解析する上での基本的特性としてきわめて重要な性質である.代表的な材料の応力-ひずみ曲線を図2.10に示す.

軟鋼の引張試験における応力-ひずみ曲線である図 2.10(a) において,公称応力(荷重/原断面積)σ_P で表される比例限 P までは直線となる.比例限を過ぎると応力-ひずみ関係は直線でなくなるが,応力をゼロにするとひずみもゼロとなる範囲が存在する.その最大応力点 E を弾性限といい σ_E で表す.さらにある応力まで達すると応力が急に低下し,その後 F 点までほぼ一定の値で変形が進行する状態が生じる.この現象を降伏といい,このときの最大応力を上降伏点 Y_1,最小応力を下降伏点 Y_2 という.また,この状態で材料にはリューダース帯と呼ばれるすべりが発生し,試験片全体に急速に伝播していく.やがて F 点に達し再び応力は増加し始め,公称応力の最大値 M に達すると,材料の一部にくびれが発生し,応力は急激に減少して D 点で破壊する.M 点の公称応力を引張強度,D 点を破壊点または破断点という.

降伏点以上のある応力,たとえば図 2.10(a) の A 点から応力ゼロまで除荷すると,試験片は OP に平行に AB に沿って変形し,BC の変形は消失して OB の変形が残留変形として残る.ここで B より再び負荷すると,ほぼ OP に平行に上昇し,A に達すると急に最初の応力-ひずみ曲線に沿って変形する.すなわち,この場合には弾性限度が上昇したとみなすことができる.この現象をひずみ硬化という.

なお,A 点まで応力を作用させて除荷(B 点)し,さらに応力が負となる方向に載荷した場合,応力は ABST と変化する.このとき S 点の応力の絶対値が A 点の応力の

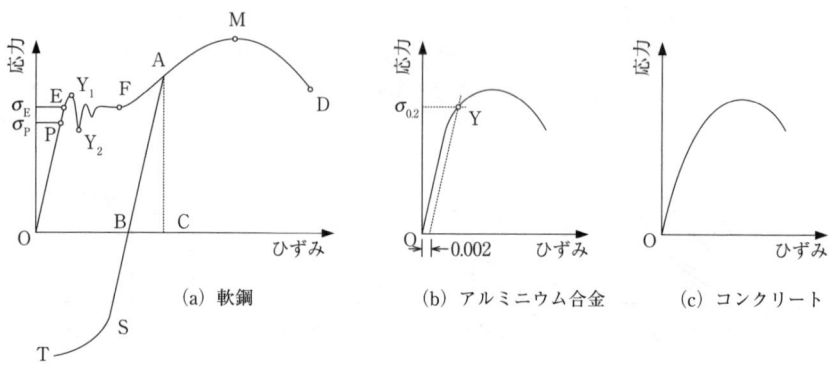

図 2.10 代表的な材料の応力-ひずみ曲線

絶対値よりも小さくなる．この現象をバウシンガー効果という．

一方，図 2.10(b) に示すように，アルミニウム合金や冷間加工鋼，高張力鋼などの引張試験における応力-ひずみ曲線は，明瞭な降伏点をもたないことがある．そのような材料では，0.2% の塑性ひずみを生じる応力を $\sigma_{0.2}$ などと表し，これを降伏点の代わりに用いることがある．

また図 2.10(c) に示すように，コンクリートの圧縮試験における応力-ひずみ曲線では骨材の界面などから微細なひび割れが発生するため，明確な直線部分は現れずに最大応力に達する．また，一般に高強度になるほど破壊は脆性的になる．

2.5.3 弾性係数

応力-ひずみ関係が線形となるフック弾性体では，以下に示されるフックの法則が成り立つ．

$$\sigma = E\varepsilon \tag{2.1}$$

$$\tau = G\gamma \tag{2.2}$$

ここで，E：弾性係数（ヤング率），σ：垂直応力，ε：垂直ひずみ，G：せん断弾性係数，τ：せん断応力，γ：せん断ひずみである．

非晶質の材料や方向性のない多結晶材料では，材料が等方性（方向によって力学的性質が変化しない）であり，かつ均質（場所によって力学的性質が変化しない）である．フック弾性材料がこのような等方性材料である場合，弾性係数とせん断弾性係数の間には，ポアソン比 ν を用いて以下の関係が成り立つ．

$$E = 2G(1+\nu) \tag{2.3}$$

また，原子間距離が規則的に定まっている結晶材料においては，作用力と原子間距離の変化量との関係（コンドン-モース曲線の勾配）から，原子レベルでの弾性係数を求めることも可能である（演習問題 1 参照）．

一方，異方性材料である繊維強化型複合材料においては，複合材料としての弾性係数を近似的に求めることができる．まず，繊維方向に負荷を受けた場合（図 2.11(a)），母材と繊維に発生するひずみは等しくなり，体積の比率に応じて応力が分配される．そのため，複合材料の弾性係数 E_c は母材と繊維の弾性係数 E_m，E_f および繊維の体積含有率 V_f を用いて，以下のように表せる．

$$E_c = V_f E_f + (1 - V_f) E_m \tag{2.4}$$

また，繊維直角方向に負荷を受けた場合（図 2.11(b)），母材と繊維に発生する応力は等しくなり，母材と繊維に発生するひずみの総和が複合材料全体のひずみとなる．この場合，複合材料の弾性係数 E_c は，

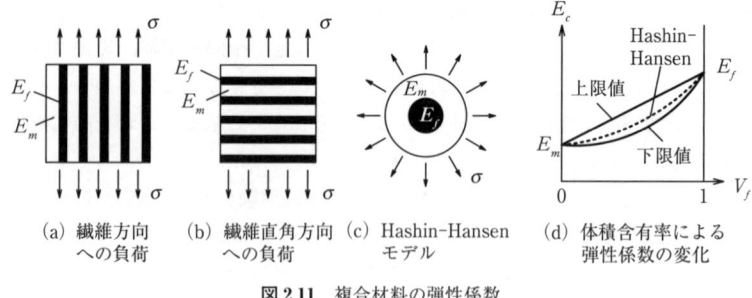

(a) 繊維方向への負荷　(b) 繊維直角方向への負荷　(c) Hashin-Hansenモデル　(d) 体積含有率による弾性係数の変化

図 2.11　複合材料の弾性係数

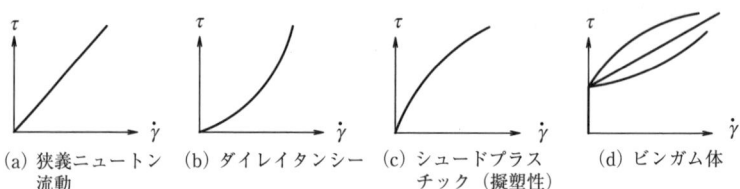

(a) 狭義ニュートン流動　(b) ダイレイタンシー　(c) シュードプラスチック（擬塑性）　(d) ビンガム体

図 2.12　粘性流動

$$E_c = \frac{1}{\dfrac{V_f}{E_f} + \dfrac{1-V_f}{E_m}} \tag{2.5}$$

となる．これら2つの弾性係数は，繊維強化型複合材料における上限値と下限値を与えるものと考えることができる（図 2.11(d)）．

粒子強化型複合材料の弾性係数は，繊維強化型複合材料における上限値と下限値の間に含まれると考えられる．また，粒子強化型複合材料における弾性係数を表すモデル（図 2.11(c)）として，以下に示す Hashin-Hansen 式が提案されており，実験値とよく適合することが知られている．

$$E_c = \frac{(1-V_f)E_m + (1+V_f)E_f}{(1+V_f)E_m + (1-V_f)E_f} \tag{2.6}$$

2.5.4　粘性挙動

粘性挙動とは，一定の応力のもとでは一定の変形速度で流動するが，力を取り除くとその位置で静止して回復しないような挙動をいう．図 2.12(a) に示すように，応力とひずみ速度との関係が線形的となる挙動をニュートン流動といい，次式が成立する．

$$\dot{\gamma} = \phi\tau = \frac{1}{\eta}\tau \tag{2.7}$$

ここで，$\dot{\gamma}$：変形速度，τ：せん断応力，ϕ：流動性係数，η：粘性係数である．また，このような挙動を示す物体をニュートン流体という．材料によっては，せん断応力 τ_0 がある限界値（降伏値）に達するまでは流動を生じないが，それ以上になるとニュートン流動的な挙動を示すものがある．これをビンガム体（またはビンガム塑性体）という（図2.12(d)）．また，ニュートン流体，ビンガム体には，図示したように $\dot{\gamma}$ と τ との間に直線性のない場合もある．このように，物質の流動を表すモデルをレオロジーモデルといい，詳しくは9章で扱う．

2.5.5 破壊と強度

材料の破壊は，対象とするスケールによって取り扱いが必ずしも同一でなく，定義が明確でないが，破壊の形態として，降伏，強度破壊，破損，破断などを考えることができる．このうち強度破壊は，変形の増大に伴い耐荷力が増加から減少に移行する点であって，従来から強度と結びつけられていた点である．また強度とは，物体に荷重が作用したとき，その荷重あるいは応力に抵抗する能力をいい，一般に応力の単位で示される．また，材料の強度として，欠陥が存在しない理想的な状態での強度（理想強度）を考えることができるが，実際には材料に存在する欠陥のために，理想状態よりも強度は低下する．そのため材料の強度は，同じ物質であっても微細組織により大きく異なる「構造敏感」な特性である．

一般に，材料強度には供試体の最初の断面積を用いて計算した公称応力が用いられる．強度には，外力の種類により引張強度，圧縮強度，曲げ強度，せん断強度，ねじり強度などがあり，また荷重の作用する速度により静的強度，衝撃強度に分類できる．一方，荷重が繰り返し作用するとき，静的強度よりも低い応力で破壊する．この現象を疲労破壊といい，これに対応する強度を疲労強度という．また長時間にわたり荷重が持続して作用すると，やはり破壊することがある．これをクリープ破壊といい，これに対応する強度をクリープ強度という．

(1) 理想強度

2.2節で示した通り，固体は原子間の結合力により安定した状態を保っている．逆に，外的な作用力によって原子間距離を増加させ，この結合力を消失させることができれば，固体は崩壊することになる．このように，欠陥を含まない完全結晶に理想的な変形を加え，原子間の結合力を消失させるのに必要な単位面積あたりの作用力を，その結晶の理想的な強度，すなわち理想強度と考えることができる．しかし，金属材料など実際の結晶がせん断応力を受けた場合，すべり面上の原子が一斉に運動するのではなく，転位が局所的に移動することで徐々にすべり面上を運動する．そのため，実際の降伏強度は理想強度よりもはるかに小さくなる．また，セメント水和物やガラ

スなどのセラミック材料では，理想的な状態においても金属材料と異なり脆性的な破壊をする．これは，転位が移動した後のすべり面において，必ず陽イオンと陰イオンの対を形成する必要があり，転位がすべりにくいことに起因する．また，実際のセラミック材料の強度は，材料内部に存在する空隙などの欠陥により，理想強度よりもはるかに小さくなる．これは，欠陥部に応力集中が生じ，理想強度よりも小さい応力でき裂が発生するためである．また，内在する欠陥からき裂が進展し始めるときの応力として，破壊強度を求めることが可能である．すなわち，このときの応力は，き裂の最大長と臨界応力拡大係数（破壊靱性：K_{1c}）により，表現することができる．

一方，コンクリートやFRPなどの複合材料では，理想的には強化基材の強度が複合材料の強度となる．しかし実際の強度は強化基材の体積含有率に依存するほか，繊維などの場合，その方向によっても大きく異なる．また，母材と強化基材の弾性率が異なるため強化基材周辺に応力集中が生じることや，内在する空隙などの欠陥により応力集中が生じることにより，実際の強度は低下する．

高分子材料では，分子鎖や結晶が一方向に完全配向したときに，共有結合による理想的な強度が発現される．しかし，通常の高分子材料は無配向の状態であり，理想的な強度と比べ実際の強度は著しく小さくなる．

(2) 静的強度

通常使われる材料の強度は静的強度である．一般には，圧縮，引張，せん断などに抵抗する最大の応力を，それぞれ圧縮強度，引張強度，せん断強度という．なお，軟鋼のような延性に富む材料の引張試験では，破断点の破壊強度は最大荷重時の引張強度よりも小さい．これは，伸びに伴う断面の減少（しぼり）を考えないで原断面で荷重を除して応力を求めているからであり，その時々の断面積で荷重を割った真応力で計算した場合には，試験片は破断時で最大の引張抵抗を示す．ただし，もろい材料ではしぼりが少ないため，両者が実際的にはほぼ同じになる．

(3) 衝撃強度

材料の衝撃に対する抵抗性は静的強度とは必ずしも一致しない．そのため試験片に衝撃的な力を加え，その破壊に要したエネルギーを衝撃値で表し，破壊強度としている．衝撃試験には引張，圧縮，曲げ，およびねじり試験があるが．通常は平均ひずみ速度が1(1/s)以上のものを衝撃試験としており，実用試験法にはCharpy（シャルピー）試験，Izod（アイゾット）試験などが定められている．

(4) 疲労強度

疲労試験の結果は，一般に破壊までの繰返し数Nの対数と作用応力Sとの関係であるS-N曲線にまとめられる．なお，Sとしては応力振幅，応力範囲，最大応力など目的に応じて種々のものがとられる．鋼材などでは図2.13の(a)線の水平部のように，

いわゆる疲労限界以下の応力ではNを増しても破壊が生じない．しかし非鉄金属やコンクリートなどでは，S-N曲線には水平部が現れず，(b)線のようになり，正確な疲労限度は求められない．

このように，S-N曲線に明確な水平部が現れる材料に対しては，疲労限界により疲労特性を表現する．一方，コンクリートなど明確な疲労限度が現れない材料については，繰返し数Nに対応する作用応力をN回

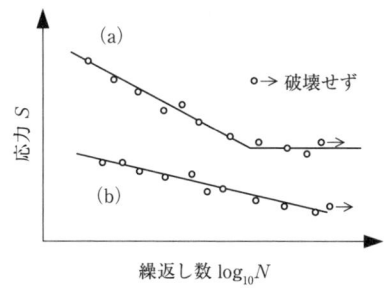

図2.13 S-N曲線

疲労強度と呼び，疲労特性を表現している．通常，コンクリートの場合$N=2\times10^6$回が用いられる．

また，応力が一定でなく変動して作用する場合，各応力σ_iにおいて作用した回数n_iと，その応力における疲労寿命（疲労破壊までの繰返し数）N_iとの割合を累積し，損傷度Dとして評価することが行われる．このように，各応力における疲労損傷が線形的に累積して破壊に達するという考え方を，線形累積損傷則またはマイナー則と呼び，以下の式で表すことができる．

$$D=\sum_i \frac{n_i}{N_i} \tag{2.8}$$

マイナー則では，累積した損傷度Dが1となった場合，疲労破壊に至る．ここでは疲労限界以下の応力による作用は考慮していないが，変動応力下では疲労限界以下でも疲労損傷が累積することを考慮した，修正マイナー則も提案されている．

(5) クリープ強度

材料が長時間にわたって，いわゆるクリープ限度以上の応力を受けると，時間の経過とともに変形が増大し，最後には破壊に至る．このような場合，ある規定された時間にクリープ破壊を生じる応力を，その材料のクリープ強度と呼び，たとえば「1000時間クリープ破断強度」などと表現している．なお，クリープが生じるとき，全ひずみを一定に保つと弾性ひずみが減少し，それに伴い応力も減少する．これをストレスリラクセーション（応力緩和）という．

2.5.6 靭性・脆性・硬さ

靭性は，材料が荷重を受けて破壊するまでの間に示すエネルギーの吸収能で示され，これの大きい材料は優れた衝撃特性，あるいは大きな変形能をもっている．これに反し，わずかの変形で破壊する性質を脆性という．鋼材は比較的靭性に富んだ材料であ

るが，低温環境下や，さらに切欠き部に高応力が作用するような条件が重なると非常にもろく，いわゆる脆性破壊を示す．また，材料に引張力を加えて細長く引き伸ばすことのできる性質を延性といい，薄く延ばすことのできる性質を展性という．

材料の硬さとは，ひっかき，切断，すりへりなどに対する抵抗性に関係する．特に，金属材料ではその機械的性質のおおよその見当をつけるために，硬さは重要な性質である．硬さは，押込み硬さ，衝撃硬さ，ひっかき硬さに分類される．金属では，鋼球やダイヤモンドの尖端が押し込まれる深さで硬さを測定したり（ブリネル，ロックウェル，ビッカース硬さ測定法），落下重錘の跳ね返り高さを求めて硬さを比較する（ショア硬さ測定法）．コンクリートでは，バネ力で発射された鋼棒や重錘の跳ね返り高さから硬さを評価することも行われる（テストハンマー法など）．

2.6 おわりに

本章では，物質の基本構造である結晶構造と，一般的な力学的特性について述べた．次章から，主にコンクリート材料を中心として，金属材料，高分子材料および無機材料の特性について説明を行うとともに，力学的性質の経時評価である耐久性についても説明を行う．

☐参考文献
1) 岡田 清ほか編：新編 土木材料学，国民科学社，1987．
2) 須藤 一：建設材料の科学，内田老鶴圃，1997．
3) J. Francis Young et al.: The Science and Technology of Civil Engineering Materials, Prentice-Hall, 1998.
4) 冨田佳宏：弾塑性力学の基礎と応用，森北出版，2004．

☐最新の知見が得られる文献
1) 末益博志：入門 複合材料の力学，培風館，2009．

☐演習問題
1. 原子間に作用する結合力と外力について，作用力 F とポテンシャルエネルギー $U(r)$ との関係が $dU(r) = F \cdot dr$ で与えられるとする．このとき，平衡距離 r_0 におけるひずみ $\varepsilon = \dfrac{dr}{r_0}$ および応力 $\sigma = \dfrac{F}{r_0^2}$ の関係から，弾性係数 E をポテンシャルエネルギーの関数として表せ．ただし，ポテンシャルエネルギーは2次までテーラー展開し，平衡距離において $\dfrac{dU}{dr} = 0$ となることに注意せよ．
2. 物質の沸騰とは，液体の状態にある分子に熱エネルギーが加わり，分子が分子間力を断ち切り自由に運動できる状態（気体）になることをいう．一般に，分子量が大きいほど沸点は高くなるが，分子量が比較的小さい水分子の沸点は高い．その理由を結合力の違いから説明せよ．

第3章
金属材料

3.1 はじめに

青銅器時代,鉄器時代と呼ばれる歴史区分があるように,金属材料は人類の歴史と深く関わりながら発展を遂げ,土木の分野でも構造材,副材料,装飾材として広い範囲にわたって使用されている.

本章では,金属材料に共通する基礎特性について述べるとともに,土木材料として利用拡大が期待されるチタンについて解説する.なお,鋼材については次章で詳しく述べる.

3.2 金属の結合と構造

3.2.1 金属結合

金属は一般に電気や熱の良導体で,金属光沢を帯びている.また,展性(叩いて薄く箔上にひろげられる性質)や延性(引っ張って細く引き伸ばせる性質)に富む.このような性質は,金属の結晶が結晶内を自由に動きまわる自由電子を共有する金属結合(図3.1)であることに起因する.自由電子が動きまわる領域を電子雲と呼ぶ.自由電子が電子雲内を移動することによって電気が運ばれるので電気の良導体となり,自由電子による熱伝導があるため熱の良導体ともなる.光が入ろうとすると電子雲にさえぎられて表面で反射するため,独特の金属光沢をもつ.また,展延性に富むのは,金属結合で結びつけられた原子が移動しやすいことによる.すなわち,金属結晶は金属イオンが電子雲との間に働く静電引力によって結びつき,規則正しく並んだ原子配列をとるため,金属イ

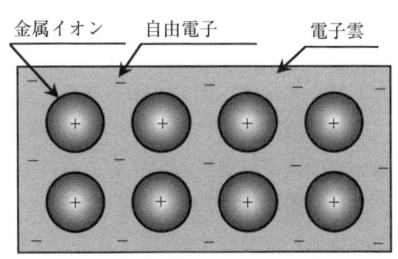

図3.1 金属結合の概念図

オンの間隔と同じ距離だけ位置をずらしても原子配列はもとと同じ状態になる．このため，金属結晶はほかの結合方式による物質よりも塑性変形しやすく，展延性に富むのである．

3.2.2 金属の結晶構造と変態

2.3節で述べたように，ほとんどの金属の結晶構造は体心立方格子，面心立方格子，稠密六方格子のいずれかである．ただし，この3つの結晶構造は非常によく似た原子配列をもち，温度またはその他の外的要因によってほかの結晶構造に変化することがある．これを金属の変態という．また変態の起こる温度を変態点という．いま，純鉄を徐々に加熱していくと，図3.2に示すように912℃（A_3変態点）と1394℃（A_4変態点）で急激に収縮と膨張が生じる．この現象は，高温から逆に冷却していく場合にも現れる．これは，それぞれの温度において純鉄の結晶構造が変化するためである．純鉄はA_3点以下の温度では体心立方格子の結晶格子をもち，これをα鉄という．A_3点からA_4点までの間は面心立方格子となり，この状態の純鉄をγ鉄という．さらにA_4変態点より高温では体心立方格子に戻り，δ鉄となる．徐々に加熱していく場合，A_3点で体心立方格子よりも密度の大きな面心立方格子に変化するため収縮が生じ，A_4点で体心立方格子に戻るため体積膨張するのである．

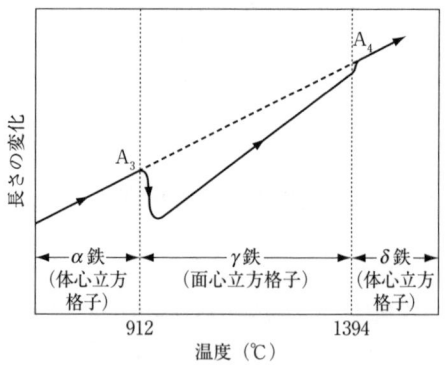

図3.2　純鉄を加熱したときの長さ変化

3.2.3 合金の構造

純金属の強さや硬さなどの力学的性質を改善するためにほかの金属あるいは非金属を加えてできた物質で，金属的性質を有するものを合金という．合金を構成するそれぞれの元素を成分，その成分の割合を組成という．実際に使用される金属材料のほとんどは，人為的に成分，組成を調節した合金である．

固体状態の合金において，ある金属の結晶格子の中へほかの原子（金属または非金属）が1つずつ混じって完全に溶け込んでいるものを固溶体という．したがって，固溶体は見掛け上，純金属と同様に同種類の結晶粒の集合体である．母体となる金属（または原子）を溶媒金属，溶け込んだ金属（原子）を溶質金属（原子）と呼ぶ．そして，固溶体には原子の入り込み方によって置換型固溶体と侵入型固溶体の2種がある．置

(a) 置換型固溶体　　　(b) 侵入型固溶体

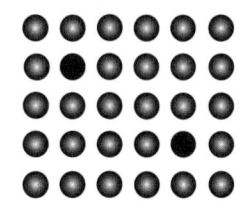

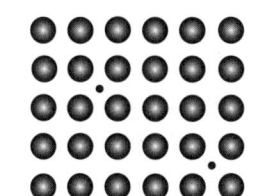

図3.3 固溶体の原子配列

換型固溶体は，溶質原子が結晶格子をつくる溶媒原子と置き換わったもので，金属原子どうしはこの型の固溶体をつくる．侵入型固溶体は，溶質原子が溶媒原子の結晶格子の隙間に侵入したもので，C, N, O, Hのように溶質原子が小さい場合に限られる．

3.3 平衡状態図

物質の状態を決める変数には温度，圧力，組成があるが，合金の設計や熱処理の検討を行う場合に，圧力は一定（＝大気圧）として，固相や液相の状態変化を平衡状態図を利用して調べることができる．一般に合金の平衡状態図には，2種類の成分で構成される二元系合金の平衡状態図と，3種類の成分からなる三元系合金の平衡状態図がある．二元系合金の平衡状態図では，縦軸に温度，

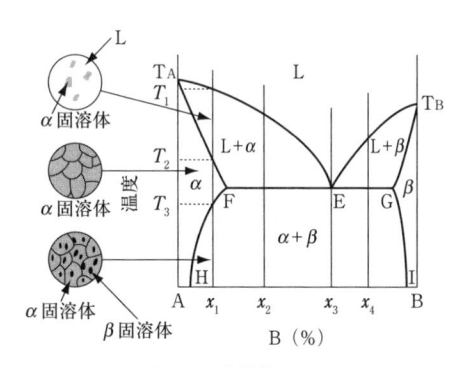

図3.4 平衡状態図の例

横軸に組成をとり，ある温度と組成の合金中に存在する相の関係を示している．なお，平衡状態図は平衡状態における相の関係を示すものであり，加熱，冷却がきわめてゆっくり行われた場合や，一定温度に長く保持された場合の相変化や相関係を知るのに用いるものである．急激な温度変化によって現れる相変化などは，平衡状態図からは直接得られない．

図3.4に示す二元系合金の平衡状態図の一例を用いて基本的事項を説明する．
① 横軸は組成を示しており，A-B合金の場合，B金属の質量%あるいはモル%で表す．縦軸は温度である．
② 曲線あるいは直線で囲まれた領域内では同一の相構成を表す．

L：液相．
α：A金属にB金属が固溶した相．
β：B金属にA金属が固溶した相．
L+α, L+β：液相と固相の混合相．
α+β：α固溶体とβ固溶体の混合相．

③冷却によって凝固が開始する温度，逆にいえば加熱により融解が完了する温度を組成ごとに連ねた線（$T_A ET_B$）を液相線という．また，$T_A FEGT_B$は固相線といい，冷却によって凝固が完了する温度を連ねた線である．加熱により固相の融解が開始する温度でもある．

④曲線FHは，A金属中にB金属が溶質元素として溶け込み，固溶体を形成できる限界の濃度（固溶限）を示すもので，溶解度曲線という．A金属側にできるα固溶体はA金属と同じ結晶格子型をしている．同様に，曲線GIはB金属中へのA金属の固溶限を示している．

⑤図3.4を用いて，x_1組成（B金属の濃度がx_1%）の合金の凝固について考えてみる．なお，溶融金属から結晶が生成することを晶出と呼び，固相から別の固相が生成することを析出と呼ぶ．x_1組成の溶融金属を冷却していくと温度T_1で液相からα固溶体が晶出し始め，温度T_2で凝固が終了する．温度T_2からT_3では均一なα固溶体単相である．温度T_3において溶解度曲線と交わり，β相がα相から析出し始め，温度の低下に伴いβ析出相の量は増加していく．そして最終的にはα固溶体とβ固溶体が混じり合った合金が生成される．

⑥x_3組成の場合には，α固溶体とβ固溶体とが細かく混合した共晶と呼ばれる組織が生成される．x_2組成ではα相と共晶から構成される組織が，またx_4組成ではβ相と共晶から構成される組織が生成される．

二元系合金の平衡状態図の一例として図3.4を示したが，これは共晶型と呼ばれるものの1つである．鉄と炭素のFe-C系の平衡状態図は共晶型に属す．二元系合金の平衡状態図には，このほかに全率固溶型，包晶型などがある．

3.4 金属結晶の変形

金属の変形は弾性変形と塑性変形に分けられる．ここでは，金属の変形機構を結晶レベルで見ていくことにする．

変形初期には，応力とひずみが線形的に比例する弾性変形が生じる．弾性変形範囲内であれば，外力を取り除くともとの形に戻り，ひずみは残らない．弾性変形時の挙動は，原子と原子をばねでつないだモデルによって模式的に示すことができる．図3.5

3.4 金属結晶の変形

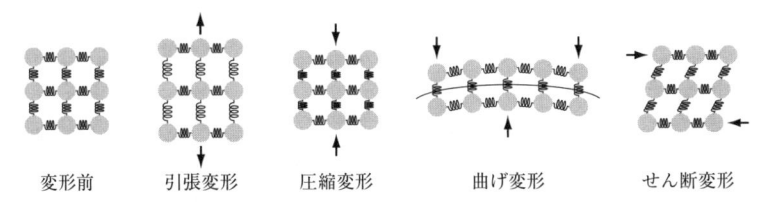

| 変形前 | 引張変形 | 圧縮変形 | 曲げ変形 | せん断変形 |

図 3.5 弾性変形の原子-ばねモデル

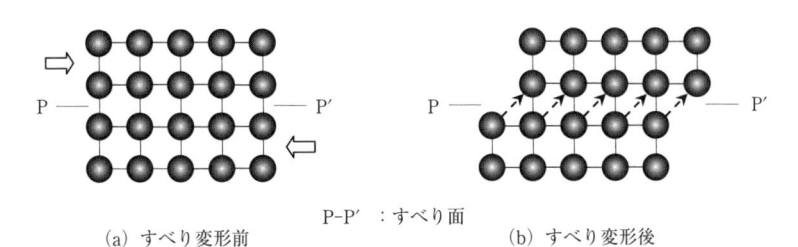

(a) すべり変形前　　P-P′：すべり面　　(b) すべり変形後

図 3.6 金属結晶のすべり変形 (1)

は，金属結晶に種々の外力を加えたときの代表的な変形の様子を示している．弾性変形時には原子間距離が変化していることが分かる．

さらに荷重を加えていくと弾性変形範囲を超え，塑性変形が生じる．除荷しても永久ひずみ（塑性ひずみ）が残る．せん断力を与えたときの塑性変形の様子を図3.6に示す．変形前には結晶面 PP′で向かい合って結合していた原子が，矢印のようにせん断力を受けて原子間の結合が切れ，1原子間距離だけ移動して隣の原子と結合したことを示す．金属結晶では，原子の結合が切れても結合の役目を果たしている電子雲の拡がりが大きいので，隣の原子と再び引力を及ぼし合い，容易に再結合することができるのである．

このように，金属の塑性変形は主として原子のすべりによって起こる．すべり面上で結晶の全断面を同時にすべらせるのに要するせん断応力は，理論的に $G/2\pi$（G：剛性率）で与えられる．ところが，金属のすべり変形に要するせん断応力を実験で測定すると，理論的に求められる値（$G/2\pi$）よりもはるかに小さなせん断応力ですべり変形が生じる．これは，すべり面上で原子が一気にすべるのではなく，図3.7に示すように，原子が順々にすべることによって変形が完了するからである．すなわち，(a)の状態でせん断力が作用すると，(b)に示すように左端の原子が右隣の原子列を押す．押す力が原子の結合を切るのに十分な大きさであれば，押された右隣の原子の結合が切れて押し出され，押した左端の原子が右隣にあった原子列と結合する(c)．このように原子の結合が順々に切れて押し出され，押し出された原子が隣の原子列と再結合

(a) (b) (c)

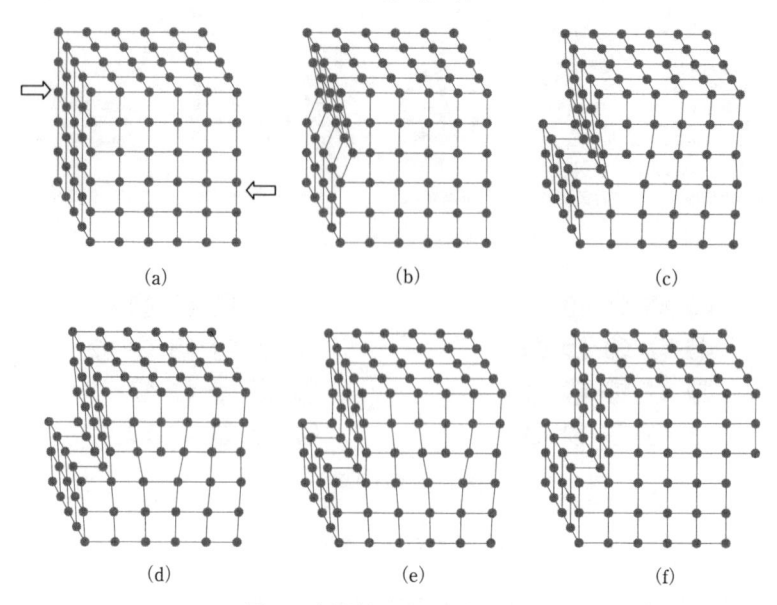

(d) (e) (f)

図 3.7 金属結晶のすべり変形 (2)

していくことによってすべり変形が完了 (f) する．

3.5 格子欠陥

　実際の金属結晶は原子が完全に規則正しく並んでいるのではなく，原子配列が乱れた部分を含んでいる．この原子配列の乱れを格子欠陥という．格子欠陥は点欠陥，線欠陥（転位）および面欠陥に分類される．

3.5.1 点欠陥
　点欠陥には原子空孔と格子間原子がある．原子空孔は正規の格子点の位置に原子が欠けている場合であり，格子間原子は正規の格子点の間に原子が余分に存在する場合である．格子間原子の形成エネルギーは非常に大きく，格子間原子の存在する確率は原子空孔に比べてはるかに小さいので，金属結晶中に存在する点欠陥はほとんど原子空孔と考えてよい．

3.5.2 転位
　図 3.7 中の (c) や (d)，(e) では，結晶の中に原子面が 1 枚余分に入ったような構造

図 3.8 刃状転位

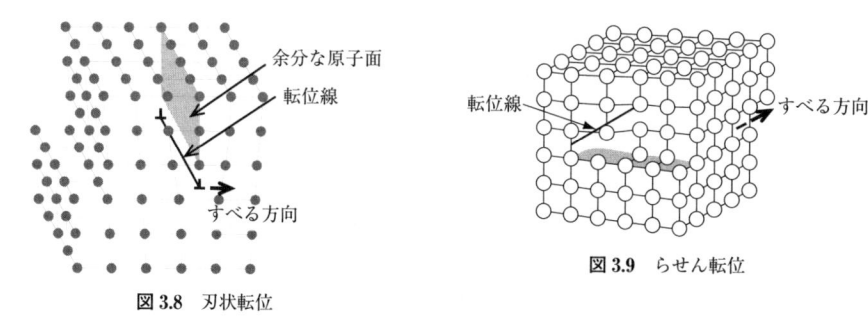

図 3.9 らせん転位

になっている．この余分な原子面の直下で線状の格子欠陥を形成するような線欠陥を転位と呼び，余分な原子面に向かって⊥という記号で表す（図3.8）．図3.7や図3.8のように，原子がすべる方向と転位線が垂直な転位を刃状転位という．一方，図3.9のように原子がすべる方向と転位線が平行な転位をらせん転位という．

転位は外力を受けて発生するだけでなく，凝固時に結晶方位の異なった結晶が成長して接触する際や，原子空孔が直線状に集まった際にも生成される．このように，金属結晶の中にはもともときわめて多数の転位が存在している．転位は，結晶内ですべり変形が生じる際に変形の最前線となり，材料強度と密接に関係する．

3.5.3 面　欠　陥

面欠陥には，結晶粒界，積層欠陥，表面などがある．

一般に使用する金属材料は，小さな結晶が集合した多結晶体である．多結晶体を構成する1つ1つの結晶を結晶粒と呼ぶ．結晶粒と結晶粒の境界は金属が最後に凝固した部分で，結晶粒界と呼ぶ．結晶粒界は材料強度と深く関わっている．

表面も，結晶粒界と同様に面状での結晶構造の連続性が失われるため，面欠陥として分類される．

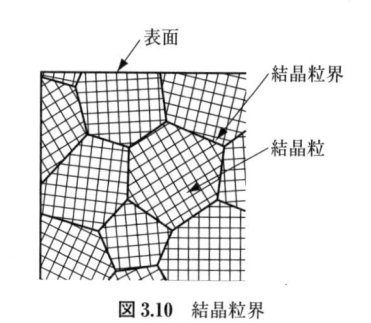

図 3.10　結晶粒界

積層欠陥は，原子の積み重なり方が部分的に乱れた欠陥である．

3.6　金属材料の強化

金属材料にはそれぞれの用途に応じた強さが求められる．降伏点，引張強さは強さの重要な基準となる．金属材料の塑性変形は転位の移動によって始まるので，金属材

料の強さを向上させる，すなわち強化するためには転位を動きにくくする手段がとられる．以下に，金属材料の強化方法について概説するが，材料の強化によっては靱性が低下する場合があるので注意が必要である．

3.6.1 ひずみ硬化

金属材料は応力が降伏点を超えると転位の移動と転位の増殖が始まり，塑性変形する．塑性変形を進行させるためには，加える応力を増加させなければならない．これをひずみ硬化（加工硬化）と呼ぶ．ひずみ硬化は次のような現象によって起こる．

①塑性変形の進行に伴って転位の数が増大する（転位の増殖）．転位の量は，結晶中の任意断面の単位面積を貫通する転位線の数，すなわち転位密度 ρ によって表される．

②進む方向の異なる転位どうしが衝突するとお互いに干渉し合って移動できなくなる(転位間の相互作用)．転位の数が多いほど転位どうしが衝突して移動できない転位の割合が増える．

③したがって，塑性変形をさらに進めるためには，転位を増殖し運動させるために必要な応力を付加しなければならない．

転位間の相互作用によって生じる抵抗力 σ は，転位密度 ρ の平方根に比例することが実験的に確かめられている．

$$\sigma = \sigma_0 + \alpha G \sqrt{\rho} \tag{3.1}$$

ここで，σ_0：降伏応力，G：せん断弾性係数，α：金属固有の定数である．

3.6.2 固溶強化

合金の固溶体には侵入型と置換型があり，侵入型固溶体では溶質原子が溶媒原子の隙間に入り込むので格子ひずみが生じる．また，置換型固溶体でも溶質原子の大きさ

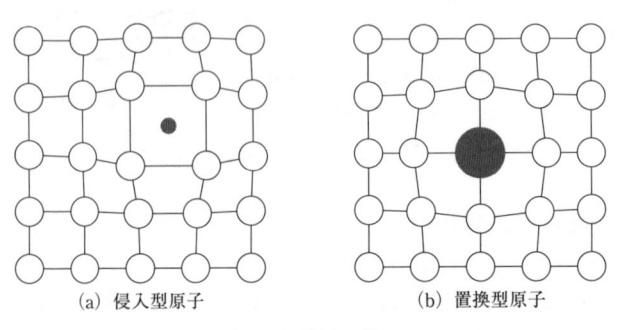

(a) 侵入型原子　　　　(b) 置換型原子

図 3.11　格子ひずみ

が溶媒原子の大きさと異なれば格子ひずみが生じる．転位が固溶原子の存在する部分を通り抜けるには，このひずみに打ち勝つだけの余分な力が必要となる．溶質原子が固溶することによって材料が強化されるので，これを固溶強化という．

3.6.3 析出硬化

析出は，3.3節で述べたように，固相から別の固相が分かれて生成することである．析出硬化は，合金内部に生成した微細な析出物が転位の移動を妨げることにより合金を強化する方法である．析出硬化を利用した代表的な合金はジュラルミンである．ジュラルミンは4%の銅と若干のマグネシウムなどを添加したアルミニウム合金であり，純アルミ（Al>99.85%）と比較して降伏点は10倍以上，引張強さは6～7倍にまで強化することができる．

3.6.4 結晶粒の微細化

多結晶金属の降伏点σ_yと結晶粒の平均直径dとの関係は，Hall-Petch（ホール・ペッチ）の式によって次のように表される．

$$\sigma_y = \sigma_0 + \frac{k}{\sqrt{d}} \tag{3.2}$$

ここで，σ_0は結晶粒の降伏点，すなわち結晶粒内の転位を移動させ始めるのに必要な応力，kは材料定数である．この式から，結晶粒の直径dが小さいほど降伏点が高くなることが分かる．この関係は結晶粒界が転位の移動の障害になることに起因しており，以下のように説明できる．図3.12に示すように，結晶粒Aから転位の移動が始まったとすると，結晶粒A内の転位は最も移動しやすい方向に次々に移動し，結晶粒界Gに到達する．転位は粒界Gで止められて集積し，応力集中が生じる．この応力が十分に大きくなると隣接するBの結晶粒内でも転位の移動が起こる．そして結晶粒から結晶粒へ転位の移動が伝播して材料全体が降伏し，塑性変形が生じるのである．このように，結晶粒界が転位の移動の障害として働くことから，結晶粒を微細化することにより金属材料の強化を図ることができる．

ここで重要なことは，ひずみ硬化や析出硬化では延性や靱性の低下は避けられないが，結晶粒を微細化した場合には，強度の増加と

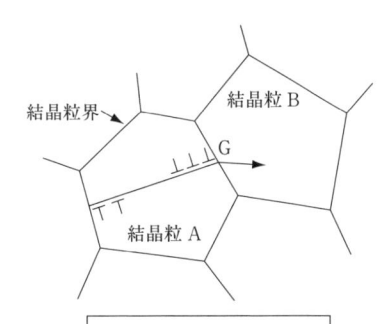

⊥：右方向に移動する転位
⊤：左方向に移動する転位

図3.12 結晶粒界を介した伝播

ともに延性や靱性も向上することである．

結晶の微細化の方法として，凝固の際の急冷，合金元素の少量添加，熱間圧延工程における温度と圧化量の制御（制御圧延）などがとられる．

3.7 金属材料の力学的性質と破壊

3.7.1 金属材料の力学的性質

金属材料は構造材として使用することが多いので，外力の作用に対する挙動や変形抵抗などの力学的性質が重要である．一般に金属材料の強度は降伏応力と引張強さで示すことが多い．

金属材料に引張力を与えると最初は弾性変形し，応力が弾性限を超えると転位の移動と増殖が始まり，塑性変形する（図3.13）．降伏点が明確に現れない場合には，荷重を除いた後に0.2%の永久ひずみを生じさせ

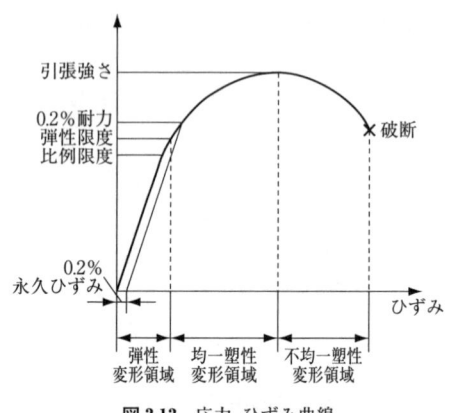

図3.13 応力-ひずみ曲線

る応力を0.2%耐力と呼び，降伏応力とする（2.5.2項参照）．さらに塑性変形を進めるためには，応力を高める必要がある．この現象が3.6.1項で学んだひずみ硬化である．均一塑性変形領域では試料全体で変形が生じており，試料の断面積は一様である．最大応力に達した後は不均一な塑性変形のため試料は局部的に細くなり，このくびれの進行とともに応力は低下し破断に至る．均一塑性変形から不均一塑性変形に変わるときに現れる最大応力を引張強さと呼ぶ．

3.7.2 金属材料の破壊
(1) 金属材料の破壊様式

金属の破壊様式は材料の種類や形状，温度，荷重条件などによって変化し，延性破壊，脆性破壊，疲労破壊，クリープ破壊などに分類される．

(2) 延性破壊

延性破壊は十分な塑性変形をした後に起こる破壊である．延性破壊に至る過程を図3.14に模式的に示す．金属材料が引張強さを超える荷重を受けて不均一塑性変形が始まると，くびれを起こした領域の中心部に数個のボイドと呼ばれる微小な空洞が形成

図3.14 延性破壊の過程

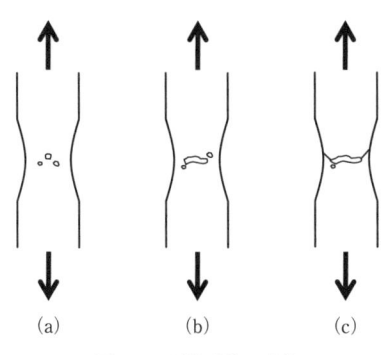

図3.15 延性破壊の破断面

される（a）．塑性変形が進むとボイドが合体して中心部にき裂が生じ（b），最後に残された外縁部分が引張軸に約45°傾いた面上にせん断破壊し（c），カップコーン状の破断面が形成される（図3.15）．

(3) 脆性破壊

延性破壊と違い，脆性破壊は塑性変形をほとんど伴わない破壊である．破断面は引張力が作用する方向とほぼ垂直な面で生じ，刃物で切り開いたように平滑である．表面のきずや切欠き，また結晶内の空洞や不純物など，応力集中が起こりやすい欠陥部が脆性破壊の開始点となる．応力集中によってき裂が発生すると，そのき裂が進展して破断に至る．通常は粘り強い材料でも，低温や衝撃荷重によって脆性破壊が起こりやすくなる．

(4) 疲労破壊

金属は降伏強度より低い応力でも，繰返し荷重を受けていると破壊することがある．このような破壊を疲労破壊という．疲労破壊は，材料全体では塑性変形を示さずに，脆性的に破壊する．破断面に貝殻状の縞模様が残るのが特徴である．

(5) クリープ破壊

一定応力下で時間の経過とともに変形が増加していく現象をクリープという．実用上クリープが問題となる温度は金属の種類によって異なるが，一般に絶対温度で表した融点 T_m の1/3以上の温度でクリープ破壊の発生が顕著になる．

一定応力下でのひずみの時間的変化を表したものがクリープ曲線である．クリープ曲線は図3.16に示すように，一般に3つの段階に分けられる．

1) 遷移クリープ： 転位などの格子欠陥の増殖によってひずみ硬化が生じ，ひずみ速度が時間とともに減少する．
2) 定常クリープ： ひずみ硬化と，格子欠陥が消滅あるいは安定な配列となる組織

回復とがつり合ってひずみ速度が一定となる．

3) 加速クリープ：　材料中に空洞が形成され成長することによって変形部の実質的な断面が減少し，ひずみ速度が増大しクリープ破壊に至る．

3.8　チタンおよびチタン合金

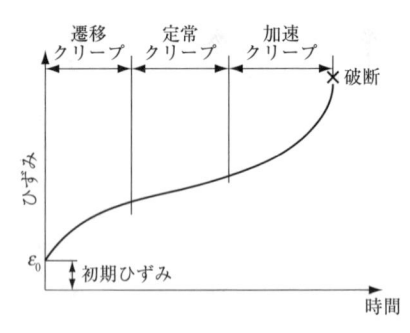

図3.16　クリープ曲線

3.8.1　チ タ ン

チタンは耐食性に優れた金属材料である．チタンの表面にはチタン酸化物からなる不動態被膜が形成され，塩化物イオンが存在しても破壊されないため，耐海水性に優れる．

チタンの密度は約 $4.5\,\mathrm{g/cm^3}$ で，引張強さは炭素鋼と同程度なので比強度（引張強さ/密度）は高く，極低温でも脆化しにくい．ヤング率は 104 GPa である．

チタンの融点は 1668℃ と高く，885℃ で稠密六方格子の α 相から体心立方格子の β 相に同素変態する．

チタンの力学的性質は酸素，窒素などの侵入型元素の含有量によって著しく変化し，微量の含有量であっても引張強さが増加し，伸びが減少する．また，置換型元素の鉄も引張強さを増し，伸びを減少させるので，JIS では酸素，窒素，鉄の含有量により工業用チタンを 4 種類に分けている．また，チタンは高温で酸素，窒素などと反応するので，溶接は不活性ガス中または真空中で行う必要がある．

日本では工業用チタンが，チタン合金を含めたチタンの総需要の 90% 以上を占め，主に耐食材料として用いられている．羽田空港 D 滑走路桟橋部の床版は，海水による腐食を防ぐため図 3.17 に示すようにチタンで被覆されている．また，浅草寺本堂の屋根瓦には，耐久性に加え軽量化を図るため，日本瓦に替えてチタンが使用されている．

3.8.2　チタン合金

チタン合金の特性は α 相，β 相の結晶構造と関係する．アルミニウム，スズなどの溶質元素は α 相に固溶し，α 相の領域を拡大する．このような元素を添加したチタン合金を α チタン合金と呼ぶ．一方，β 相に固溶し，β 相の領域を拡大するモリブデンやバナジウムなどの元素を添加したチタン合金を β チタン合金と呼ぶ．さらに，急冷後，400～600℃ で時効熱処理することにより α 相を微細に析出させた析出型チタン合金を $\alpha+\beta$ チタン合金と呼ぶ．

欧米では，チタン合金は航空機，軍需分野での需要が高く，高強度さらには耐熱高強度の特性が求められる．アルミニウム 6%，バナジウム 4% を添加した $\alpha+\beta$ チタン合金 Ti-6Al-4V は引張強さが 1000 MPa 以上で，かつ加工性，溶接性もよいため，世界で使用されるチタン合金の 70% 以上を占めている．用途は，航空機の機体・エンジン部品，蒸気タービンの翼，船舶のスクリュー，ゴルフクラブのヘッド・シャフトなどである．その他，用途に応じてさまざまなチタン合金が製造されている．

図 3.17　チタン被覆による床版の防食

　また，チタン-ニッケル合金（50モル%前後）は形状記憶合金として配管継手や眼鏡のフレームに利用されている．

3.9　おわりに

　本章では，金属材料に共通する基礎特性について述べた．金属材料の生産量の 90% 以上は鉄鋼であるといわれており，鉄鋼は土木の分野でも重要な金属材料である．本章で学んだ内容をベースにして，次章の「鉄鋼」を学んでほしい．

□参考文献
1) 宮川大海：金属材料工学，森北出版，1999．
2) 北田正弘：新訂 初級金属学，内田老鶴圃，2006．
3) 金子純一ほか：基礎機械材料学，朝倉書店，2008．

□関係規準類
　JIS において非鉄金属の品質規格は H 部門として扱われ，JIS H ○○○○という記号を使って記載される．たとえば JIS H 4600 では「チタン及びチタン合金―板及び条」の品質が規定されており，化学成分や力学的性質の規定値が記載されている．また，鉄鋼と共通する金属材料の試験方法は Z 部門で扱われる．

□最新の知見が得られる文献
1) 日本材料学会編：改訂 機械材料学，2010．
2) 日本塑性加工学会編：チタンの基礎と加工，コロナ社，2008．

□演習問題
1. 金属材料に共通する性質を挙げ,そのような性質が生じる理由を説明せよ.
2. 金属材料の塑性変形のメカニズムを,以下の語句を使って説明せよ.
   ①すべり変形,②転位,③応力-ひずみ曲線
3. 金属材料の強化方法を4つ挙げ,それぞれについて説明せよ.

第4章 鉄　鋼

4.1 はじめに

　鉄は，金属の中でも地殻に豊富に存在しており，比較的容易に取り出すことができる．そして成形，加工が容易で，強度，伸び，靭性などの優れた特性を付与することが可能で，大量生産にも適している．したがって鉄より製造される鉄鋼(鉄と鋼と鋳鉄などを含めた総称．4.3.1項参照)は，現在コンクリートとならんで構造材料として多用され，コンクリートの補強材（鉄筋，PC鋼材）としても用いられている．本章では3章をふまえ，鉄鋼の製造，冶金的性質，強さなど諸性質，鋼材の種類について述べる．

4.2 鉄鋼の製造

4.2.1 製造の歴史

　鉄の使用はきわめて古く，エジプトのピラミッドの中から発見された，約5000年前ののこぎりの一部分が最古とされている．以後，世界各地に鉄が伝えられた．古代の製鉄法は薪と鉄鉱石とを積み重ねて火をつけるという稚拙な方法から始まり，徐々に鉄鉱石から鉄を抽出する方法が進化していった．特に18世紀以降のイギリスにおいて，木炭を用いた高炉製鉄法から，石炭，その後コークスを使った高炉法へと改良が進み，また木炭に代わり石炭を使った反射炉による精練法へと著しく発展した．この頃，世界最初の鋳鉄製のアイアンブリッジ(図4.1)が建設されている．19世紀に入って，現在に近い高炉法，転炉法の革命的な発明があり，さらに平炉による製鋼法，塩基性転炉法，電

図 4.1　アイアンブリッジ（イギリス，1779）

気炉製鋼法などが相次いで開発され，鋼の大量生産が始まった．20世紀以降は上記技術の改良，生産設備の大型化，機械化，操業法の合理化などで著しい発達をみたが，現在では省資源・省エネルギーなどの研究開発が試みられている．

4.2.2 現代の鉄鋼製造法

わが国の製鉄は古代からの「たたら製鉄」に始まり，1974年には粗鋼生産で年産約1.2億tにまで増大した．現在（2010年）は年産約1.1億tの生産量となっており，70％が高炉（銑鋼一貫）メーカーで，30％が電炉（電気炉）メーカーで生産されている．生産量全体の約50％が建設分野において使用されている．

(1) 高炉メーカーの製造プロセス

鉄鋼の製造プロセス（図4.2）は，次の3つの工程に大別される．

1) 製銑工程： 鉄鉱石（鉄の酸化物）とコークス（還元剤と燃料源），および石灰石もしくは焼結鉱（不純物などをスラグとして分離）を炉頂から高炉に投入し，炉下部より熱風を吹き込み，コークスを燃焼させる．このときの熱により鉄鉱石は溶解し還元される．高炉からは最終的に溶銑（溶けた銑鉄，炭素量4％程度）とスラグが取り出される．溶銑のほとんどはトーピードカーで次の製鋼工程に運ばれる．一部は鋳物用とされる．スラグは急冷破砕して高炉セメントの原料やコンクリート用の混和材として使われる．

2) 製鋼工程： 溶銑は転炉に移され，上面から純酸素を吹付け精錬して炭素量が2％以下の溶鋼とされる．不純物はスラグとして分離除去する．これによりねばりと十分な伸びをもたせ，圧延，鍛造が可能な鋼を得ることができる．鋼材成分はこの工程で

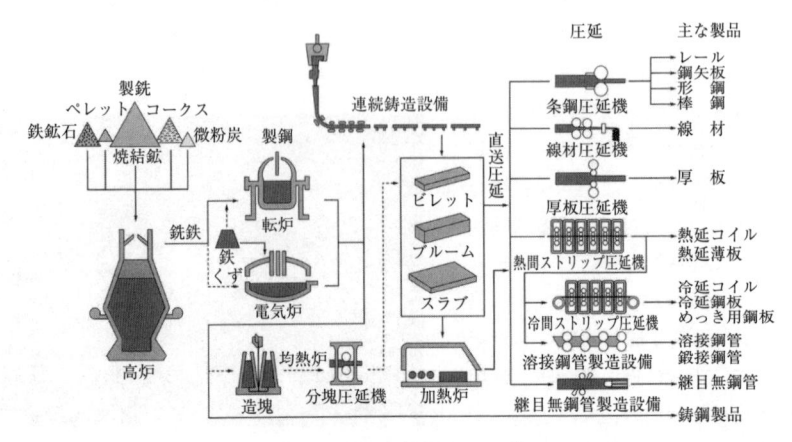

図4.2 鉄鋼の製造プロセス[1]

最終調整される．次に溶鋼は専用鍋で連続鋳造設備に移され，冷却水を用いて溶鋼を連続的に凝固させ，完全に凝固したところで所定の大きさのスラブ（厚板），ブルーム（大鋼片）やビレット（小鋼片）の半製品とし，圧延工程に送られる．

3) 圧延工程： 半製品は一度，加熱炉で加熱した後，圧延機で所定の形状，品質を有する鋼材につくり上げる．これを熱間圧延といい，厚板，形鋼，線材，熱延板が製造される．熱処理としては，後で述べる種々の方法が鋼材種別や強度レベルに応じて使い分けられる．線材は圧延後に巻きとられコイルとされ，二次加工で鉄筋やPC鋼材に加工される．熱延板はそのまま溶接鋼管に加工されるほか，さらに常温で延ばす冷間圧延にかけられ板厚が薄くされ，冷延鋼板などに加工される．

(2) 電炉メーカーの製造プロセス

電炉メーカーでは高炉はもたず，屑鉄（鉄スクラップ）を主原料として電気炉で溶解し溶鋼をつくる．その後の工程はほぼ高炉メーカーと同じである．主力製品は形鋼，棒鋼などであるが，最近ではホットコイルや厚板の製造も行われている．

4.3　鉄鋼の冶金的性質

4.3.1　炭素鋼の平衡状態図と組織

炭素鋼とは鉄と炭素の合金のことで，普通鋼とも呼ばれる．炭素量の少ない順に鉄，鋼，鋳鉄（銑鉄）に分けられ，その性質は炭素量により大きく異なる．炭素鋼の凝固組織を理解するために，図 4.3 に鉄-炭素系平衡状態図の一部を示す．炭素鋼にはオーステナイト（γ 鉄），フェライト（α 鉄），セメンタイトの 3 種類の組織がある．

・オーステナイト（γ 鉄）：多量の炭素（C）を固溶したもの，面心立方構造
・フェライト（α 鉄）：微量の炭素（C）を固溶したもの，体心立方構造
・セメンタイト：炭化鉄 Fe_3C，（三角プリズム形）斜方構造

炭素量が 0.4%，0.8% の場合の相変態と得られる鋼組織は以下の通りである．

1) 0.4%炭素鋼： 赤熱状態（オーステナイト）から徐冷し，図 4.3 の A_3 変態の温度以下となるとフェライトが析出し始める．このためオーステナイト中では炭素濃度が高まる．温度が A_1 変態の温度（727℃）に達するとオーステナイトは共析変態を起こし，フェライトとセメンタイトとが交互に重なったパーライトという組織ができ，その結果，フェライト＋パーライトの混合した組織となる．

2) 0.8%炭素鋼： 赤熱状態から徐冷し，共折点（S 点，727℃）以下になると，オーステナイトはすべてパーライトに変態する．この組成の鋼を共折鋼という．S 点より炭素量の少ない鋼を亜共折鋼，逆に炭素量の多い鋼を過共折鋼という．構造用鋼のほとんどが亜共折鋼である．

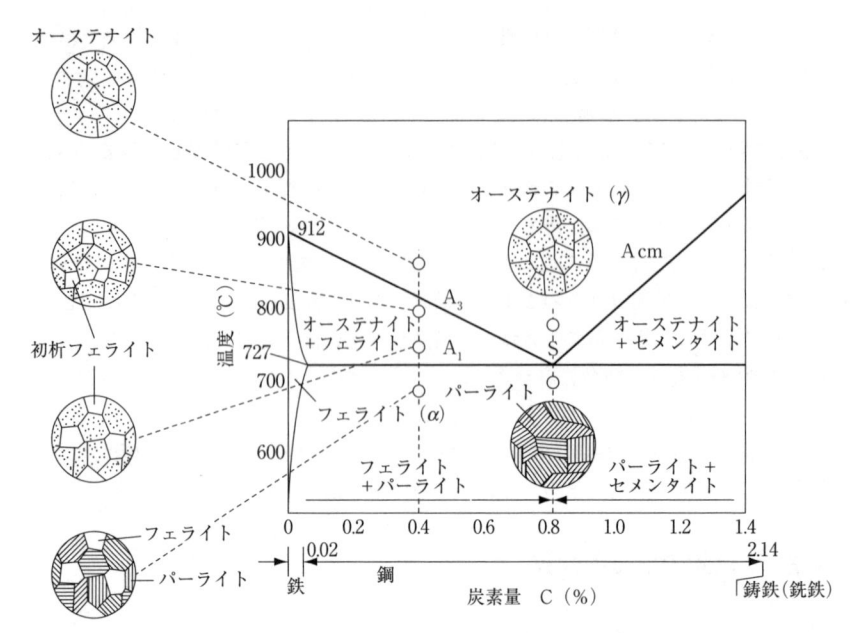

図4.3 炭素鋼の平衡状態図と組織

3) 冷却速度と組織： 鋼の組織は化学成分と冷却速度によって定まる．たとえば，0.8％炭素鋼のA_1変態において冷却速度が十分に遅ければ，オーステナイトからフェライトとセメンタイトが同時に析出し，パーライト組織となる．一方，冷却速度が非常に速い場合には，オーステナイトのまま冷却され，セメンタイトがほとんど析出せず，炭素を多量に固溶したマルテンサイトとなる．このマルテンサイトを得る操作を焼き入れという．冷却速度が中間の場合には，その条件によりセメンタイトの析出状態が異なりさまざまな組織となる．パーライトは軟らかくねばりがあり，一方マルテンサイトは非常に硬く，もろい性質をもっている．したがって，加熱・冷却の操作を適宜組み合わせる熱処理によって，種々の組織，材質を有する鋼をつくることができる．

4.3.2 熱処理

熱処理の目的は，鋼製品を適当な温度に加熱し冷却することにより，その組織や材質を所定のものにすることである．熱処理は大きく分けて，変態温度以上に加熱してオーステナイト組織にしてから冷却する焼き入れ，焼きなまし，焼きならしと，変態温度以下に加熱する焼きもどしの4種類の方法がある．そして，変態温度をどのよう

な冷却速度で通過させるかで鋼の硬さが決まる．
1) 焼き入れ： A_3 変態点 + 30〜50℃に加熱した後，適当な冷媒中（通常は水または油）で急冷却して硬化させる熱処理をいう．鋼の組織はオーステナイトから非常に硬いマルテンサイトになる．マルテンサイト組織は，炭素原子を過飽和に固溶した体心正方構造（体心立方の変形した構造）である．通常，鋼は焼き入れのままでは使用されず，次に述べる焼きもどし（ときには焼きならし）を行う場合が多い．これら作業は一括して調質と呼ばれる．
2) 焼きもどし： 焼き入れした鋼はマルテンサイトの硬くもろい組織である．これに靱性を与えるために，マルテンサイトからセメンタイトを析出させて鋼にねばりを与える目的で，A_1 変態点（727℃）以下の適当な温度に加熱した後，冷却する熱処理をいう．焼きもどし温度を高くすると硬さは低下し，靱性は向上する．
3) 焼きなまし（焼鈍）： 圧延や塑性加工により生じた化学成分の偏在，結晶組織の不均一などの調整や，加工や焼き入れあるいは溶接などによって生じた内部ひずみの除去に用いる．目的に応じて，加熱温度，冷却速度を変更したさまざまな処理方法がある．たとえば，加工や溶接などで生じた応力の除去を目的として，A_1 点以下の比較的低い温度で加熱冷却する処理で，応力除去焼きなまし（SR 処理）と呼ばれるものもある．
4) 焼きならし（焼準） ：A_3 変態点 + 30〜50℃の温度に加熱してオーステナイト化した後，大気中で冷却するいわゆる空冷処理をいう．結晶粒は微細化し，靱性が向上する．

4.3.3 化学成分の影響

鋼の約 97% は鉄 Fe である．ほかの元素は，鋼の製造過程で原料や燃料から，あるいは炉材料その他から不純物として混入するほか，鋼の性質を改善するために意図的に添加される．これらの成分は鋼の性質に大きな変化を与える．中でも，C, Si, Mn, P, S は鉄鋼の主要 5 元素と呼ばれ，鋼の性能を制御する上で重要な元素である．その中でも C は鋼の強度，延性，後で述べる溶接性などに大きな影響を与える．次いで Si, Mn も同様な役割を果たす．P, S は鋼質に好ましくない不純物とみなされ，低く抑えられている．

4.4 鋼の力学的性質

4.4.1 応力-ひずみ特性

鋼の引張荷重下における応力-ひずみ特性は，図 2.10 に示した軟鋼（0.13〜0.2% C

の炭素鋼）の例がその典型である．これに加えて，各種鋼材の応力-ひずみ曲線を図4.4 に示す．高強度鋼材になると，上降伏点，下降伏点は不明瞭となり，降伏点は上昇し，引張強さ（強度）も上昇する．その一方で，ひずみ（伸び）が減少する傾向を示す．これは主に炭素含有量の増加に対応しており，図4.5に炭素量が機械的性質に与える影響を示している．降伏点，引張強さ，伸び，絞りなどの性質は，鋼材成分によるのみでなく，試験片の形状，引張ひずみ速度，試験温度によっても異なる．そのため，JIS Z 2241には応力-ひずみ曲線を得るための引張試験方法が規定されている．

4.4.2 圧縮強さ

鋼材の圧縮強さを得るための試験法に特に定められたものはなく，必要に応じて工夫され実施される．短柱円形状の試験片（たとえば長さが直径の数倍以下の丸鋼）を用いて圧縮試験を行った場合，降伏点までは引張試験と同じような応力-ひずみ関係が得られる．それ以後は変形が進むにつれて断面は太鼓状に変形し，最大荷重は引張試験の場合より大となり，最大値が求められない場合が多い．一般的に圧縮試験における降伏点やヤング率は引張試験における値とほぼ等しい．試験片長さが長くなると最大荷重は単柱の降伏荷重よりも低くなり，いわゆる座屈によって最大値が定まる．

4.4.3 せん断強さ

通常，鋼材のせん断強さは引張試験の結果から降伏理論を用いて推定されることが多い．せん断ひずみエネルギー説に基づいた降伏理論によると，平面応力状態の場合のせん断強さ（τ_B）は(4.1)式となる．

$$\tau_B = \sigma_B / \sqrt{3} \tag{4.1}$$

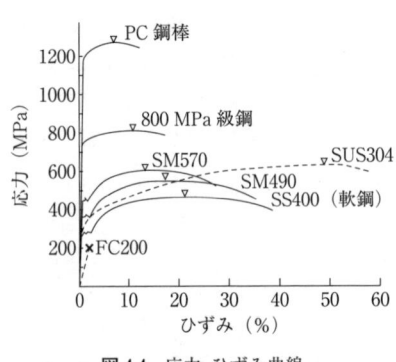

図 4.4 応力-ひずみ曲線

図 4.5 鋼の炭素量と機械的性質[2)]

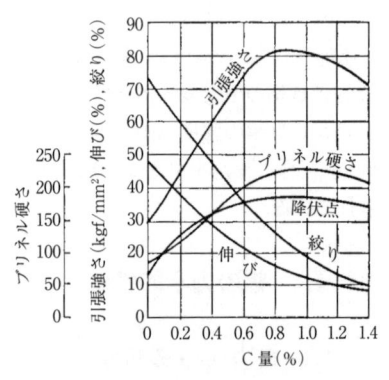

ここで σ_B は引張強さである．

ボルトなどの棒状の試験片を用いてせん断試験をした場合，純粋なせん断状態を再現することは難しく，せん断応力以外に多少の曲げが加わり，理論値よりも多少大きめの値が得られる．

4.4.4 硬さ

硬さとは，材料を変形させようとする力に対する抵抗性で，基本的性質，たとえば引張強さ，降伏点，ヤング係数などの種々の性質が混ざった性質である．硬さの測定方法には2章で述べたように各種の硬さ試験法があるが，わが国で一般的なビッカース硬さ試験法（JIS Z 2244）を図4.6に示す．

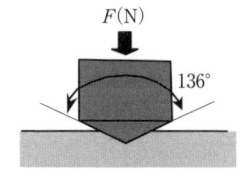

ダイヤモンド製の正四角錐を圧子として，試験面に押し込み，荷重を除いた後に残ったへこみの対角線の長さからへこみ表面積を算出する．試験荷重をへこみ表面積で割った値がビッカース硬さ（H_V）である．

硬さ試験の結果は，鋼材に何らかの力が作用した場合の変形程度の評価や，試験の容易さから機械的特性の推定に用いられる．引張強さと硬さとはほぼ線形関係が認められ，次式を用いて鋼材種類の識別，溶接や加工などによる局所的な強度変化の評価に用いられる．

$$H_V \fallingdotseq 3\sigma_B \tag{4.2}$$

ここで，H_V：ビッカース硬さ，σ_B：引張強さ（kgf/mm^2）である．

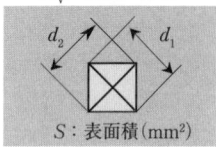

図4.6 ビッカース硬さ試験
$H_V = 0.102 \cdot F/S$
S：表面積（mm^2）

4.4.5 衝撃強さ

構造物は衝撃荷重を受けることがあるが，このような衝撃荷重に対する鋼材の強さを衝撃強さと呼ぶ．通常の引張試験において十分な延性を示す鋼材も，衝撃荷重下では異なった特性を示す．特に切欠きを有する試験片に低温条件下で荷重をかけた場合，いくつかの条件が重なると十分な伸びを示すことなく，瞬間的に破断することがある．この破壊形態は脆性破壊と呼ばれ，低荷重下で突然起こるので鋼材の重要な特性の1つとなっている．

衝撃強さの評価法として，わが国ではシャルピー衝撃試験（JIS Z 2242）が多く行われており，図4.7にその試験法を示す．試験機の中央に切欠きのついた試験片をセットし，背面をハンマーで打撃し破壊して，試験片を破壊するのに要するエネルギー，あるいはそのエネルギーを切欠き部断面積で除した値（衝撃値）をもって試験結果を

(a) 試験方法　　　　　　　　　　(b) Vノッチ試験片

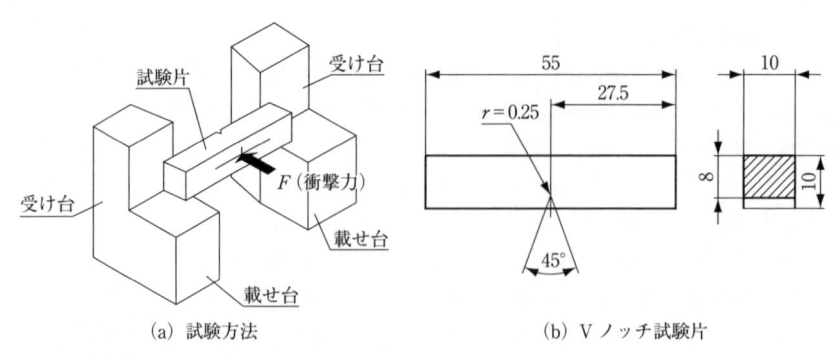

図 4.7　シャルピー衝撃試験

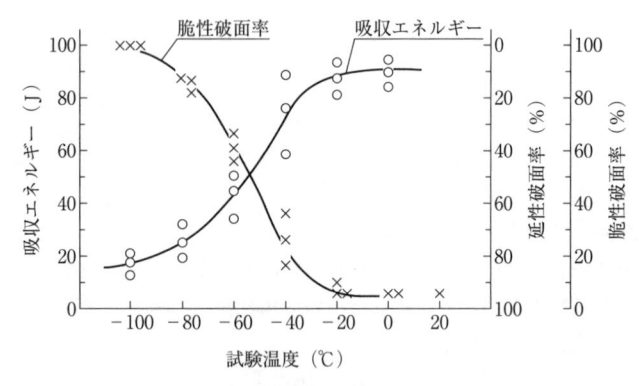

図 4.8　試験温度と吸収エネルギー

表す．図 4.8 はシャルピー衝撃試験結果の一例であるが，吸収エネルギーはある温度以下になると急激に低下する．このとき試験片の破断面の性状も，延性破壊を示す破面から脆性破壊を示す破面へとその比率が変化する．延性破面率が 50% である温度を遷移温度という．

4.4.6　疲れ強さ（疲労強度）

鋼部材に繰返し荷重が作用するとき，荷重の繰返しを継続することでその部材が破壊に至ることがある．このような現象を疲労破壊という．ここでは，降伏応力より低い繰返し荷重が作用した場合の疲労，すなわち高サイクル疲労について述べる．

疲労試験では通常正弦波形の荷重を用いることが多く，図 4.9 に示す応力の変動範囲に応じて，部分片振（$R>0$），完全両振（$R=-1$）などの試験方法がある．

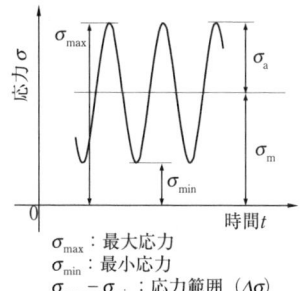

σ_{max}：最大応力
σ_{min}：最小応力
$\sigma_{max} - \sigma_{min}$：応力範囲（$\Delta\sigma$）
σ_m：平均応力
σ_a：応力振幅
$R = \sigma_{min}/\sigma_{max}$：応力比

図4.9　繰返し応力と名称

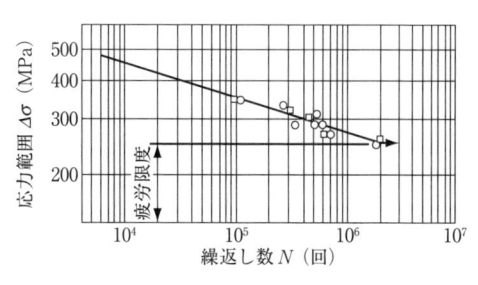

図4.10　S-N曲線

(1) 平滑材の疲れ強さ

表面が平滑に機械仕上げされた試験片を用いて得たS-N曲線で表される．試験結果の例を図4.10に示すが，炭素鋼などでは応力範囲と破断までの繰返し数（疲労寿命）の関係は両対数で直線関係を示す．疲れ強さは金属中の介在物，結晶粒，組織などの影響を受けるほか，同一金属でもあっても，表面仕上げ，端部表面の凹凸，残留応力などの影響も受ける．疲労限度は，微視き裂の進展限界を意味すると考えられている．そして，材料の引張強さと良好な相関が認められ，引張りの平均応力σ_mが存在すると減少し，圧縮の平均応力が存在すると増大する特性がある．

(2) 溶接継手の疲れ強さ

鋼材を溶接すると，溶接金属近傍には応力集中部が形成されるのみならず，急熱，急冷された結果，残留応力が生じ，さらに冶金的な材質変化も生じる．また，溶接の不完全さによる欠陥（アンダーカット，ブローホール，スラグ巻込みなど）が生じることもある．したがって，溶接継手の疲労破壊の機構はきわめて複雑である．そこで，疲労設計指針[3]などでは各種継手の疲れ強さをA～H強度等級の8つに分類し，それぞれに2×10^6回の繰返し数での許容応力範囲（疲労き裂の発生確率が十分に小さいとみなされる応力範囲）を示している．ここでは，母材の引張強さによる疲れ強さの上昇は応力集中，残留応力などの影響で消失すること，継手によっては板厚増による応力集中の緩和効果があることなどが示されている．

4.4.7　クリープ・リラクセーション

特殊な高温環境下は別として，通常の自然環境下の温度域で，鋼材の耐力に基づいた設計が行われた場合には，クリープが問題となることはない．リラクセーションは

本質的にクリープと同じ機構で生じるもので，高応力で使用される高力ボルト，PC 鋼材などでは非常に重要な特性となる．作用応力のレベルや作用時間にもよるが，鋼材そのもののリラクセーションは 1〜5％程度である．

4.5　溶　接　性

鋼部材は，溶接やボルトなどにより接合され組み立てられる．溶接は鋼材の一部を加熱溶融させ冶金的に接合する方法で，このときの溶接性は鋼の重要な性質である．溶接性の明確な定義は難しいが，一般的には，割れやその他の欠陥を発生せず，容易に接合できるかどうかの性質（接合性）と，溶接された鋼材が所要の性能をもつ性質（使用性）である．これらにはいくつかの求められる性能があるが，特に重要なものは，溶接熱影響による硬化と割れの問題，および溶接部の靱性である．

(1)　溶接部の硬化と割れ

図 4.11 に溶接部断面の硬さ分布の例を示す．熱影響部は急熱急冷により焼きが入って硬化する．硬化すれば延性が低下し，応力作用時に割れが生じやすくなる．したがって，溶接部の割れを抑えるために最高硬さを一定値以下とする考え方がある．この硬化性を実験により調べる方法が JIS Z 3101 に規定されている．また，最高硬さは鋼材成分と密接な関係があり，(4.3) 式で示すような炭素当量 C_{eq} と硬さとの実験的関係から間接的に硬さを推定することも行われる．この場合，割れに対する安全な硬さをたとえば $H_V \leq 350$ [4] として，これを超えるような鋼材に対しては予熱や後熱を行うなどの施工条件を見直すことが行われる．最近では，割れ発生率に直接関係づけた (4.4) 式で示す溶接割れ感受性組成 P_{CM} を用いて，予熱の必要性 [6] を判定することが行われている．

$$C_{eq} = C + Mn/6 + Si/24 + Ni/40 + Cr/5 + Mo/4 + V/14 \tag{4.3}$$

$$P_{CM} = C + Si/30 + Mn/20 + Cu/20 + Ni/60 + Cr/20 + Mo/15 + V/10 + 5B \tag{4.4}$$

ここで元素記号は鋼材中の化学成分の含有量（％）である．

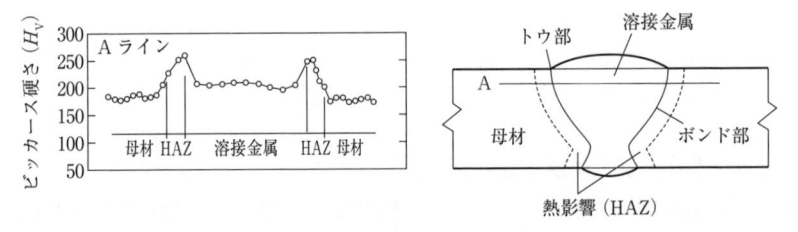

図 4.11　溶接部断面の硬さ分布

(2) 溶接部の靭性

調質型高張力鋼の溶接ビード近傍は，溶接時の熱サイクルにより焼き入れ焼きもどし効果が失われ，軟化や靭性の低下が生じやすい．このため予熱の実施，溶接入熱量の制限などの細心の注意が必要とされる．

4.6　耐食性

土木構造物は自然環境下で長期にわたり供用される．そのため使用される鋼材は防食工法が適用されるものの，常に腐食環境に曝されているといえる．したがって，鋼材の耐食性は重要な特性である．腐食・防食については5章で述べ，ここでは代表的な鋼材の耐食性について述べる．

(1) 耐候性鋼

大気中における腐食抵抗性は特に耐候性といい，Cu, P, Cr, Ni などを微量添加した耐候性鋼が種々開発されている．これら耐候性鋼に生じるさびは，通常の鋼材のものとは異なり，緻密なさびを形成し腐食因子の透過や腐食反応を抑制する効果があり，長期にわたり腐食速度を低減させる特徴を有する．しかし，この腐食速度は飛来塩分量，濡れ時間，温度などの環境影響を強く受けるので，使用にあたってはその効果を十分に発揮できる適切な環境を見定める必要がある．

(2) ステンレス鋼

ステンレス鋼とは，Cr が 10.5% 以上添加され，C が 1.2% 以下の合金のことで，普通鋼に比べ著しく耐食性が高い．添加される Cr, Ni の成分によって多くの種類があるが，大別するとクロム系ステンレス鋼，クロム・ニッケル系ステンレス鋼に分類される．いずれも鋼中の Cr によって鋼表面に形成される不動態被膜の保護作用により，内部の鉄がさびるのを防止する．腐食が発生した場合でも，普通鋼のような全面的な腐食による減肉はなく，局所的な数十ミクロンオーダーの孔食であって，極端な強度や伸びの低下に至ることはほとんどない．しかし，普通鋼などと接触した場合に生じる異種金属接触腐食や，隙間部に発生する隙間腐食など特殊な腐食形態が起こりうるので，鋼種の選定や構造詳細では十分な考慮が必要となる．

4.7　加工時の特性

鋼は鋳鉄などに比べ，延性があり加工性が高く，鉄鋼メーカーから入手した後も種々の加工が施される．鋼に再結晶温度以上で鍛練または圧延などの加工をすることを熱間加工，この温度以下で加工をすることを冷間加工という．

(1) 熱間加工

鋼板を加熱すると変形性能が増し，曲げ加工が容易となる．加工硬化は生じない．200～300℃の温度域では強度が増し，延性，靱性が低下する青熱脆性，950℃近傍では赤熱脆性の性質があるので，これらの温度域で加工することは避けなければならない．一般鋼材の加熱矯正では通常，900℃以下が適当とされている．

調質鋼や熱加工制御鋼（TMCP鋼）では熱処理により得られた良質な機械的性能を劣化させることになるので，熱間加工は原則避けなければならない．

(2) 冷間加工

冷間加工としては通常，プレス，曲げロールなどによって外力を与えた曲げ加工がよく行われる．永久ひずみを与えると，時間経過とともに硬化は進行し，靱性の低下（ひずみ時効脆化）が生じる．時としてき裂が生じることもある．このような靱性低下を一定範囲に留めるために，表面ひずみの許容値を3%以下に制限すること[5]がある．しかし，SM570Qのような調質鋼や熱加工制御鋼（TMCP鋼）などシャルピー衝撃値に優れた鋼材では，曲げ加工の許容値を大きくとることも可能である．また，鋼中の窒素がひずみ時効脆化に影響を与えるため，窒素量が0.006%を超える鋼材の使用では十分な検討が必要[6]である．

4.8 鋼材の種類

鋼材は成分，強度，形状，また各種の規格などによって分類される．

(1) 成分による分類

C，Si，Mnなど以外に主な元素を含まないものを炭素鋼，または普通鋼といい，各種合金元素を含むものを合金鋼という．炭素鋼のC含有量は0.02～約2.0%の範囲にあり，約2.0%以上は鋳鉄という．また，炭素量によって低炭素鋼（0.30% C以下），中炭素鋼（0.30～0.70% C），高炭素鋼（0.70% C以上）と分類される．ステンレス鋼はCr含有量が10%以上で，合金鋼に分類される．

(2) 強度による分類

明確な定義はないが，引張強さが490 N/mm^{2}よりも小さい鋼材を軟鋼，これ以上のものを高張力鋼（俗称ハイテン）と呼ぶことがある．高張力鋼には熱処理により強度を高めた調質鋼と，成分調整により圧延のみで強度を高めた非調質鋼とがある．TMCP鋼は非調質鋼に分類される．

(3) 形状による分類

図4.12に示すように，形状により鋼板，形鋼（山形，I形，溝形，H形など），鋼管（UO鋼管，スパイラル鋼管，電縫鋼管など），線材（ピアノ線，PC鋼線など），棒鋼

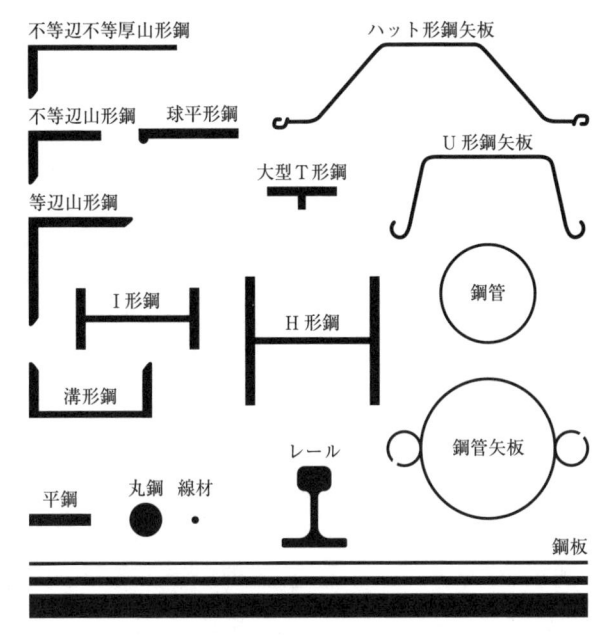

図 4.12 鋼材の種類（形状）

（鉄筋，PC鋼棒など），レール，矢板などに大別される．鋼板はさらに厚さ 3 mm 未満を薄板，3～6 mm 未満を中板，6 mm 以上を厚板，150 mm 以上を極厚板ともいう．

(4) JIS の分類

建設材料に用いられる鉄鋼製品の種類は構造材料から仮設材に至るまできわめて広範囲にわたっている．JIS 規格化された主なものを表 4.1 に示す．

規格には，化学成分，機械的性質に加えて，シャルピー吸収エネルギー，炭素当量などが示されている．鋼材種類を表す記号で，たとえば SM400B の数字は引張強さ，末尾の B は溶接性や衝撃値の差異を表している．ほかに，末尾の W は耐候性鋼，Q は調質鋼を表している．

4.9 おわりに

本章では，鋼材を用いた構造物の設計，施工，加工などにおいて必要とされる基本的な性質について記した．ほかにも遅れ破壊やラメラティアなど重要な性質もいくつかある．材料としても，鋳鉄，鋳鋼，ステンレス鋼なども土木材料として使用される．これらについては，関連規準，図書を示しておくので必要に応じて参考としてもらい

表4.1 鋼材の種類 (JIS)

鋼材の種類	JIS 規格		鋼材記号例
構造用鋼材	一般構造用圧延鋼材	JIS G 3101	SS400
	溶接構造用圧延鋼材	JIS G 3106	SM400A, SM400B, SM400C, SM490B, SM570
	溶接構造用耐候性熱間圧延鋼材	JIS G 3114	SMA400W, SMA570W
	橋梁用高降伏点鋼板	JIS G 3140	SBHS500, SBHS700W
	建築構造用ステンレス鋼材	JIS G 4321	SUS304A
鋼管	一般構造用炭素鋼管	JIS G 3444	STK400, STK490
	鋼管杭	JIS A 5525	SKK400, SKK490
	鋼管矢板	JIS A 5530	SKY400, SKY490
ボルト	摩擦接合用高力ボルト	JIS B 1186	F8T, F10T
鋳鋼・鋳鉄	炭素鋼鋳鋼品	JIS G 5101	SC450
	ねずみ鋳鉄品	JIS G 5501	FC200
	球状黒鉛鋳鉄品	JIS G 5502	FCD400, FCD450
線材など	ピアノ線	JIS G 3502	SWRS
	硬鋼線	JIS G 3506	SWRH
	PC鋼線およびPCより線	JIS G 3536	SWPR1, SWPD1, SWPR19
棒鋼	鉄筋コンクリート用棒鋼	JIS G 3112	SR235, SD295A
	鉄筋コンクリート用ステンレス異形棒鋼	JIS G 4322	SUS 304-SD
	PC鋼棒	JIS G 3109	SBPR785/1030

たい.

□参考文献

1) 日本鉄鋼連盟：鉄ができるまで，p.6，2010.
2) 菊地喜久男：金属材料学，p.113，共立出版，1979.
3) 日本鋼構造協会編：鋼構造物の疲労設計指針・同解説，pp.5-10，技報堂，1993.
4) 百合岡信孝，大北　茂：鉄鋼材料の溶接，p.93，産報出版，1998.
5) 日本道路協会：道路橋示方書・同解説，Ⅰ 共通編，Ⅱ 鋼橋編，p.382-384，1996.
6) 日本道路協会：道路橋示方書・同解説，Ⅰ 共通編，Ⅱ 鋼橋編，p.446，2002.

□関係規準類

関係規準は参考文献5)，6) を参照されたい.

□最新の知見が得られる文献

1) 橋本篤秀監修：建築構造用鋼材の知識，鋼構造出版，1993.
2) 日本材料学会編：改訂 機械材料学，2010.

□演習問題
1. 鉄と鋼の違いについて述べよ．
2. 熱処理の種類と特徴について述べよ．
3. 鋼の疲労強度に影響を与える要因と対策について述べよ．
4. 溶接時に注意すべきことについて述べよ．

第5章

金属の腐食・防食

5.1 はじめに

　本章では，前章までに学んだ金属材料に関して，その腐食について述べる．土木材料として最も用いられる金属材料は鋼であるため，本章でも鋼，もしくは鉄を主たる対象とすることになる．

　鉄は，鉄鉱石という安定な酸化鉄，硫化鉄として自然界に存在する．ここから製鉄という還元作用を経て製造されるのが鉄，鋼であるが，鉄，鋼は非常に酸素と結合しやすく，酸化鉄に戻ろうとする傾向が強い．この鉄，鋼と酸素との結合反応が「腐食」であり，その結果生成される酸化鉄が「腐食生成物」もしくは「さび」である．

　本章では，鉄を中心とした金属の腐食のメカニズムや腐食の形態，および腐食を防ぐための防食方法などについて概説する．

5.2 腐食反応

　腐食反応には水分の関与しない乾食も存在するが，本書では水分が関与し，かつ腐食の大部分を占める湿食を取り扱う．

　金属の腐食反応は化学反応であるが，そこには電荷の授受が伴う．すなわち電気が発生することから，このような反応のことを電気化学的反応と呼ぶ．

　簡単な例として，塩酸中に亜鉛を浸せきしたときに生じる反応を示す．

$$Zn + 2HCl \rightarrow ZnCl_2 + H_2 \tag{5.1}$$
$$Zn + 2H^+ + 2Cl^- \rightarrow Zn^{2+} + 2Cl^- + H_2 \tag{5.1}'$$

この反応を細かく見てみると，亜鉛が電荷を失う反応（5.2a）と，水素イオンが電荷を受け取る2つの反応（5.2b）に分けられる．

$$Zn \rightarrow Zn^{2+} + 2e^- \tag{5.2a}$$
$$2H^+ + 2e^- \rightarrow H_2 \tag{5.2b}$$

電荷を失う反応をアノード反応と呼び，電荷を受け取る反応をカソード反応という

が，この2つの反応間では電荷の授受が行われ（図5.1），それぞれの反応が生じる場所の間を電荷やイオンが移動するためには，両反応の生じる場所どうしが電解質溶液などで結合されている必要がある．

鉄あるいは鋼がコンクリート中などの中性あるいはアルカリ性環境下で腐食する場合は，その反応は以下のように記される例が多い．

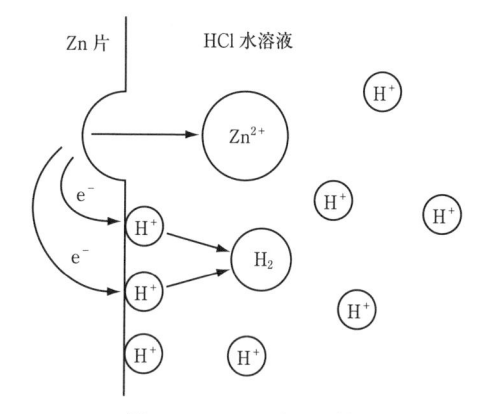

図5.1 Zn の HCl 中での溶解

$$Fe + \frac{1}{2}O_2 + H_2O \rightarrow Fe(OH)_2 \tag{5.3}$$

これも同様に2つの反応に分けると，

$$Fe \rightarrow Fe^{2+} + 2e^- \quad (アノード反応) \tag{5.4a}$$

$$\frac{1}{2}O_2 + H_2O + 2e^- \rightarrow 2OH^- \quad (カソード反応) \tag{5.4b}$$

ここでは例として水酸化鉄(II)($Fe(OH)_2$)の生成反応を挙げたが，鉄の腐食生成物には $Fe(OH)_3$，FeO，Fe_3O_4，Fe_2O_3，$FeOOH$ などがあり，したがって鉄の腐食過程は大変複雑である．

5.3 金属の標準電極電位

電気化学で最も単純な系は，金属のイオンが溶解した溶液に金属を浸けたものであり，これを半電池もしくは電極と呼ぶ．この場合，金属を溶液に浸けた直後には金属の溶解（酸化）もしくはイオンの還元が生じるが，やがて反応は平衡状態となり，金属の酸化とイオンの還元が等速度で進行するために，見掛け上は反応が停止したようになる．この段階で，半電池はそれぞれ固有の電位を示す．特に，25℃でイオン濃度が 1 mol/kg のときのこの電位を標準電極電位 $E°$ という（表5.1）．

たとえば，25℃でそれぞれイオン濃度が 1 mol/kg の Ag^+/Ag の半電池と Cu^{2+}/Cu の半電池を電気的に接続すると，両者の間の起電力が 0.799 − 0.337 = 0.462 (V) の電池となる．

なお，電位については値が負側に大きいことを「卑」，値が正側に大きいことを「貴」

表 5.1 各種金属の標準電極電位

電極	電極反応	E^0/V
Li$^+$/Li	Li$^+$ + e$^-$ ⇌ Li	-3.045
K$^+$/K	K$^+$ + e$^-$ ⇌ K	-2.825
Ca^{2+}/Ca	Ca^{2+} + 2e$^-$ ⇌ Ca	-2.906
Na$^+$/Na	Na$^+$ + e$^-$ ⇌ Na	-2.714
Mg^{2+}/Mg	Mg^{2+} + 2e$^-$ ⇌ Mg	-2.363
Al^{3+}/Al	Al^{3+} + 3e$^-$ ⇌ Al	-1.662
Zn^{2+}/Zn	Zn^{2+} + 2e$^-$ ⇌ Zn	-0.763
Fe^{2+}/Fe	Fe^{2+} + 2e$^-$ ⇌ Fe	-0.440
Pb^{2+}/Pb	Pb^{2+} + 2e$^-$ ⇌ Pb	-0.126
Pt/H$_2$/H$^+$	2H$^+$ + 2e$^-$ ⇌ H$_2$	0
Cu^{2+}/Cu	Cu^{2+} + 2e$^-$ ⇌ Cu	0.337
Ag$^+$/Ag	Ag$^+$ + e$^-$ ⇌ Ag	0.799
Hg^{2+}/Hg	Hg^{2+} + 2e$^-$ ⇌ Hg	0.854
Pt/O$_2$/H$_2$O	1/2O$_2$ + 2H$^+$ + 2e$^-$ ⇌ H$_2$O	1.23
Ag/AgCl/Cl$^-$	AgCl + e$^-$ ⇌ Ag + Cl$^-$	0.222
Pt/Fe^{2+}, Fe^{3+}	Fe^{3+} + e$^-$ ⇌ Fe^{2+}	0.77
Pt/SO$_4^{2-}$, S$_2$O$_8^{2-}$	S$_2$O$_8^{2-}$ + 2e$^-$ ⇌ 2SO$_4^{2-}$	2.01

ということがある．

5.4 反応の平衡論

温度やイオン濃度が上記の標準状態からずれると，半電池は異なった平衡状態に移行するため，電位も標準電極電位 E^o とは異なった値となる．たとえば，a モルの物質 A と b モルの物質 B が反応して，c モルの物質 C と d モルの物質 D が生じるような，以下の反応を考える．

$$a\text{A} + b\text{B} + ne^- \rightarrow c\text{C} + d\text{D} \tag{5.5}$$

この状況での平衡電位 E を表す式は Nernst の式と呼ばれ，以下のようになる．

$$E = E^o - \frac{RT}{nF} \ln \frac{[\text{C}]^c[\text{D}]^d}{[\text{A}]^a[\text{B}]^b} \tag{5.6}$$

ここで，R：気体定数（= 8.31 J/mol/K），F：ファラデー定数（= 96485 C/mol），T：絶対温度（K）である．

水溶液の pH が水溶液中の水素イオン濃度であることを利用して，この Nernst の式などを用いて描かれるのが電位–pH 図（Pourbaix 図）であり，さまざまな電位と pH の組み合わせ条件下で，水溶液中の金属がどのような形態をとるかを示すものである．図 5.2 に鉄の電位–pH 図の例を示す．

この図は，①不活性と呼ばれる領域（電位が約 −0.6 V 以下の領域におおよそ相当）では，鉄の溶解速度がきわめて小さく腐食が生じない，②電位が約 −0.6 V 以上であっても pH が 10 以上であれば，鉄の酸化物の一種である不動態被膜が形成されて，それ以上の腐食は防がれる，③ pH が 10 程度以下となると，腐食が生じる領域が急激に拡大することを表している．なお，不動態については 5.6 節で述べるが，健全なコンクリート中は pH が 13 以上あるため，その内部の鋼材表面には不動態が形成され

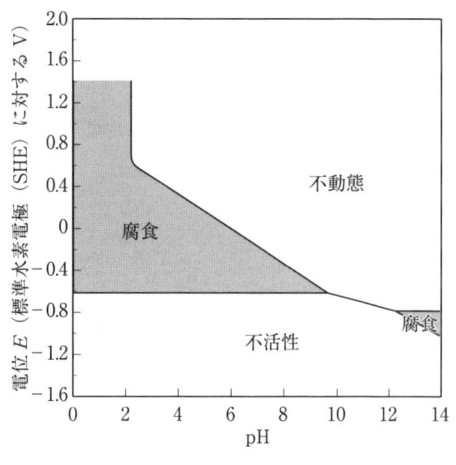

図 5.2 鉄の電位–pH 図の例

て腐食が生じない．また，コンクリート中の pH は，限られた範囲の値（中性化した場合でも pH 9〜10）しかとらないため，鋼材の電位を測定することにより非破壊的に腐食の有無を推定する「自然電位法」がよく用いられる．

電位–pH 図は鉄のみならず，さまざまな環境下の非常に多くの金属について作成されており，腐食・防食の分野でよく用いられるが，この図からは反応の速度を得ることはできない．

5.5 反応の速度論

ポテンショスタットなどの装置を用いることによって，電極の電位を平衡電位からずらすことを分極という．電位を貴にすることをアノード分極，卑にすることをカソード分極という．平衡状態においてはアノード反応とカソード反応がつり合って生じているが，分極させることによってこのバランスが崩れ，電流（分極電流）が電極外部へ，あるいは外部から流れる．この状況を，分極量（分極した電位の大きさ:V）と外部分極電流（A）との関係である外部分極曲線として図 5.3 に示す．

酸性水溶液に浸漬した鉄電極について，縦軸に電位，横軸に電流の対数を示した電流–電位曲線を図 5.4 に示す．このような図を Evans 図という．なお，Evans 図ではカソード分極曲線は電流量の正負を逆転させて，正側の象限に描く．また，コンクリート中の鋼材の腐食を考える際に重要な，アルカリ性水溶液中の鉄電極の分極性状については次節で述べる．

分極させる前のもともとの平衡電位 E_{corr} を自然電位というが，そこから鉄の試料を分極させたときの，分極量と分極電流との関係を表すのが太線で示した外部分極曲線であり，図 5.3 に示したものと同一のものである．また，2 本の斜めの直線はアノード反応：$Fe \rightarrow Fe^{2+} + 2e^-$ とカソード反応：$2H^+ + 2e^- \rightarrow H_2$ それぞれ単独の電位-電流関係に対応し，（内部）アノード電流量と（内部）カソード電流量を表している．系の外部へ，あるいは外部から流れる電流である外部分極電流の大きさは，ある電位における内部アノード電流量と内部カソード電流量との差である．したがって反応系の平衡電位である自然電位 E_{corr} の場合には，アノード反応とカソード反応が同速度で進行しているため，外部への電流の流出入は 0 である．しかし，系の内部ではアノードとカソード間で電荷のやりとりが生じており，(5.6)式から明らかなように，その電荷の量に応じて腐食反応が生じている．したがって，アノード反応とカソード反応を表す 2 つの直線の交点の x 軸上の値 i_{corr} は腐食電流量，すなわち腐食速度を表す．

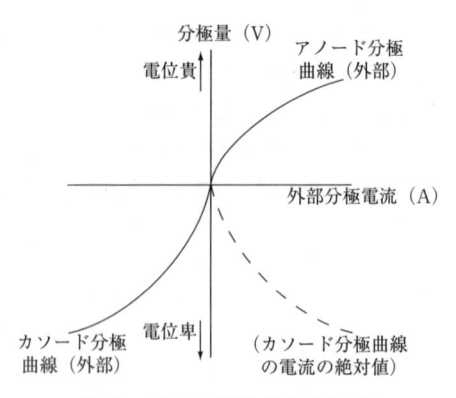

図 5.3 分極時の電流-電位曲線の例

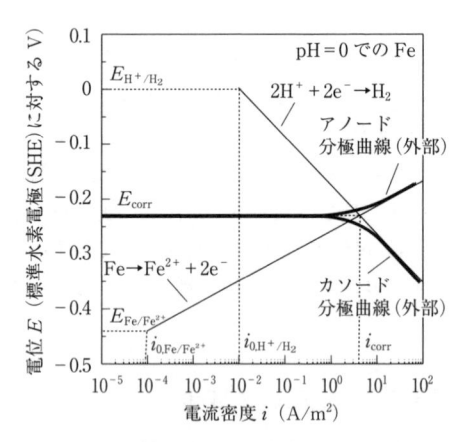

図 5.4 酸性環境下での鉄電極の分極曲線

アノード反応，カソード反応を表す直線は，以下の Tafel（ターフェル）の式で表される．

$$\eta_a = \beta_a \log \frac{i_a}{i_{a0}} \quad \text{（アノード反応）} \tag{5.7a}$$

$$\eta_c = \beta_c \log \frac{i_c}{i_{c0}} \quad \text{（カソード反応）} \tag{5.7b}$$

ここで，η：(5.6) 式に示した半電池の平衡電位 E（金属の種類と環境によって決まる．図 5.4 中では E_{H^+/H_2}, $E_{Fe/Fe^{2+}}$ が相当）からの分極量，β：Tafel 定数（同じく金属の

5.6 不動態

種類と環境によって決まる），i_0：交換電流密度で半電池の平衡電位 E に対応する電流量，i：アノードあるいはカソードに流れる内部電流量である．添え字の a と c はアノードとカソードを表す．

前述のように，図 5.4 に太線で示した外部分極曲線は，アノード反応とカソード反応を重ね合わせたものであるから，系の外部から/外部への電流量 I は，$I = i_a + i_c$ と表すことができる．ここで，自然電位 E_{corr} で腐食電流 i_{corr} が生じている状態から η だけ分極させた場合の電流量 I を考えることにする．$\log_e 10 \cong 2.3$ を用いると，以下のButler-Volmer 式が得られる．

$$I = i_a + i_c = I_{corr}(e^{2.3\eta/\beta_a} - e^{-2.3\eta/\beta_c}) \tag{5.8}$$

さらに，$e^x \cong 1+x$ を用いると，以下の Stern-Geary 式が導かれる．

$$I_{corr} = \frac{\beta_a \beta_c}{2.3 R_p (\beta_a + \beta_c)} = \frac{K}{R_p} \tag{5.9}$$

ただし，R_p：分極抵抗（$=\eta/I$)，K：定数（金属の種類と環境によって決まる）である．

以上の反応の速度論の理論的背景に基づいて金属の腐食速度を求める方法には2種類ある．1つめは Tafel 外挿を用いる方法である．これは，分極量が十分大きな場合には外部分極曲線が直線状となる性質を用い，分極試験にて大きな分極を与えて Tafel 定数を実測することによって I_{corr} を推定するものである．2つめは小さな分極量 η を与えることにより発生する外部電流量 I を測定し，分極抵抗 $R_p = \eta/I$ から (5.9) 式を用いて I_{corr} を求めるものである．これらの方法は「分極抵抗法」と呼ばれる．

5.6 不動態

前節では酸性溶液中における鉄の腐食速度について述べた．一方，高い pH のアルカリ性溶液中においては，図 5.2 に示したように，鉄の表面には不動態被膜という，厚さ数 nm から数十 nm の非常に薄い不溶性の酸化被膜が形成され，鉄は腐食から保護される．

不動態が形成される場合の金属の内部アノード分極曲線を図 5.5 に示す．金属を(5.6) 式に示した平衡電位から徐々にアノード分極していくと，電流が増大して金属が溶けていくが，ある時点（図中の電位 E_{pp}

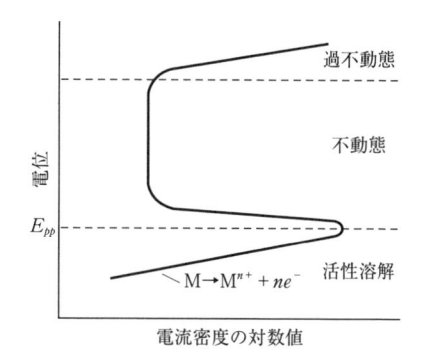

図 5.5　不動態が形成される場合の金属の内部アノード分極曲線

の点）で突然電流が流れなくなる．この領域では金属表面に不動態被膜が安定して形成されている．さらに分極を続けていくと，過不動態と呼ばれる状態となり，不動態は消失して酸素発生を伴いながら大きな電流が流れるようになる．

　強いアルカリ性環境下では鉄の表面に不動態被膜が形成されるため，健全なコンクリート中（pH＞13）では，特にほかの手段を講じなくても鉄筋をはじめとする鋼材は防食される．この不動態の正体については諸説あるが，鉄の場合には Fe_3O_4 膜の下層の上に $\gamma\text{-}Fe_2O_3$ 膜の上層が形成されているという説が有力である．コンクリート中の鋼材に腐食が生じる原因には主に2つあり，1つは中性化によってアルカリ性が失われて不動態被膜が消失すること，もう1つは塩分の作用によって不動態被膜が部分的に破れることである．これら形態の異なる腐食の種類については次節で述べ，また鉄筋コンクリートの劣化という観点からは12章で詳しく述べる．

5.7 腐食の形態

　これまで金属の腐食の基礎について述べたが，腐食は金属を取り巻く環境や金属に作用する外力などによって，さまざまに特徴的な形態をとる．その例を図5.6に示す．また，本節以降に紹介する腐食のほかにも，粒界腐食，脱成分腐食，フレッティング腐食など，さまざまなものがある．

5.7.1 均一腐食

　最も一般的な腐食の形態である．金属を取り巻く環境が一様で，かつ金属自身も均

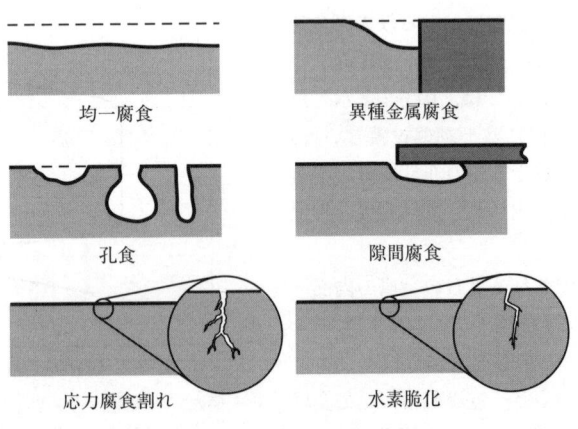

図5.6　さまざまな腐食の形態

一である場合に，このような腐食が生じる．たとえば金属を酸に浸漬した場合には均一腐食が生じる．鉄筋コンクリートの場合には，中性化によってこの形態に比較的近い腐食が鋼材に生じる．

5.7.2 異種金属腐食

5.3節でAg$^+$/Agの半電池とCu^{2+}/Cuの半電池を電気的に接続する例を紹介したが，両者によって形成される電池内では，Cuが電荷を失うアノード反応が生じる．これは，Cuが腐食することにほかならない．電気は電気抵抗が小さな経路を通って流れようとする性質があるから，この場合にはAgとCu間の電気抵抗が最も小さい場所，すなわち両者が接触する界面のごく近傍にてCuの腐食が生じる．そのため，腐食は図5.6の「異種金属腐食」に示したような形状で発生する．

異種金属腐食は，ある種類の金属の板を別の種類の金属のボルトで締めつけた場合などに，両者の接触面にて発生する．また，異種金属腐食は防食に応用されることもあり，5.8節で述べる流電陽極方式の電気防食はこの原理に基づいている．

5.7.3 孔　食

塩化物イオンは図5.7に示すように，不動態被膜を形成する酸化鉄の酸素や水酸化物と置き換わることによって，不動態被膜を破る性質がある．この不動態被膜の破壊は，pHの低下による全面腐食の場合と異なり，点々と局所的に生じるのが特徴である．不動態被膜の局所的な破壊が生じると，その箇所ではFeが腐食する(5.4a)式のアノード反応が生じる．また，その周囲の不動態被膜が残存している箇所では(5.4b)

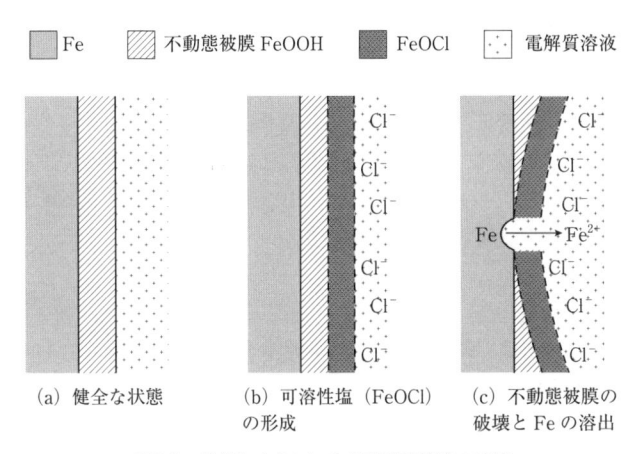

(a) 健全な状態　　(b) 可溶性塩（FeOCl）の形成　　(c) 不動態被膜の破壊とFeの溶出

図 5.7　塩化物イオンによる不動態被膜の破壊

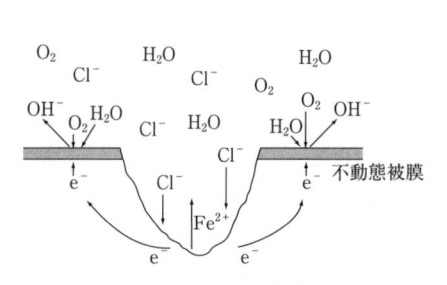

図5.8 不動態被膜の破壊と孔食の進行

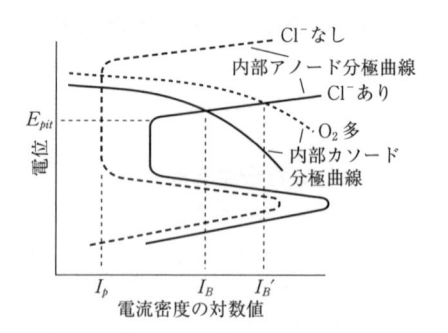

図5.9 塩化物イオンが存在するアルカリ環境下での鉄の内部分極曲線

式に示したカソード反応が生じる．さらに，腐食が生じている箇所では電荷が過剰に生成されるため，電気化学的なつり合いを保つために，外部から塩化物イオンが引き寄せられ，以下の加水分解により孔食内に大量の水素イオンが生成される．

$$Fe^{2+} + 2Cl^- + 2H_2O \rightarrow Fe(OH)_2 + 2HCl \tag{5.10}$$

その結果，孔食内はpHが低下し，孔食内の腐食の進行はますます加速する（図5.8）．

前節で述べたように，健全なコンクリート中の鋼材は表面に不動態被膜が形成されることによって防食されるが，コンクリート中などのアルカリ環境下での鉄の内部アノード分極曲線は，塩化物イオンの存在によって図5.9のように形を変える．すなわち，アノード分極した場合の電流急増電位が低くなり，孔食電位 E_{pit} より高い電位となると孔食が進行する．鉄の電位と腐食電流量は内部アノード分極曲線と内部カソード分極曲線の交点に対応するため，塩化物イオンの存在により，腐食電流量は I_p から I_B へと大幅に増加する．

また孔食に限った話ではないが，図5.9中に示すように，酸素量が異なることによって内部カソード分極曲線の形状が変わる．具体的には，酸素量が多くなることによって，腐食電流量は I_B から I_B' へと増加することになる．したがって鉄筋コンクリートの場合には，コンクリートを緻密なものとして鉄筋への酸素の供給を減少させることにより，腐食速度を低減させることができる．

5.7.4 隙間腐食

隙間腐食は，たとえば，鋼部材に対して補強の目的で鋼板を重ね合わせた部分などで生じやすい．図5.9の内部カソード分極曲線から分かるように，鋼板間の隙間に水が満たされた場合，外気に接している隙間部分と隙間内部とでは酸素の濃度が異なるため，それぞれの部分は異なった電位をもつことになる．したがって，酸素の少ない

内部をアノードとする電池が形成され，腐食が進行する．一旦腐食が始まれば，孔食と同じメカニズムで隙間ではpHが低下し，腐食は加速する．

5.7.5 応力腐食割れ，腐食疲労

応力腐食割れは，①持続的引張応力，②この腐食に敏感な金属の使用，③腐食環境という3つの要素によって引き起こされる脆性的な破壊である．純金属では生じにくく，鋼を含む合金で生じやすいという特徴がある．また，金属の耐力よりもずっと小さな応力の作用下においても生じる．通常，割れ部分には腐食生成物は存在せず，時間の経過とともに電気化学的作用による金属の溶解が進行し，き裂が進展してゆくが，その溶解量はごくわずかであるため，さびの溶出，析出により検知できる通常の腐食とは異なり，注意が必要である．

また上記のように，この腐食の進展には持続的応力の作用が必要であるが，その応力は外力により発生する場合もあれば，たとえば溶接や鉄筋の曲げ加工により生じる残留応力の場合もある．この腐食を起こす環境条件については，金属の種類に大きく依存し，たとえばステンレスに応力腐食割れを生じさせる高温の塩化物イオン溶液は，炭素鋼に対しては応力腐食割れを生じさせない．

さらに，応力腐食割れは不動態存在下でも生じるが，図5.9のE_{pit}や図5.5のE_{pp}近傍の不動態が不完全な電位領域で，不動態欠陥を起点に生じるとされている．

一方，腐食疲労は繰返し応力の作用下で発生する．応力腐食割れと類似点が多いが，純金属でも発生する，腐食生成物が存在する，腐食環境は金属種類によらない，という点が応力腐食割れと異なる．見掛け上は繰返し回数に対する疲労応力が低下する，という現象として現れる．

5.7.6 水素脆化

水素原子はきわめて小さいので，水や酸の還元反応によって発生した水素原子は，純金属や合金の格子構造に容易に入り込むことができる．この結果生じるのが水素脆化で，応力腐食割れ，疲労腐食に類似した特徴をもつ．

体心立方格子構造を有する高強度の鉄の合金は転移が生じにくい構造であるため，この水素脆化が生じやすい．これに加え，冷間加工によって高い応力履歴を受けた場合には，面心立方格子構造の金属，合金も水素脆化が生じやすくなる．

応力腐食割れ，腐食疲労と比較した場合，①応力腐食割れと腐食疲労は温度が高くなると進行が加速されるのに対し，水素脆化は室温付近で最も進行が速くなる，②応力腐食割れは結晶間をひび割れが進展してゆくのに対し，水素脆化（と腐食疲労）は結晶間と結晶内をひび割れが進展してゆくため，破面が分岐せず，非常に脆性的で進

行の速い破壊となる，③水素脆化のみは電気防食（次節参照）で加速されるなどの特徴を挙げることができる．

5.8 防食

前節まで見てきたように，鋼を含む金属は一般に腐食が生じやすいものが多く，これらを工業的に利用するためには腐食を防ぐ「防食」が重要となる．鋼の防食の方法には，以下のようなものがある．

(1) 合金化

鋼にクロムやニッケルを添加して製造されるステンレスは，不動態が大気中でも安定して形成され，不動態が損傷しても自己修復する能力が高いため，高い防食性を有する合金である．また，表面に安定さびが形成されてさらなる腐食の進行が抑制される耐候性鋼材も，防食性の高い合金の一種であるといえる．

(2) 表面被覆

鋼の表面被覆材としては，亜鉛，スズ，ホウロウ，樹脂・塗料などが挙げられる．被覆の主な目的は，鋼の表面への水分の到達を防ぐことである．また，亜鉛メッキやスズメッキの場合には，流電陽極（次の (3) 参照）的効果も期待される．

鉄筋コンクリート用材料としては，きわめて厳しい環境下にある構造物に対して，鉄筋表面を厚さ 220 μm 程度のエポキシ樹脂で被覆したエポキシ樹脂塗装鉄筋が用いられることがある．

(3) 電気防食

表 5.1 によれば亜鉛は鉄よりも標準電極電位が卑であるから，両者を電気的に接続すると，亜鉛をアノード，鉄をカソードとする電池が常に形成される．言い換えれば，鉄から電荷が奪われ，腐食して溶出する反応は起こらず，亜鉛が腐食して溶出する反応が生じ，亜鉛がイオン化して発生した電子が強制的に鉄に入ってくるため，鉄側ではカソード反応のみが生じる．この原理を用いたのが流電陽極方式と呼ばれる電気防食方法である（図 5.10）．上述の亜鉛メッキの場合には，緻密

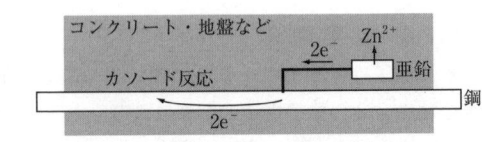

図 5.10 亜鉛を用いた流電陽極方式電気防食

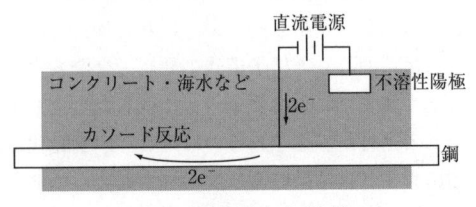

図 5.11 外部電源方式電気防食

な層で鋼表面を覆う効果もあるが，万一メッキにピンホールや割れがあっても，腐食速度の相対的に小さな亜鉛が優先的に腐食することによって鉄の腐食を防ぐ効果もある．

電気防食のもう1つの方法は，外部直流電源を用いる外部電源方式である（図5.11）．流電陽極方式と同様に，鉄でアノード反応が生じないように鉄に強制的に電子を流し込むが，そのために外部電源を用いて鉄の電位を卑にする．図5.2で卑な電位が不活性領域となっているのは，鉄の腐食が妨げられることを示している．外部電源方式では不溶性の陽極が用いられるが，コンクリート構造物にこの方法の電気防食が適用される場合には，チタンなど，鉄よりも相対的に防食性が高い金属が陽極として用いられる．

(4) 防錆剤

鉄の不動態被膜の損傷を修復することによって効果を発揮する陽極型と，酸素の還元反応を阻害する陰極型がある．

陽極型の代表的なものは亜硝酸塩やクロム酸塩である．一方，陰極型の代表的なものは，炭酸塩，リン酸塩，けい酸塩などで，これらは鉄の表面に吸着することによって，カソード反応に必要な酸素の鉄表面への到達を阻害する．したがって，これらを使用した場合のカソード分極曲線は，緻密なコンクリートを用いた場合（図5.9参照）と同様の形状となる．

5.9 おわりに

工業的に金属を使用するためには腐食の問題を解決しなければならず，そのためにこれまで膨大な労力とコストが費やされてきた．幸い鉄筋コンクリートの場合には，コンクリート自身が鋼材に対する高い防食性を有する．これはコンクリートが高いアルカリ性を有するために，適切な設計，施工や維持管理がなされていれば，鉄筋表面には不動態被膜が形成されて腐食が発生しないためである．しかし，12章で示す中性化，塩害など，鉄筋の腐食に起因するコンクリート構造物の劣化が顕在化して問題となっており，これら劣化に対処するためには，腐食のメカニズムや防食の方法に関する正しい理解が必要である．

□**参考文献**
1) 渡辺　正ほか：基礎化学コース　電気化学，丸善，2009.
2) 泉生一郎ほか：物質工学入門シリーズ　基礎からわかる電気化学，森北出版，2009.
3) Denny A. Jones: Principles and Prevention of Corrosion, second edition, Prentice Hall, 1996.

4) Mars G. Fontana: Corrosion Engineering, third edition, McGraw Hill, 1986.

□関係規準類
1) JSCE-E 601「コンクリート構造物における自然電位測定方法（案）」

□演習問題
1. 金属の腐食はどのような過程で生じるか述べよ．
2. 腐食反応の速度はどのようにして決まるか述べよ．
3. 腐食の種類について述べよ．
4. 種々の防食方法のメカニズムについて述べよ．

第6章
高分子材料

6.1 はじめに

　高分子材料は樹脂またはプラスチックとも呼ばれ，加工が容易であることからさまざまな用途で使用されており，ポリバケツや弁当箱のような硬質材料からゴムやホースのような軟質材料，あるいは繊維やフィルムのように特定の形状に加工して特徴を与えたものなど性質も多岐にわたっている．このように，高分子材料は固さや形状により非常に広範囲な力学的性質を発現するという特長により，さまざまな分野・用途に応用されている．

　本章では高分子材料の力学的性質について解説を行うとともに，土木分野で使用されている高分子材料について説明する．ただし，代表的な使用例であるポリマー・コンクリート複合体（レジンコンクリート，ポリマー含浸コンクリート，ポリマーセメントコンクリート）については14章で紹介する．

6.2 熱硬化性樹脂・熱可塑性樹脂

　高分子材料には，天然ゴムやセルロースのように自然界の化学物質を利用した天然高分子と，石油などから原材料化学物質を抽出・精製して合成により作られた合成高分子とがある．性質や性能の制御が容易であることから，産業界では合成高分子が使用される場合が多い．高分子材料は，加工方法が全く異なるという点で熱硬化性樹脂と熱可塑性樹脂に大別することができる．表6.1は代表的な樹脂の物性をまとめたものである．

　熱硬化性樹脂は，常温で液状であるモノマー（出発物質）を加熱や材料混合により架橋・硬化させて成形する材料である．硬化の化学反応は不可逆反応であるため，一度硬化してしまうと液状に戻ることはなく，分子鎖が網目状に共有結合されているために耐熱温度の高い材料が多い．硬化温度は材料により異なるが，おおむね常温（混合により硬化）から200℃の範囲である．

表 6.1 主要プラスチックの性能一覧表（文献[1]より抜粋して転載）

	項目	密度	引張強度	引張弾性率	破断伸び	線膨張率	荷重たわみ温度	吸水性(24hr)	燃焼性	耐酸・耐アルカリ性	耐溶剤性
	単位	g/cm³	MPa	GPa	%	×10⁻⁵/℃	℃	重量%	mm/min		
	試験方法(JIS)	K7112	K7162	K7162	K7162	K6911	K7191	K7209	ASTM D635	K7114	K7114
熱可塑性樹脂	ポリエチレン(高密度)	0.95～0.97	23～31	1.07～1.09	10～1200	5.9～11	—	<0.01	645～671	酸化性酸に侵される	80℃以下では耐える
	ポリプロピレン	0.90～0.91	31～41	1.1～1.6	100～600	8.1～10	49～60	0.01～0.03	ゆっくり燃える		芳香族・塩素化炭化水素に溶解
	ポリスチレン	1.04～1.05	36～52	2.3～3.3	1.2～2.5	5.0～8.3	76～94	0.01～0.03	<968	強酸にわずかに侵される	ケトン，エステル，芳香族炭化水素に膨潤または溶解
	ポリ塩化ビニル(硬質)	1.30～1.58	41～52	2.4～4.1	40～80	5.0～10	60～77	0.04～0.40	不燃性～自消性		ケトン，エステル，芳香族・塩素化炭化水素に溶解
	アクリル(PMMA)	1.17～1.20	48～73	2.2～3.2	2～5	5.0～9.0	68～99	0.1～0.4	386～775	酸化性酸に侵される	
	ポリカーボネート(PC)	1.2	64～66	2.4	110～120	6.8	121～132	0.15	自消性	侵される	芳香族・塩素化炭化水素に溶解
熱硬化性樹脂	不飽和ポリエステル樹脂	1.04～1.46	4～89	2.1～4.4	<6	5.5～10	193～260	0.15～0.60	燃える	ほとんど侵されない	侵されない
	エポキシ樹脂	1.11～1.40	27～89	2.4	3～6	4.5～6.5	149～260	0.08～0.15			—
	フェノール樹脂	1.24～1.32	34～62	2.8～4.8	1.5～2.0	6.8	74～77	0.1～0.36	—	—	—
	ウレタン樹脂	1.03～1.50	1～69	0.07～0.69	100～10000	10～20	—	0.2～1.5	—	—	—
FRP	ガラス繊維布積層不飽和ポリエステル	1.50～2.10	207～345	10.4～17.2	1.0～2.0	1.5～3.0	177～260	0.05～0.5	自消性～燃える	強酸，強アルカリに侵される	一部の溶剤にわずかに侵される
	ガラス繊維末填不飽和ポリエステル	1.35～2.30	103～207	5.5～11.4	1.0～5.0	2.0～5.0	177～260	0.01～1.0	—	—	—
	ガラス繊維末填エポキシ	1.60～2.00	34～138	20.7	4	1.1～5.0	121～204	0.04～0.20	自消性	ほとんど侵されない	侵されない
	ガラス繊維末填ポリプロピレン	0.97～1.14	45～69	4.8～6.9	1.8～3.0	2.1～6.2	123～142	0.01～0.05	—	—	—

一方，熱可塑性樹脂は常温で固体状であり，加熱すると軟化して流動するが，常温まで冷却すると再び固化する材料である．この挙動は樹脂の分子運動を反映した可逆的な現象である．軟化温度は樹脂の種類により異なり，軟化温度が低いほど成形温度が低く加工が容易である一方，耐熱温度も低い．そのため，一般的に熱硬化性樹脂よりも耐熱温度の低いものが多い．4大汎用樹脂であるポリエチレン，ポリプロピレン，ポリスチレン，ポリ塩化ビニルはいずれも熱可塑性樹脂である．

　また，これらの分類とは異なるが，繊維と組み合わせて使用する繊維強化プラスチック（FRP）があり，繊維の補強効果により優れた力学的性質をもつため構造材料などに広く利用されている．補強繊維としてはガラス繊維（GFRP）が最も広く用いられており，それ以外では炭素繊維（CFRP）やアラミド繊維などが用いられている．繊維長としては，数mm長のチョップドストランドを用いたり，ロービング（糸状）のまま用いたりするが，繊維が長い（長繊維）ほど力学的性質に優れる反面，成形加工が難しくなるため，力学的性質と成形性のバランスを考慮して最適な繊維長が選択される．また，マトリックスとなる樹脂としては熱硬化性樹脂を用いることが多いが，成形時の取り扱いが容易であることから，熱可塑性樹脂を用いるFRTPなども利用されている．

　高分子材料は，原材料や加工方法の工夫によりさまざまな性質や性能を付与することが可能である．ゴムは，原材料の工夫により後述するガラス転移温度T_gが低温（常温以下）の材料であり，分子同士を化学結合した架橋ゴム（熱硬化性樹脂だが熱硬化性ゴムとは呼ばない）や架橋がなく加熱により流動して成形加工ができる熱可塑性ゴム（熱可塑性エラストマーとも呼ばれる）などがある．繊維は，結晶性高分子材料を加工時に伸長させて配向結晶化させた材料であり，繊維軸方向に結晶がそろっていることから高い弾性率を示す．

6.3　高分子材料の弾性率

　系内部の原子間に働く相互作用をもとに弾性率について述べる[2,3]．一対の原子間に働くポテンシャルエネルギーをU，原子間距離をr，外力のない場合の原子間距離をr_0，ばね定数をkとすれば，その原子間に働く力fにはフックの法則が成り立ち，微小変形$r \approx r_0$のもとで以下のように表される．

$$f = -\frac{\partial U}{\partial r} = k(r - r_0) \tag{6.1}$$

したがって，応力$\sigma = \dfrac{f}{r_0^2} = \dfrac{k(r - r_0)}{r_0^2}$およびひずみ$\varepsilon = \dfrac{r - r_0}{r_0}$より，弾性率$E$が求められる．

表 6.2 結合様式と弾性率（エネルギー弾性）（文献[3]より抜粋）

結合様式	例	ばね定数 k (N/m)	弾性率 E (GPa)
共有結合	C-C	50〜180	200〜1000
金属結合	Cu-Cu	15〜75	60〜300
イオン結合	Na-Cl	8〜24	32〜96
水素結合	H_2O-H_2O	2〜3	8〜12
ファン・デル・ワールス結合	高分子どうし	0.5〜1	2〜4

$$E = \frac{\sigma}{\varepsilon} = \frac{k}{r_0} \tag{6.2}$$

量子力学的な計算によりポテンシャルエネルギー U を求めることができるため，これよりばね定数 k を計算することができる．共有結合や金属結合など，さまざまな結合について計算により求めたばね定数 k およびそれから導かれた弾性率 E を表 6.2 に示す．表より高分子の基本構造である共有結合は，金属結合より高い弾性率を示すことが分かる．しかし，一般的な高分子材料の弾性率は金属よりも低く，1 GPa 程度の材料がほとんどである．これは，一般的な高分子材料では高分子鎖が一方向に配向していないため，変形によって化学結合が歪むことなく高分子鎖の主鎖のまわりに回転が起こるためであると考えられている．ガラス転移点 T_g より低温の分子運動が凍結されたガラス状態では，一般に，この主鎖のまわりの回転と非結合原子間のファン・デル・ワールス相互作用が弾性率を決めることになる．一方，ガラス転移点 T_g より高温のゴム状態では，1本の高分子が糸まり状に丸まった状態はエントロピーが大きく，伸びた状態はエントロピーが小さいため，高分子は丸まった状態になろうとする．Helmholtz（ヘルムホルツ）の自由エネルギー F は，内部エネルギー U，エントロピー S，温度 T を用いて $F = U - TS$ と表されるため，系内の力 f は次式で表される．

$$f = -\left(\frac{\partial F}{\partial r}\right)_T = -\left(\frac{\partial U}{\partial r}\right)_T + T\left(\frac{\partial S}{\partial r}\right)_T \tag{6.3}$$

右辺第1項をエネルギー項，第2項をエントロピー項という．(6.1) 式ではエントロピー項を無視してエネルギー弾性のみを考えていたが，ゴム状態の高分子ではエントロピー項を無視することができず，エントロピー弾性が系の力を支配する．1本の高分子の両末端間距離が R となる確率を $W(R)$ とするとエントロピー S は $S = k_B \ln W(R)$ で表される．密度を ρ，絡み合い点間分子量（架橋ゴムや熱硬化性樹脂の場合は架橋点間分子量）を M_e，気体定数を R とすると，弾性率 E は $E = \dfrac{3\rho RT}{M_e}$ と表されることが知られている．高分子材料の絡み合い点間分子量 M_e から導かれた弾性率を表 6.3 に

表6.3 高分子材料と弾性率（エントロピー弾性）

樹脂の種類	例	M_e (g/mol)	弾性率 E (MPa)
熱可塑性樹脂	熱可塑性ゴム	5000〜30000	0.2〜1
熱硬化性樹脂	ウレタンゴム	1000〜30000	0.2〜7

熱可塑性樹脂の場合 M_e は絡み合い点間分子量，熱硬化性樹脂の場合 M_e は架橋点間分子量．

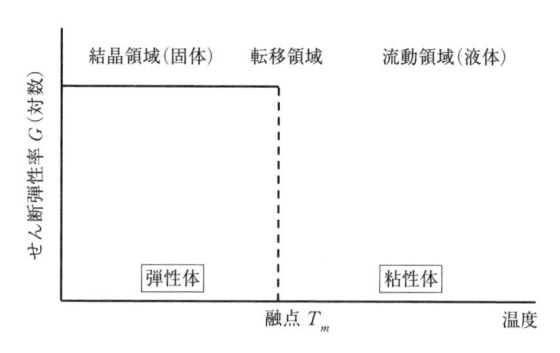

図6.1 金属材料・低分子材料の力学挙動

示す．熱硬化性樹脂が高弾性率を示すのはエントロピー弾性ではなくファン・デル・ワールス相互作用によることや，架橋点間分子量 M_e の大きい架橋ゴムなどが低弾性率を示すことが理解できる．

6.4 高分子材料の力学挙動

　高分子材料はその名称が示す通り，分子量の高い，つまり1本の分子鎖が非常に長い材料である．熱硬化性樹脂は系全体が網目構造をしているため分子量という概念がなく，強いていえば分子量無限大と考えてよい．一方，一般に使用される熱可塑性樹脂は分子量1万〜数十万程度のものが多く，中には百万を超えるものも存在する．分子が長いために熱運動が低分子に比べてきわめて遅く，そのために金属材料や低分子材料と比べると温度や変形速度に対する挙動が非常に複雑である．ここでは，まず金属材料・低分子材料と比較して高分子材料の力学挙動を紹介する．

　一般的な結晶性の金属材料・低分子材料についての力学挙動を理解するため，図6.1に人間のタイムスケール（〜1秒）におけるせん断弾性率 G の温度依存性を模式的に示す（ここでは G を用いて説明するが，引張弾性率 E を用いても同様である）．低温

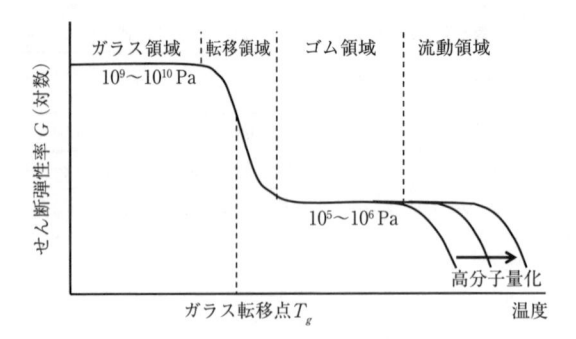

図 6.2 高分子材料の力学挙動

では結晶性の固体となり有限のせん断弾性率をもつ「弾性」を示すのに対し、融点 T_m 以上の温度では系全体が流動状態を示す「粘性体」となり、有限なせん断弾性率 G をもたない。金属材料の多くは融点 T_m が常温よりも高く、逆に低分子材料の多くは融点 T_m が常温より低いので、一般的に金属材料は弾性体、低分子材料は粘性体として取り扱うことができる。力学的には、弾性体ではせん断変形量 γ に比例した応力 σ が発生し、その係数がせん断弾性率 G であり、粘性体ではせん断変形速度 $\dot{\gamma}$ に比例した応力 σ が発生し、その係数がせん断粘度 η である。

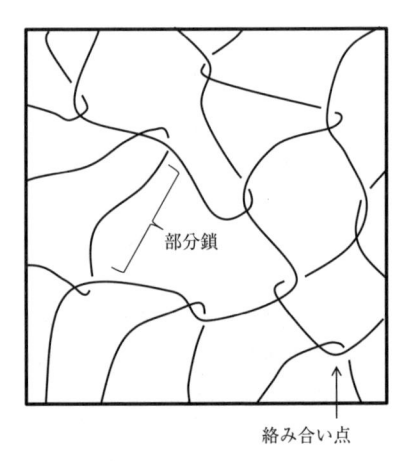

図 6.3 高分子の絡み合い

$$\text{弾性体} \quad \sigma = \gamma G \tag{6.4}$$
$$\text{粘性体} \quad \sigma = \dot{\gamma} \eta \tag{6.5}$$

同様に架橋のない非晶性高分子材料について、図 6.2 にせん断弾性率 G の温度依存性を模式的に示す。金属材料・低分子材料と比較すると複雑な挙動であることは一目で分かる。低温領域では、熱的な分子運動が「凍結」された状態となる。この状態はガラス状態と呼ばれ、その温度領域をガラス領域という。温度が上昇すると熱運動が活発になるが、長い分子どうしがお互いに絡み合って拘束し合っているために、絡み合い点は架橋点のようにふるまい、その絡み合い点の間（部分鎖）だけで分子運動が起こる（図 6.3）。このとき、系全体がゴム弾性体の挙動を示すことから、この状態を

ゴム状態といい，その温度領域をゴム領域という．また，ガラス領域からゴム領域に変化する温度領域を転移領域といい，その温度をガラス転移点（T_g）またはガラス転移温度という．ゴム領域よりもさらに高温になると分子どうしがお互いにすり抜けて拡散しあい，系全体が流れる挙動を示す．この状態を流動状態といい，その温度領域を流動領域という．分子量が高いほど，分子の絡み合いが多くなり，分子同士が拡散しあうことが難しくなるために，ゴム領域が増える．

ゴム領域と流動領域については，チューインガムを想像すれば理解が深まる．食べ始めのチューインガムは温度が低く部分鎖のみの運動によりゴム状態（弾性）を示すが，しばらくすると温度上昇により絡み合い点がほどけて流動状態（粘性）を示す．

ここで示したのはポリスチレンのような非晶性高分子の挙動であるが，高密度ポリエチレンのような結晶性高分子ではさらに結晶化の影響を考慮する必要がある．しかし，材料によって結晶化の速度が異なったり，熱履歴や延伸などの成形条件により結晶状態が異なるため，一般化して説明するよりも材料ごとに考察する方が理解しやすい．ここでは紙面の都合上，結晶性高分子の説明は省略する．

6.5　高分子材料の粘弾性

前節では高分子材料の弾性率のみに着目したが，高分子の力学挙動をより深く理解するためには，高分子材料を粘弾性体として理解する必要がある．粘弾性体の代表的な挙動としてはクリープという現象があり，高分子材料の長期性能において十分考慮しなければならない項目の1つである．たとえば，塩ビ管が経年によりたわむ現象や，低反発枕がゆっくりと変形して頭の形にフィットする現象は，タイムスケールの違いはあるもののともにクリープ変形の一種と考えてよい．

粘弾性体は弾性体と粘性体の両方の性質をもつ．弾性体をスプリング（弾性率 G）で，ニュートン粘性体をダッシュポット（粘度 η）で表すと，最も基本となるモデルを図6.4のように表すことができる．直列に配列されたものをマクスウェルモデル，並列に配列されたものをフォークトモデルと呼ぶ．各々の基本的な性質について考えてみる．

まず，マクスウェルモデルの場合，応力 σ およびひずみ γ は以下のように表される．

$$\sigma = G\gamma_1 = \eta \dot{\gamma}_2 \tag{6.6}$$

$$\gamma = \gamma_1 + \gamma_2 \tag{6.7}$$

ただし，$\dot{\gamma} = \dfrac{d\gamma}{dt}$ はひずみ速度を表す．これらより，次式が得られる．

$$\dot{\gamma} = \frac{1}{G}\dot{\sigma} + \frac{\sigma}{\eta} \tag{6.8}$$

(a) マクスウェルモデル　　(b) フォークトモデル

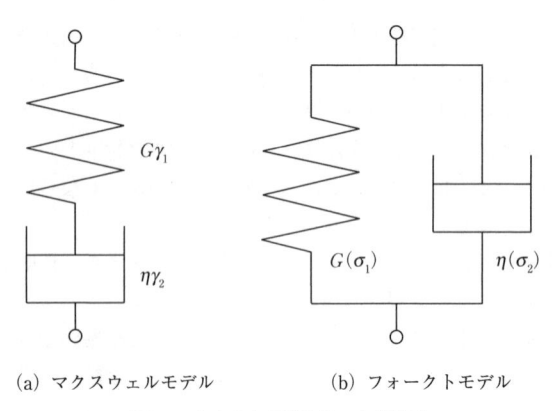

図 6.4　基本的な粘弾性体の力学模型

一定ひずみを与えた後の応力の時間変化のことを応力緩和（リラクセーション）と呼ぶが，ある時間 $t=0$ に一定ひずみ γ_0 を与えるという初期条件の下で (6.8) 式を解くと，緩和弾性率 $G(t) = \sigma(t)/\gamma_0$ は，

$$G(t) = G \exp\left(-\frac{t}{\tau}\right) \tag{6.9}$$

で表される．ここで，$\tau = \eta/G$ は応力が初期の $1/e$ まで緩和する時間のことで，緩和時間と呼ばれている．長時間経過すると応力は 0 まで緩和することから，最も単純な粘弾性液体のモデルとして考えられている．

同様に，フォークトモデルの場合を考えると，以下の式が得られる．

$$\sigma = \sigma_1 + \sigma_2 = G\gamma + \eta\dot{\gamma} \tag{6.10}$$

一定応力を与えた後のひずみの時間変化のことをクリープと呼ぶが，ある時間 $t=0$ に一定応力 σ_0 を与えるという初期条件の下で (6.10) 式を解くと，

$$\gamma(t) = \frac{\sigma_0}{G}\left\{1 - \exp\left(-\frac{t}{\lambda}\right)\right\} \tag{6.11}$$

で表される．ここで，$\lambda = \eta/G$ は遅延時間と呼ばれ，ひずみがどのくらい遅れて発生するかを表している．長時間経過するとひずみ $\gamma(t)$ は一定値（平衡コンプライアンス）に近づく，つまり変形が止まることから最も単純な粘弾性固体のモデルとして考えられている．

上記の力学挙動を図 6.5 に示した．弾性率 G などが時間とともに大きく変化することが，金属（理想弾性体）や液体（理想粘性体）と異なる点であり，高分子材料の長期物性を評価する場合に注意を要する点である．

高分子の粘弾性挙動は温度に大きく依存しているが，この挙動は主に高分子の熱運

6.5 高分子材料の粘弾性

(a) マクスウェルモデル　　$G(t) = G\exp(-t/\tau)$

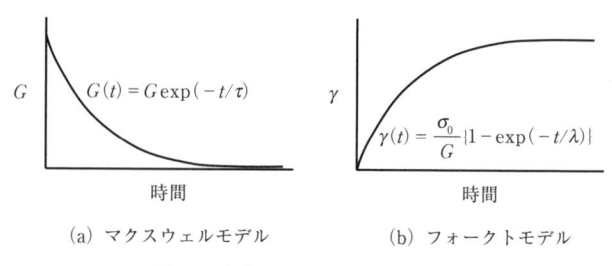

(b) フォークトモデル　　$\gamma(t) = \dfrac{\sigma_0}{G}\{1-\exp(-t/\lambda)\}$

図 6.5 基本的な粘弾性体の力学挙動

動に由来する．つまり，高分子は温度によらず同じ分子運動メカニズムに基づいて熱運動を行うが，その運動速度が昇温とともに速くなること，言い換えれば昇温により分子運動の時間スケールが短くなることにより，大きな温度依存性を示す．均一な高分子液体の場合，温度 T_0 および T における緩和弾性率をそれぞれ $G(t,T_0)$ および $G(t,T)$ と表すと，両者の関係は，

$$G(t,T) = b_T G(t/a_T, T_0) \tag{6.12}$$

と表される．ここで a_T は温度 T_0 および T によって決まる時間に依存しない定数であり，経験式（WLF 式と呼ばれる）として次式で与えられることが知られている．

$$\log a_T = -\frac{C_1(T-T_0)}{T-T_0+C_2} \tag{6.13}$$

ここで，C_1，C_2 は T_0 を定めたときに決まる定数である．また，b_T も温度 T_0 および T によって決まる定数であり，最も単純な場合には次式で与えられる．

$$b_T = \frac{\rho T}{\rho_0 T_0} \tag{6.14}$$

ここで，ρ は密度である．T_0 として (T_g+50)℃（T_g はガラス転移温度）を選ぶと，材料の種類によらず $C_1 \cong 8.86$ K，$C_2 \cong 101.6$ K となることが経験的に知られている．ただし，十分な精度があるとはいえない点は注意する必要がある．また，(6.12) 式から温度を変化させることは時間を変化させることと等価であることが分かる．これを表す (6.12) 式は温度–時間換算則と呼ばれ，測定困難な条件での挙動を測定温度を変えることにより実現することができ，たとえばクリープ破壊試験の促進評価などに利用されている．

再びチューインガムを想像してみると，チューインガムをすばやく噛む（短い時間スケールで観測する）と部分鎖のみの運動となりゴム状態（弾性）を示すが，ゆっくりと引っ張ったりふくらませたりする（長い時間スケールで観測する）と流動状態（粘性）を示す．温度と時間が等価であることが理解できるだろう．

6.6　高分子材料のクリープ挙動

高分子材料には変形しやすいものが多く，時間とともに変形が増大する挙動，すなわちクリープ挙動を考慮することが重要になる場合が多い．試料に一定応力を与えるクリープ変形の場合，破断点におけるひずみ（破断ひずみ）は温度や応力に依存するため，図 6.6 のようなひずみ曲線から破断点を類推することは困難であり，したがって一定応力下で破壊まで到達させるクリープ破壊試験を行うことが多い．

図 6.7 はポリエチレン管に一定の内圧を加え，管が破壊に至った時間をプロットしたクリープ破壊線図である．一定温度下のデータは 1 本の直線で近似でき，

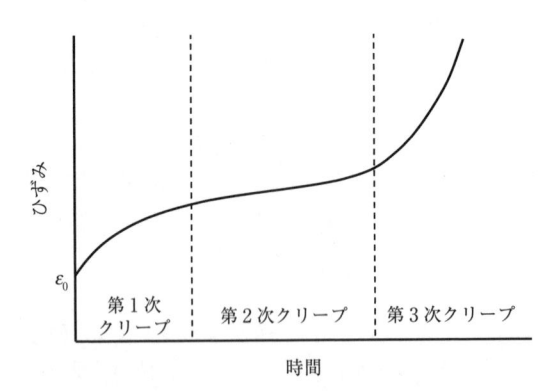

図 6.6　高分子材料のクリープ変形挙動

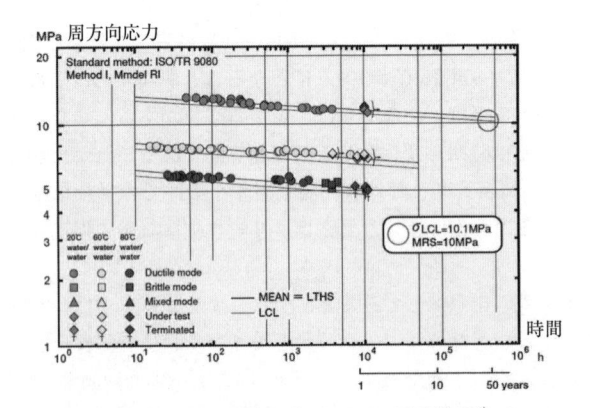

図 6.7　ポリエチレン管のクリープ破壊線図 [4]

$$\log t = A + B/T \log(\sigma) + C/T + D \log(\sigma) \tag{6.15}$$

と表される（A, B, C, Dは定数）．これも上記に示した時間温度換算則と同様，温度により促進評価を行った例であり，50年あるいは100年という長期寿命を予測するための評価方法の好例である．

6.7 建設材料として用いられる成形品

建設材料として用いられている高分子材料成形品の例を挙げてみよう．

(1) 管材

JISで規格化された管としては，呼び径700 mmまでの硬質塩化ビニル管（JIS K 6741），150 mmまでの水道用硬質塩化ビニル管（JIS K 6742），355 mmまでの一般用ポリエチレン管（JIS K 6761），400 mmまでのガス用ポリエチレン管（JIS K 6774），300 mmまでの繊維強化プラスチック管（JIS K 7013），3000 mmまでの強化プラスチック複合管（JIS A 5350）などが挙げられる．近年では地下に埋設された既設管の多くが寿命を迎え，その維持・管理が求められている．道路を開削するのは交通遮断や高コストという課題があるため，既設管を非開削で更新（新規管路に取り換えること）・更生（管路原型を崩さずに管内面を修復して長寿命化すること）するさまざまな工法

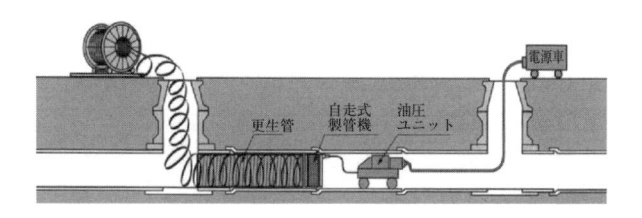

(a) システム図

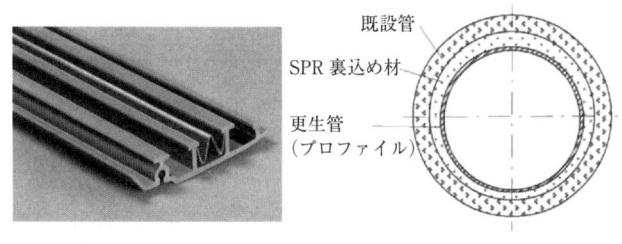

(b) プロファイル　　　　　(c) 管路断面図

図6.8 SPR工法（製管工法の一例）

が開発されている．代表的な更生工法としては，①塩化ビニル製などのプロファイル（帯板状嵌合部材）などを既設管内面に張り合わせる製管工法，②塩化ビニル製などの管状物を既設管内面に挿入・固定させる形成工法，③ガラス繊維補強熱硬化性樹脂製筒状物などを既設管内面に反転挿入・硬化固定させる工法が挙げられる．製管工法の一例としてSPR工法を図6.8に示す．硬質塩化ビニル製プロファイルを地上の開口部（マンホールなど）から既設管路内に供給し，専用製管機によって端部を嵌合しながら螺旋状に巻回して更生管を築造する．更生管と既設管の間隙には特殊モルタルを裏込め材として注入・硬化することにより一体管路とする．

(2) フィルム・シート

構造物の継ぎ目などの漏水対策として使用される止水板には銅板などが使用されていたが，柔軟で施工性がよいことなどから軟質塩化ビニルやブチルゴム系のものが使用されている．また，ため池底面や堤体の防水シート，廃棄物処分場ライニングとして軟質塩化ビニルやポリエチレン製のシートが使用されている．

(3) 軽量盛土材

軟弱地盤や急傾斜での荷重軽減や土圧軽減を目的に開発された工法で，軽量なEPSブロック（発泡ポリスチレン）を用いるEPS工法や，発泡ビーズ（ポリスチレンやポリプロピレン製）を土に混合して用いる発泡ビーズ混合軽量土工法などがある．

(4) コンクリート型枠

価格面で従来の合板型枠をなかなか代替できなかったが，近年の環境負荷低減という需要から，耐久性に優れた樹脂製型枠が注目されつつある．材質としては，ポリプロピレン，ポリエチレン，ガラス繊維補強プラスチックなどが使用されており，廃プラスチックを使用して環境配慮をうたっている場合もある．

6.8 接着剤とそのメカニズム

工業的に使用される接着剤のほとんどは高分子材料が用いられており，用途に応じて熱硬化性樹脂（2液常温硬化タイプや加熱硬化タイプ）や熱可塑性樹脂（ホットメルトタイプやエマルジョンタイプ）が使用されている．構造材用接着剤には，変形が小さく耐久性にも優れる熱硬化性樹脂系接着剤を用いる場合がほとんどである．構造材用接着剤としては，コンクリートの接合などには主にエポキシ樹脂系接着剤が用いられている．

接着のメカニズムについては，①機械的接合，②物理的相互作用，③化学的相互作用の3つの要素が主に考えられている．機械的接合はアンカー効果とも呼ばれ，被着材表面の凹凸によってお互いに引っ掛かりあうことにより生じる力のことである．物

理的相互作用はファン・デル・ワールス力などの分子間に作用する力のことであり，極性の大きなものほど，また極性の近いものどうしほど強い力が生じる．化学的相互作用は共有結合や水素結合のような原子間に働く化学的な結合力による力である．

接着剤を選定するにあたっては，以下の条件を考慮すべきである．
①接着強度が大きいこと
②使用環境条件（荷重のかけ方，温度など）による接着強度の低下が小さいこと
③硬化時および硬化後の体積変化が小さいこと
④被着面と十分な接触面積が得られるような流動性・親和性をもつこと
⑤硬化条件（硬化速度，粘度など）の調整が容易なこと
⑥環境への影響や作業者などへの安全面・衛生面に配慮されていること

つまり，接着力（①～④）と施工性（④～⑥）である．これらを考慮して建設工事用で最も広く用いられている接着剤は，エポキシ樹脂と不飽和ポリエステル樹脂である．

エポキシ樹脂は，一般にビスフェノールAとエピクロルヒドリンとをアルカリの存在下で反応させて製造される．これにアミンや酸無水物などの硬化剤を混ぜることにより常温で硬化し，硬化剤の選択によりさまざまな硬化物性が得られる．接着性に富む分子末端のエポキシ基により高い接着強度が得られ，耐久性や耐薬品性にも優れている．プレキャストブロック工法におけるコンクリートブロック用接着剤，コンクリート構造物のひび割れ補修における接着剤や注入剤，アンカーボルトの固定用接着剤として広く使用されている．

不飽和ポリエステル樹脂は，一般に無水マレイン酸のような不飽和二塩基酸，無水フタル酸のような飽和二塩基酸，およびエチレングリコールのような二価アルコールを反応させて製造される．これに有機過酸化物などの触媒を混ぜることにより常温で硬化する．加水分解しやすいためアルカリには弱いが，飽和二塩基酸としてイソフタル酸を用いることにより耐加水分解性を向上させることができる．

6.9 コンクリートの表面処理

コンクリートの表面処理はコンクリート構造物などの表面保護や補修・補強のために使用され，表面被覆材（塗料）やシートなどが用いられている．主な目的はコンクリートのさまざまな劣化を防止・低減することであるが，景観・美観を向上させるという付加価値なども挙げられる．コンクリート表面を十分に被覆させることが必要であり，(a) 被覆系:独立の被覆層を形成させる塗料やシートで，塗料の場合は厚さに応じてコーティング，ライニングとも呼ばれる，(b) 含浸系：コンクリート表面層の最

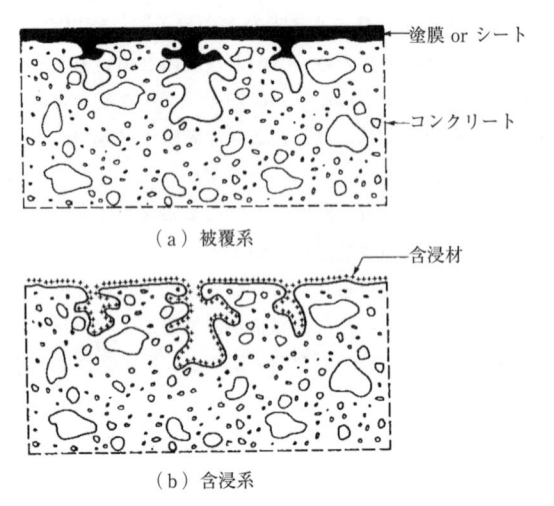

図 6.9 コンクリートの表面処理の種類 [5]

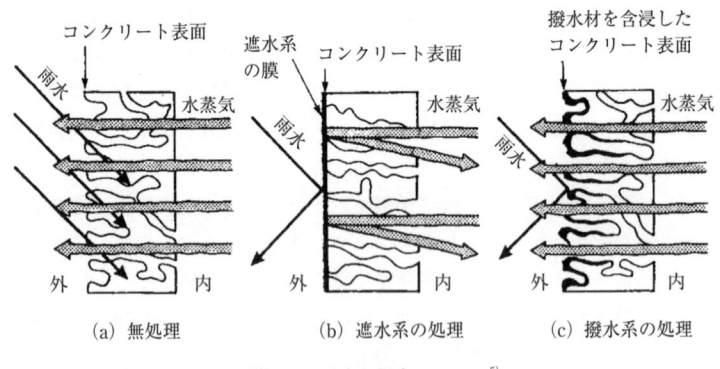

(a) 被覆系
(b) 含浸系

図 6.10 遮水と撥水のモデル [5]

(a) 無処理
(b) 遮水系の処理
(c) 撥水系の処理

外面および内部表面の化学的性質を改質させる塗料など, 図 6.9 のように分類することができる.

　求められる性能は, コンクリート浸食物質の遮蔽やコンクリート内部からの散逸であり, 中性化に対しては特に二酸化炭素, 塩害 (鉄筋防食) に対しては塩化物イオンや酸素, アルカリシリカ反応 (ASR) に対しては水などの浸食物質を遮蔽するよう目的に応じた材料の選択が必要となる. 浸食物質として特に水に着目し, 防水工として用いられる場合も多い. 防水工は, 上記の性能に則して遮水系と撥水系に区別され,

アルカリシリカ反応に対する対策としては撥水系を期待される場合が多い．図6.10に遮水と撥水のモデルを示す．

　使用される高分子材料としてはエポキシ樹脂が最も一般的であり，接着性・ガス遮蔽性（酸素や二酸化炭素），遮水性，耐薬品性，温度変化時の追従性などに優れている．しかし，エポキシ樹脂は紫外線により変色やチョーキングが生じやすいため，屋外で使用する場合には仕上げ材として耐候性に優れたウレタン樹脂やフッ素系樹脂なども使用されている．また，高分子材料とはいえないが，含浸ではシラン系・けい酸塩系が使用されている[6]．シラン系は浸透性吸水防止材とも呼ばれ，シランモノマーやシランオリゴマーを主成分としてコンクリート最表面の水酸基と化学結合することにより疎水層を形成して吸水防止効果を発揮し，撥水系の効果を示す．けい酸塩系はコンクリート表面を固形ポリシリケートで覆いアルカリ性を呈するけい酸リチウム系と，コンクリート中の水酸化カルシウムと反応してけい酸カルシウム水和物（C-S-H）結晶を形成し細孔を密実化するけい酸ナトリウム系などに大別できる．

6.10　高分子材料の劣化と耐久性

　金属の腐食やコンクリートの劣化は，材料成分がイオンとして溶出する現象であるため外観変化が非常に激しい．一方，高分子材料の劣化は金属やコンクリートと比べて外観変化は小さく，変色・曇化・き裂・はく離・チョーキング・そり・ひび割れなどの現象が見受けられる．外観変化が小さいのは，劣化現象の原因が材料の化学的変化や劣化要因物質の材料内への浸透・拡散によるもので，材料成分がほとんど溶出することがないためである．これらの劣化要因としては熱・光・水（降雨）・薬品・微生物・荷重などを挙げることができる．熱や光の下では化学的に活性なラジカル（不対電子をもつ原子や分子など）の発生により，分子鎖が切断したり化学変化を起こすことにより劣化が進行する．水（降雨）や薬品にさらされた場合は加水分解による化学劣化が起こり，特に酸やアルカリの条件が厳しい場合は劣化が進行しやすい．

　耐久性の評価方法としては，一定の劣化要因環境下に材料をさらし，その間またはその後の外観や物性の変化を測定する方法が一般的である．たとえば，6.6節で示したポリエチレン管のクリープ破壊試験は，一定内圧荷重の下での管の破壊強度を測定することにより管の耐久性を評価した例である．耐候性の評価方法としては，実際の屋内外で行う大気暴露試験（JIS K 7219など）と人工環境下で行う人工耐候（光）性試験とに大別される．人工耐候（光）性試験は試験時間が促進されるものの，実使用環境とは異なる結果となる場合があり，目的に応じた光源（キセノンアーク・紫外線蛍光ランプ・オープンフレームカーボンアークランプなど）の選択が必要である（JIS K

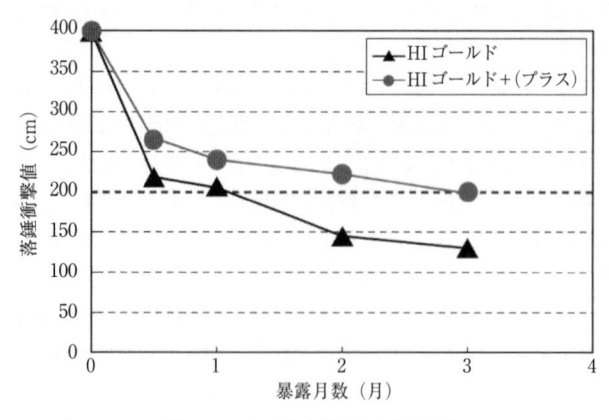

図 6.11 塩ビ管の耐候性試験結果[7]

7350).耐候性試験の例として,耐衝撃性塩化ビニル管の従来品および改良品の大気暴露試験結果を図 6.11 に示す.口径 20 A の耐衝撃性塩化ビニル管に対して所定期間の大気暴露を行った後,−5℃の温度下で 9 錘(平板)の錘を用いて 50%割れ高さを求めたものである.大気暴露により耐衝撃性が低下する様子が理解できる.

耐薬品性の評価は,材料を薬品中に一定期間浸漬し,外観や物性の変化を未処理品と比較して行う.耐薬品性のよいエポキシ樹脂,不飽和ポリエステル樹脂,アクリル樹脂はコンクリート塗装および接着などによく用いられているが,これらの樹脂は酸やアルカリにより加水分解を起こす.エーテル結合(−O−)をもつエポキシ樹脂は,比較的優れた耐酸性・耐アルカリ性をもつが,エステル結合(−COO−)をもつ不飽和ポリエステル樹脂やアクリル樹脂は,酸には比較的強いがアルカリには若干弱いという性質がある.

6.11 高分子系新素材

近年,注目を浴びている材料としてはアラミド繊維,炭素繊維などの高強度繊維材料が挙げられ,高引張弾性率を活かしたコンクリート補強材としてはく落防止などの目的で使用されている.アラミド繊維は芳香族ジカルボン酸と芳香族ジアミンの共重合反応により合成される芳香族ポリアミドのことである.脂肪族ポリアミドであるナイロンよりも優れた力学的性質をもち,その比強度(単位重量あたりの引張強度)は鋼の 5 倍もあるだけでなく,耐熱性にも優れている.炭素繊維は原料である合成繊維を焼成により炭化させた材料であり,アクリル繊維から得られる PAN 系炭素繊維と,

石油ピッチから得られる PITCH 系炭素繊維がある．炭素原子どうしが非常に強固なグラファイト構造で共有結合していることから高強度（2～3 GPa）・高弾性率（200～600 GPa）をもち，耐熱性も非常に高いため，FRP などの複合材料として用いられる場合が多い．日本で開発が進んだ材料であるため，日本のメーカーが優れた技術を保有している．航空機や電気自動車などでは軽量化をめざして金属材料を CFRP に代替する動きが盛んなため，二次加工技術が急速に発展しつつあることから，さらに用途が拡がることが期待される．

また，生分解性プラスチックを土木分野に使おうとする動きも見受けられる．生分解性プラスチックは微生物により水や二酸化炭素に分解されるプラスチックのことで，とうもろこしから作られるポリ乳酸などが挙げられる．軟弱地盤などの補強材として用いられているポリ乳酸繊維製のシートやネットは，施工時やその直後は補強材として十分な強度を発揮し，役目を終えた後は水や二酸化炭素に分解されるため，環境への負荷に配慮した製品として提案されている．分解にかかる時間は材料設計によりある程度制御できるだけでなく使用環境にも大きく依存するため，使用条件下でどのような分解挙動を示すかを十分に考慮して使用する必要がある．

6.12 おわりに

高分子材料は金属材料などに比べて非常に広範囲な力学的性質を示すため理解しにくいと受け止められがちであるが，本章で説明したようにエネルギー弾性，エントロピー弾性，熱運動について考察すれば理解が深まる．クリープ変形や劣化という時間的挙動には十分注意を払う必要があるが，多彩な性質・性能およびその組み合わせによりさまざまな用途への展開が可能である．新規材料開発も盛んに行われているため，土木分野への応用展開が今後ますます進むものと期待されている．

□参考文献

1) 大阪市立工業研究所プラスチック読本編集委員会，プラスチック技術協会共編：プラスチック読本 第 20 版，プラスチックス・エージ，2009.
2) 松下裕秀：高分子化学 II 物性，丸善，1996.
3) M. F. Ashby ほか著，堀内　良ほか訳：材料工学入門―正しい材料選択のために，内田老鶴圃，1999.
4) 積水化学工業：水道配水用ポリエチレン管エスロハイパーシリーズ技術資料改訂 12 版，2012.
5) 宮川豊章：土木コンクリート構造物の表面保護工に求められる役割―機能と性能―，コンクリート工学，41(9), pp.10-13, 2003.
6) 国枝　稔ほか：表面保護工を中心としたコンクリート構造物のアップグレード技術の現

状と将来展望 2.表面保護工を中心とする材料・技術の変遷,材料,**60**(12),pp.1149-1155,2011.
7) 積水化学工業:エスロンHIパイプ・ゴールド+(プラス)カタログ,2008.

□関係規準類
1) 日本水道協会 JWWA K 144:2009「水道配水用ポリエチレン管」
2) 日本下水道協会 JSWAS K-1-2010 下水道用硬質塩化ビニル管(K-1)
3) 日本下水道協会 JSWAS K-2-2002 下水道用強化プラスチック複合管(K-2)
4) 土木学会:表面保護工法設計施工指針(案),コンクリートライブラリー119号,2005.

□最新の知見が得られる文献
1) 大澤善次郎・成澤郁夫監修:高分子の寿命予測と長寿命化技術,エヌ・ティー・エス,2002.
2) 日経コンストラクション編:長寿命化時代のコンクリート補修講座―社会資本の荒廃を防ぐ点検や補修のノウハウ,日経BP社,2010.

□演習問題
1. 高分子材料の弾性率が金属材料に比べて低い理由を説明せよ.
2. 弾性率の低いゴムと弾性率の高いエポキシ樹脂(熱硬化性樹脂)について,弾性率の違いを説明せよ.

第7章 セメント

7.1 はじめに

土木材料としてのセメントには3つの機能がある．
・骨材を移動させる媒体（フレッシュコンクリート中のペースト）
・骨材を繋ぎとめる結合材
・鋼材の防食

そして，これらの機能をセメントが置かれる種々の環境において求められる期間にわたり保持することが必要である．これらの機能が発現する機構の理解は，ほかの章で述べられるコンクリートの諸性能の理解に役立つ．ここでいうセメントは水と練り混ぜることで強度を発現する水硬性セメントを指しているが，歴史的には気硬性セメントも用いられており，歴史的建造物を理解するには最低限の知識は必要である．

本章では，まず主要なセメントの種類を概観し，次いで最も重要な強度発現の機構を説明する．そしてセメントとして代表的なポルトランドセメントについて，製造方法，構成鉱物，そして水和について述べる．

7.2 主要なセメントの種類と概要

7.2.1 組成の種類

ポルトランドセメントと混合セメントが主要セメントであり，その他，特殊セメントがある[1]．ポルトランドセメントは，石灰石，粘土，珪石，鉄原料を粉砕・混合し，1450℃程度で焼成して得られるクリンカを石膏と混合粉砕したものである．それを高炉スラグ微粉末やフライアッシュなどの混合材と混合したものが，混合セメントである．8章ではコンクリートに添加する混和材が記述されているが，混合セメントに用いるので本章では混合材と記述する．石灰石微粉末が少量混合される場合も多い．特殊セメントには，速硬性のアルミナセメント，高温高圧下で使用される油井セメント，耐酸性に優れ炭酸ガス発生量を少なくできる可能性があるジオポリマーなどがある．

7.2.2 ポルトランドセメント

クリンカの主要構成鉱物は，2種類のけい酸カルシウムとそれを充填する間隙質である．セメント化学の分野では，伝統的に以下の略号を用いる．

C：CaO, S：SiO_2, A：Al_2O_3, F：Fe_2O_3,
$\bar{S}$：SO_3, $\bar{C}$：CO_2, H：H_2O

けい酸カルシウムは，エーライト（C_3S）およびビーライト（C_2S）からなる．間隙質は，アルミネート相（C_3A）とフェライト相（C_4AF）からなる．フェライト相はC_2F-C_4AF系の固溶体である．固溶体とは複数成分が混ざって均一な単一相となったものであり，この場合はFe_2O_3とAl_2O_3の割合を変えながら1つの相となる．図7.1に，4成分系状態図においてのこれらの相の関係を示す．

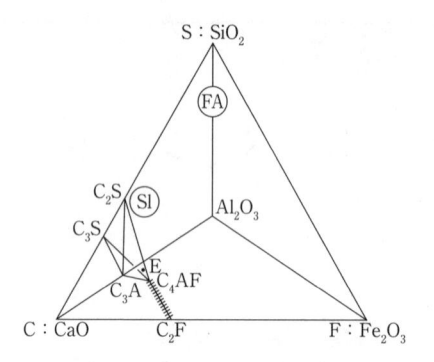

図7.1 SiO_2-CaO-Fe_2O_3-Al_2O_3系状態図でのセメントの構成成分

Eはこの4成分系の共晶点（融点が最低となる点），C_2F-C_4AF間のハッチは固溶体，C_2S-C_3S-C_3A-C_4AFからなる四面体内がポルトランドセメントの領域，Sl：高炉スラブ，FA：低Ca型フライアッシュの例．

けい酸カルシウムが主に強度を担う成分であり，間隙質はけい酸カルシウムを生成させるために必要な副成分である．これらの4つの相の比率と粒度を調整することで，種々の特性，たとえば早強，低熱，耐硫酸塩，白色，超微粒子などを付与できる[1]．それぞれの相の水和反応の概要を図7.2に，特性を表7.1にまとめる．

ポルトランドセメントの物理的性質として，粉末度（粒子の大きさや比表面積で表現）と密度が重要である．ポルトランドセメントはクリンカをボールミルで粉砕して製造される（製造方法は7.4節で詳しく述べる）．小さな粒子ほど強度発現が早く，大きな粒子は強度にあまり寄与しない．そこで，セメント製造時には90 μm以上の粒子を排除するように分級する．また，1 μm未満の粒子はファン・デル・ワールス力や静電力により凝集するので，通常は1 μm未満に粉砕されるものは限られる．普通ポルトランドセメントの平均粒径は15 μm前後である．未反応セメントをなくし，すべて

C_3S, C_2S + H → C-S-H + CH	けい酸カルシウム水和物（C/S≈1.2〜2.0）
C_3A + $C\bar{S}$ + H → $C_3A\cdot 3C\bar{S}\cdot 32H$	エトリンガイト
$C_3A\cdot C\bar{S}\cdot 12H$	モノサルフェート
$C_3A\cdot 6H$	ハイドロガーネット
C_3A + $C\bar{C}$ + H → $C_3A\cdot 1/2CH\cdot 1/2C\bar{C}\cdot 12H$	ヘミカーボネート
$C_3A\cdot C\bar{C}\cdot 12H$	モノカーボネート

図7.2 クリンカ鉱物の水和の概要（CH：ポルトランダイト，$C\bar{S}$：石膏，$C\bar{C}$：方解石）

7.2 主要なセメントの種類と概要

表7.1 ポルトランドセメントと混合材の各成分の特性

成分	強さ 短期	強さ 長期	水和熱	乾燥収縮	中性化抵抗性	Cl浸透抵抗性	耐硫酸塩性	耐酸性
C₃S	◎	△	△	△	◎	△	△	×
C₂S	×	◎	○	△	○	△	○	×
C₃A	○	×	×	○	○	○	×	△
C₄AF	△	△	△	○	△	△	○	△
石灰石微粉末	○	-	-	-	-	-	○	×
高炉スラグ	×	◎	○〜×*	×	△	◎	×〜○**	○
フライアッシュ	×	◎	◎	○	△	◎	◎	○

* 温度が60℃を超えると×．
** Al₂O₃含有量が15 mass％と多いと×．

を効率的に強度発現に寄与させると CO₂ 発生量削減になる．もし，28 日圧縮強さを最大限に高めようとするならば，この期間に反応する C₃S の粒径は 8 μm 程度なので，最大粒径 8 μm のセメントを製造するのが最も効率的といえる．

　粉末度の指標として粒度分布を測定するには特殊な装置が必要なので，通常はセメントを一定条件でガラス管に充填し，空気透過性を測定し，換算式を用いブレーン比表面積を測定する．比表面積とは，1 g の粉体の各粒子の表面積の総和である．現代の普通ポルトランドセメントは多くの場合，3300±200 cm²/g 程度に調整されている．

　なお，コンクリートの配合設計に不可欠なセメントの密度は，普通ポルトランドセメントでは約 3.15 g/cm³，高炉セメントでは約 3.05 g/cm³ である．

　セメントが水和して生成する水和物に対して，セメント化学の分野で使用される特殊な用語が鉱物名と混用されている．強度発現に重要なけい酸カルシウム水和物は，種々の条件により，C/S, H/S が場合によって変化するので，C-S-H と略される．エトリンガイト，ポルトランダイト，カルサイト（方解石）は鉱物名である．石膏のうち，二水石膏は鉱物としてはジプサム（gypsum）である．これに対して，モノサルフェート，ヘミカーボネート，モノカーボネートは通称である．これらのカルシウムアルミネート水和物は共通の層状構造をもち，層間の陰イオンが種々交換することができる．この陰イオンが，硫酸イオンの場合をモノサルフェート，硫酸イオンと炭酸イオンが半数ずつの場合をヘミカーボネート，炭酸イオンの場合をモノカーボネートと称する．化学式上，エトリンガイトはトリサルフェートであり，モノサルフェートと似ているようであるが，結晶構造は全く別のものであり，重金属固定（モノサルフェートのみにある）や塩害，硫酸塩劣化などの耐久性上は異なる挙動をする．

日本のポルトランドセメントの特徴は，石灰石原料の地質学的性質を反映しアルカリとしてKよりもNaが多いこと，セメント製造上の習慣からSO$_3$が2.0%程度で遊離石灰（7.4.2項参照）も1%以下程度と少ないことである．同じアルカリ量であってもアルカリシリカ反応のリスクがより高く，同じアルミネート量であっても硫酸塩劣化のリスクがより高くなる可能性がある．また，最新式の製造設備となっており，旧式の設備のままの国々と比較すると，原料組成のオンライン管理による品質の安定性と，優れたクリンカの冷却装置による強さが優れている．

7.2.3 混合セメント

日本で最も一般的な混合セメントは高炉セメントである．その他，石炭火力発電所から副産するフライアッシュ，石灰石微粉末などが混合される．

これらの混合材の特性も国内外で相当に異なる場合がある．日本の鉄鋼メーカが設計した高炉から排出される高炉スラグはアルミナ含有量が14～15%程度で一定であり，ほぼ全量がガラスであるが，世界中の高炉スラグがすべて同じではない．フライアッシュも同様で，日本のフライアッシュはカルシウムとアルカリの濃度がともに数%以下と低いが，原料となる石炭によっては，Ca>20%，アルカリ>5%となるような場合もある．これらの違いにより，強度発現性や耐久性に与える影響は相当に異なる．石灰石についても，日本では方解石の含有率が通常90%以上と高純度であるが，欧州では75%以上を下限としているように純度は必ずしも高くない．世界的には石灰石混合セメントは広く流通している．

7.2.4 強さクラス

セメント強さとは，一定の方法（JIS R 5201「セメントの強さ試験」）によりモルタルを製造し圧縮強度を測定することで得られる，セメントの強度発現性能（次節参照）の指標である．特にセメントの性質を示すため，セメント強度とは呼ばずに，セメントの28日モルタル圧縮「強さ」のように用いられる．

混合セメントを考える際に，欧州セメント規格EN197-1:2000に採用されているセメント強さクラスを理解しておく必要がある．日本の規格にはセメント強さの下限値はあるが，上限値をもつ強さクラスという概念はない．EN197-1の強さクラスは，主に28日圧縮強さにより32.5～52.5，42.5～62.5，52.5以上に3区分されている．世界的には中間の42.5クラスが主流である．

これまで，時代を追うごとにより強いセメントが開発されてきた．強いセメントでは，水をより多く入れても一定強度が得られ，セメント価格が同じであればコンクリートは安価となる．しかし，強すぎるセメントを用いた汎用コンクリートでは単位粉

体量が少なくなり，材料分離が大きくなり，セメントの機能の1つである骨材の移動媒体の役割に支障をきたす．よって，適切な強度というものが存在する．強いセメントを製造し，より多くの混合材を添加するというのが，CO_2 削減の観点からも，最近の欧州のセメントメーカの技術開発の関心の中心である．

7.3 セメントの強度発現の原理

7.3.1 強度発現に関わる物質

粉末であるセメントは水と反応（水和）することで硬化し（水硬性），強度を発現する．その機構は，空隙をもとのセメント粒子よりも体積が大きく凝集性がある水和物が充填していくことである．コンクリート中で最も強度が高いものは，骨材と未水和セメント粒子であり，最も強度が低いものは空隙である．したがって，空隙を減らし，高強度の骨材を繋ぎとめることで高強度となる．

この役割を果たす材料には，1824年に Joseph Aspdin が特許取得したポルトランドセメントをはじめ，ピラミッド建設に使われたとされる焼き石膏，古代ギリシア・ローマ時代から18世紀まで用いられてきた石灰もしくは石灰と火山灰の混合物，さらに20世紀初頭の発明であるアルミナセメントなどがある．石灰は空気中の炭酸ガスを吸収し，炭酸カルシウムとなることで強度を発現するので，気硬性セメントと呼ばれる．建設分野で単にセメントというときは，狭義にポルトランドセメントを指すことが多い．広義には，骨材の間隙を充填し繋ぎとめる結合材はすべてセメントと称する．

セメント（広義）は水が作用する環境でも安定的に強度を維持する必要がある．石膏や石灰では水への溶解度が高く，水中での長期間の安定性は期待できない．石灰と火山灰の反応はポゾラン反応と呼ばれ，生成物は C-S-H であり，本質的にポルトランドセメントの水和生成物と同一である．C-S-H は水への溶解度が低いため，湿潤環境でも長期にわたり強度を維持できる．

シリカ系水和物は，シリカ単独ではけい酸イオン（SiO_4^{4-}）として存在し（2.3.2項参照），水ガラスのように強度発現せず，カルシウムもしくはアルミネートと結合することで強度発現する．C-S-H は SiO_4 四面体の連鎖の層が $Ca(OH)_2$ の層と重なり（図7.3），この複合した層がカルシウムイオンによるイオン結合で繋ぎとめられた構造をもつ．同時に水も構造中に取り込まれる．C-S-H は X 線回折では明確な回折ピークが得られないため，セメントゲルと称されるが，より微視的には図7.3右図に示すような規則性をもった結晶構造を有している．透過型電子顕微鏡で適切に観察すれば結晶格子を確認できる．このような C-S-H の微細構造を理解しておくことは，水分の吸脱着によるセメント硬化体の寸法変化やイオンとの相互作用などを根本から考察する際

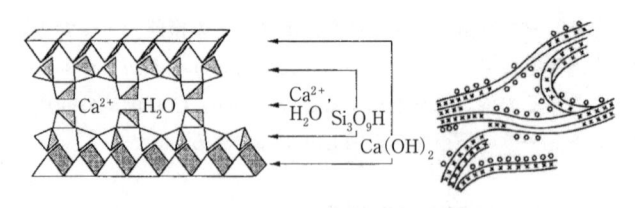

図7.3　C-S-Hの構造 左2)・右3)

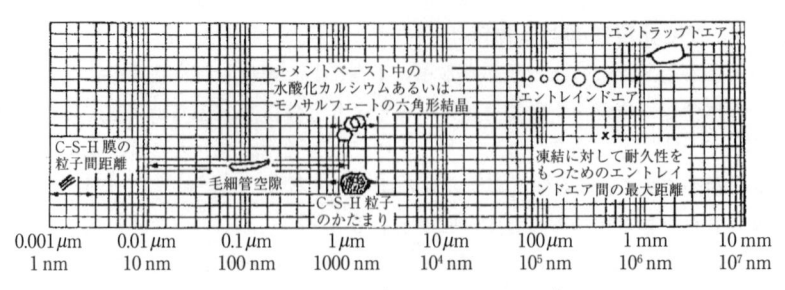

図7.4　セメント硬化体の空隙寸法分布 4)

に重要となる．

7.3.2　セメント硬化体中の空隙

セメント硬化体中の空隙の種類の理解は，強度と耐久性の観点から重要である．C-S-Hはゲル空隙もしくは層間空隙と呼ばれる数nm以下の空隙を有する．常温ではゲル空隙の水はC-S-Hに結合しているが，高温になるにしたがい，ゲル空隙からも水の離脱が生じる．相対湿度11%室温で存在する水をゲル水と呼ぶ．このゲル空隙はC-S-Hが水溶液から析出する際に自然と形成される固有の空隙であり，除去できない．このC-S-Hがほかの水和物を含むより大きな構造を形成する際に，より大きな空隙を伴う．これを毛細管空隙と呼ぶ（図7.4）．毛細管空隙は3 nm～30 μm程度の空隙であり（図7.4では10 nm～1 μmとなっており，研究者により考える範囲が異なる），セメント硬化体の強度を支配する因子である．乾燥収縮にも影響するがゲル空隙も重要である．金属材料では，転位や不純物元素の存在など，0.1～1 nmオーダーの構造が力学的特性を左右するが，セメント硬化体では1桁以上大きな構造が重要である．

7.3.3　ポルトランドセメントの強度発現

ポルトランドセメントから生成するC-S-Hは，空隙に析出し，セメントペーストの体積変化を起こすことなく，もとは水であった部分を充填する．エトリンガイトの水

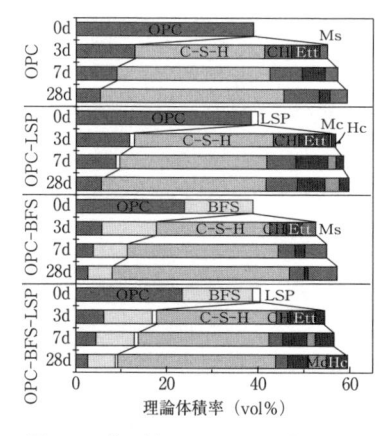

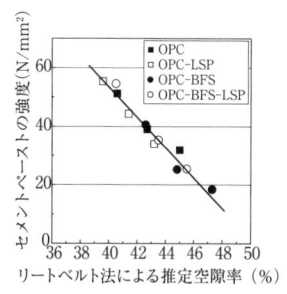

図 7.5 X線回折／リートベルト法により求めた各種水和セメントの構成相の割合変化と推定空隙率と圧縮強度の関係[5]
OPC：普通ポルトランドセメント，LSP：石灰石微粉末，BFS：高炉スラグ微粉末，CH：ポルトランダイト，Ett：エトリンガイト，Ms：モノサルフェート，Mc：モノカーボネート，Hc：ヘミカーボネート．

和は周囲の組織を破壊しながらも進むことができる場合があることと対照的に，C-S-H は空隙を充填するのみである．個々のC-S-H 粒子は非常に細かく，粒子間にイオン結合による引力が働き（ファン・デル・ワールス力の関与も考えられる），外力に対して変形抵抗を示す．

　強度を高める方法を考えると，水の部分を充填するC-S-H よりも未水和セメントのほうが高強度であるので，C-S-H を減ずる，つまりもとの水を減らすことで高強度となる．水を減ずるとペーストの流動性が低下し，骨材の移動媒体の機能が低下するため，セメント分散剤（減水剤）を使用し，流動性を高める．この場合，セメントは1 μm 以下の粒子をほとんど含まず，これらの粒子が完全分散したとしても未充填の空隙が残る．そこで 0.1 μm オーダーの粒子で空隙を充填して稠密充填構造に近づけ，水量をさらに減じ超高強度を得る．代表的にはシリカフュームが用いられるが，同寸法の無機粉末であれば種類によらず同等の効果を有する．ただし，形状効果もあり，球状のシリカフュームが最適である．

　図7.5にポルトランドセメントと高炉セメント，およびそれらに石灰石微粉末を加えたペーストの相組成の材齢変化を示す．水和によりC-S-H に加え多様な水和物が生成し，材齢の経過とともに空隙が減少する．この際の空隙率と圧縮強度には負の相関があり，水和物の種類には依存せず，空隙率が支配的であることが分かる．空隙に比較すると水和物はいずれも十分強度が高いので，通常の強度レベルでは水和物ごとの

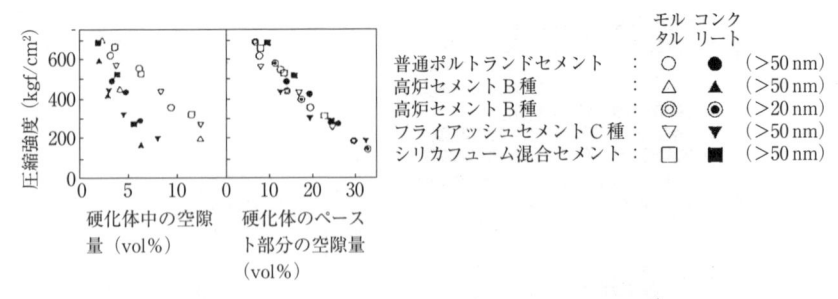

図7.6 水銀圧入法により求めた空隙量と圧縮強度の関係[6)]

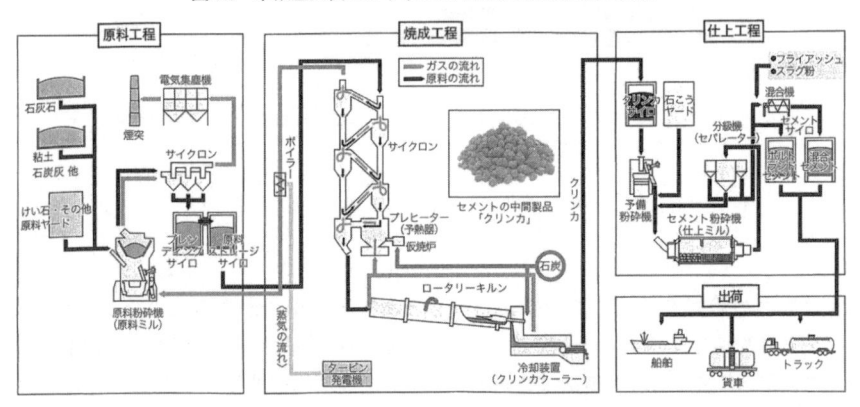

図7.7 ポルトランドセメントの製造工程[1)]

強度の違いはあまり反映されない．一方，コンクリートではペーストに骨材が加わる．図7.6にモルタルとコンクリートの空隙量，もしくはペースト部分の空隙量と圧縮強度の関係を示す．圧縮強度は，コンクリート中の空隙量ではなく，ペースト中の空隙量に依存しており，この範囲のコンクリート強度はセメントペーストの強度に支配されている．

7.4 ポルトランドセメントの製造と組成

本節では，強度発現の主体をなす C_3S の工業的製造方法を中心に説明する．ポルトランドセメントの製造工程の概要を図7.7に示す．

7.4.1 原　　料

原料工程では，各原料を適切な粒度に粉砕し均一に混合する．各種廃棄物・副産物

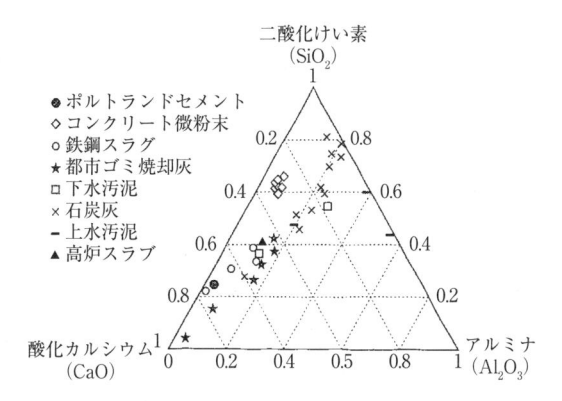

図7.8 セメントと混合材および廃棄物の化学組成（文献[7]に加筆修正）

も用いるが，混合物全体の化学組成と重金属などの有害成分の含有量を所定範囲に制御する．日本の特徴として低アルカリ濃度の石炭灰を粘土代替として用い，低アルカリ型セメントとなっている．図7.8に，ポルトランドセメントと各種廃棄物・副産物の化学組成を示す．ほとんどの廃棄物・副産物はポルトランドセメントよりもアルミナに富む．日本のセメント産業は451 kg/1 tセメントの廃棄物・副産物を利用している（2009年）[1]が，さらなる利用拡大にはアルミナ，すなわち間隙質を増やしたセメントの開発が必要である．

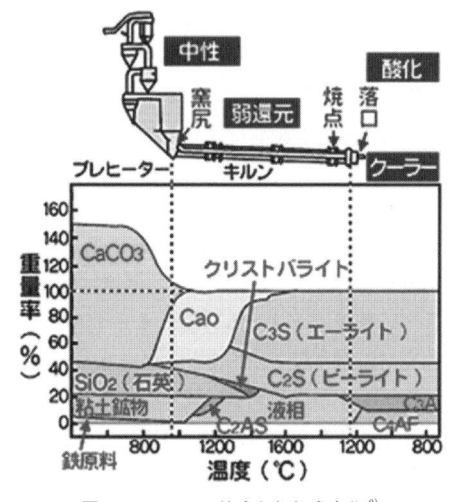

図7.9 クリンカ焼成と相組成変化[8]

このセメントは環境負荷が少ない混合セメントの新しい基材として期待できる．

7.4.2 焼　成

焼成工程における鉱物相の変化を温度変化とともに図7.9に示す．焼成工程では，原料をキルン廃熱を利用したプレヒーターにより予熱し，プレヒーター最終段階に設けた仮焼炉で石灰石を脱炭酸してキルンに投入する．ロータリーキルン内で原料は焼成

されクリンカとなる．キルンの熱源は日本では石炭が主体であるが，国によっては肉骨粉などが多量に使用され，熱量の大半が代替燃料による場合もある．キルン内の1450℃に達する高温で，原料中の有機物はすべて分解し，有機物系の有害成分も無害化する．その後，クリンカはクリンカクーラーで急冷される．焼却灰など塩素を含む廃棄物を使用する場合は，キルン入口近傍に設けられた塩素バイパスで塩化物として除去される場合もある．

焼成過程における鉱物変化を説明する．750℃程度から石灰石の主成分の方解石が脱炭酸反応を始め，遊離石灰に変化する．同時に低温型のγ-C_2Sと間隙質が生成し始める．1200℃程度になるとγ-C_2Sは高温型の多形β-C_2Sに相転移する．1350℃を超えると，粘土鉱物や石炭灰が溶融し液相になる．この液相を介してC_2Sと遊離石灰が反応してC_3Sが生成する．液相がなければC_3Sの生成反応が速やかに進まない．現実のキルン操作においては，C_3S生成指標である遊離石灰残存量が十分低下するように運転条件を調整する．

焼成反応が終了したクリンカはクリンカクーラーにて急冷（空冷）される．急冷が高い反応性を得るために重要である．この際，クリンカ粒径も重要で，大きすぎると徐冷となる．徐冷されると安定で反応性が低い低温相に変化する．冷却過程で1200℃程度になると間隙質は均質な液相からC_3AとC_4AFに分離する．

7.4.3 仕　上　げ

仕上げ工程では，クリンカは粉砕助剤を加え石膏（排煙脱硫による二水石膏が多い）と混合粉砕される．この際，5%以下の少量の混合材として主には石灰石が添加される．粉砕後，セメントの温度が高すぎる場合には二水石膏が脱水し半水石膏となり，偽凝結を引き起こすので，セメントクーラーを用いることもある．

セメントと高性能AE減水剤の組み合わせによって，所定の流動性が得られないという相性問題がある．その原因として，セメントの基本組成に加え仕上げ工程の影響も強い．二水石膏は粉砕温度が110℃程度を超えると脱水し半水石膏へと変化する．多すぎると偽凝結が心配されるが，セメントの流動性確保には半水石膏が多い方が練混ぜ直後のC_3Aの反応を抑制でき好ましい．

7.4.4　ポルトランドセメントの鉱物組成推定

ポルトランドセメントの鉱物組成は，流動性，水和熱，強度発現，その他の各種耐久性を決定する1つの因子であり，実験再現性の観点からもその推定は製造上も研究上も重要である．ボーグ式を用いて，全化学組成から概算可能であるが，現在のセメントには少量混合材が含まれるのでその補正が必要である．セメントの鉱物組成を直

接分析する方法として，光学顕微鏡を用いたポイントカウンティング法がある．研磨薄片を作製し，研磨面をエッチングし，各相の違いを明確にする．ただし空間分解能には限界があり，C_3AとC_4AFの分離は容易ではない．より空間分解能が高い走査型電子顕微鏡を用いる方法もある．X線回折/リートベルト法を応用すると各鉱物相と非晶質相を一定精度で定量分析できる[5]．セメントペーストであれば水和の追跡も可能である．ただし測定条件の影響を強く受けるため，精度検証が必須である．選択溶解を組み合わせることで，高炉セメントやフライアッシュセメントなどの混合セメントの相組成や水和の分析も可能となっている．

7.5 ポルトランドセメントの水和

7.5.1 固相の反応

ポルトランドセメントを水と練り混ぜると図7.10のような水和発熱挙動を示す．練混ぜ直後はC_3Aが活発に水和する（第1ピーク）．C_3Aは石膏と反応することでエトリンガイトを生成し，いったん水和は低調になり誘導期を迎える．誘導期があるので，コンクリートは輸送と施工する時間を確保できる．石膏がなければC_3Aの水和は停滞することなく進み異常凝結を起こす．石膏が不足する場合も水和は異常となり，引き続くC_3Sの水和が極端に遅延される場合もある．C_3Sの水和が活発化すると誘導期は

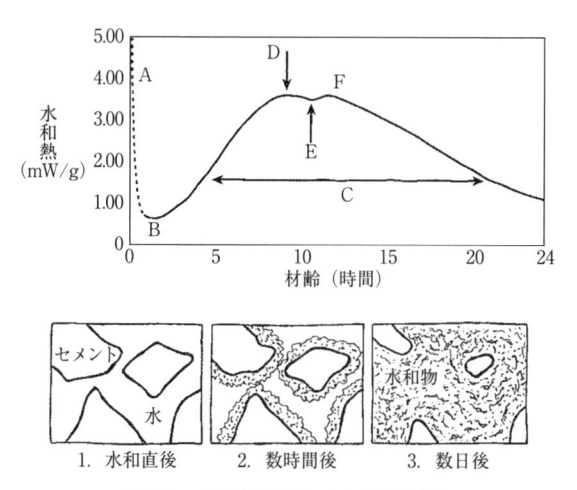

図7.10 水和発熱挙動と水和組織形成[1]
A：第1ピーク，B：誘導期，C：強度発現に関与する水和熱，D：C_3Sの水和による第2ピーク，E：石膏の消費に伴うC_3Aの再活性化，F：第3ピーク．

図7.11 初期材齢のセメントペースト破断面のSEI

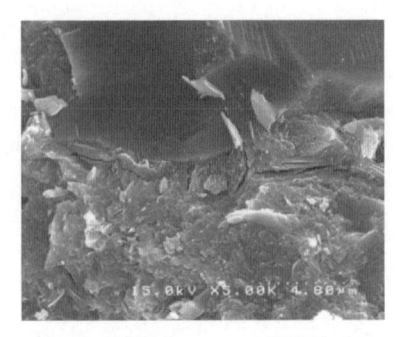

図7.12 長期材齢のモルタル破断面のSEI

終了し，水和の第2ピークを迎え，凝結を示す[9]．凝結は，独立していたセメント粒子が生成した水和物により相互に連結することで起きる．凝結の始発は流動性を失う時間であり，終結はコンクリート表面を仕上げるのに適した時間の目安となる．

C_3Aは石膏との反応でエトリンガイトを生成する．使用できる石膏がなくなると，C_3Aの水和は再度活性化し，モノサルフェートを生成する．これが水和の第3ピークとなる．水和の第3ピークは第2ピークの後になるのが好ましい．C_4AFの反応はC_3Aと類似で，水和物中のAlをFeが置換し水和は進む．ただし，水和の進行によりC_4AF表面にイオン透過性が悪い水酸化鉄のゲルが生成するためか，長期的水和率は比較的低い．

セメントペーストの破断面の走査型電子顕微鏡（SEM）による二次電子像（SEI）を図7.11に示す．材齢初期の様子では，いが栗状のC-S-Hがセメント表面に成長している．左下の板状の粒子がCHである．C-S-Hよりもより大きな針状結晶はエトリンガイトである．より長期材齢のモルタルの破断面を図7.12に示す．上部の滑らかな領域は骨材の珪石の破断面であり，下部が主にはC-S-Hからなる水和ペーストである．水和が進むとC-S-Hは緻密になり，個々の粒子はSEMでも判別できない．右中央部および左下部に直線的ひび割れを伴う板状の粒子が認められるが，これはモノサルフェートである．

破断面のSEM観察から得られる情報はあいまいで定量性に欠けるが，これは硬化体の弱点が破断するためである．水和の進行はペーストの研磨断面の反射電子像（BEI）により明確に理解できる．水和組織の材齢変化を図7.13に示す．3日，7日，28日と材齢が進むにつれ，最も明るいクリンカ鉱物と黒い空隙が減少し，水和物が全体を覆っていく様子が理解できる．最近では，このBEIを解析することで水セメント比や水和度の推定も可能となっている．

7.5 ポルトランドセメントの水和

(a) 材齢3日　　　　(b) 材齢7日　　　　(c) 材齢28日

図 7.13　水和セメントペーストの研磨断面の BEI（水セメント比 = 40%）
最も明るい粒子が未水和セメント．次に明るく一方向に不定形に伸びた部分が CH，より暗い灰色の針状の粒子がエトリンガイト．その他の灰色の部分が C-S-H，場所によりより明るいものとより暗いものがある．黒い部分は空隙．材齢の経過とともに大きさと量ともに減少する．

BEI の観察は，セメント種類の推定にも有効である．図 7.14 に高炉セメントペーストの例を示す．最も明るい粒子はクリンカであるが，より暗い灰色の角張った粒子がスラグである．コントラストは CH と同様であるが，CH が一方向に伸び，ほかの粒子を埋める形態をしているのと対照的に，独立したガラスが割れたような鋭角な角をもつ．

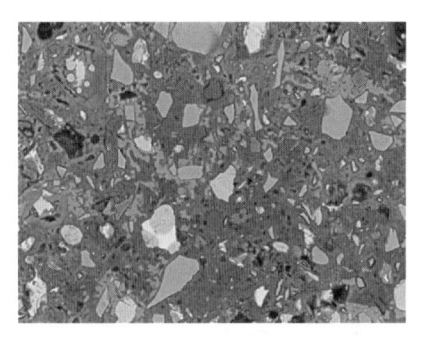

図 7.14　高炉セメントペースト破断面の BEI（水セメント比 = 40%，材齢 28 日）

7.5.2　液相の変化

練混ぜ直後の溶液の化学は，C_3S や C_3A の初期水和を決定し，硬化体中の空隙水の化学はさらにその後の耐久性に関わる鋼材発錆を支配するので，その基礎の理解が重要である．

ポルトランドセメントのフレッシュセメントペーストや硬化体の空隙水の pH は，飽和 CH の平衡溶解度から決まる 12.6 程度（溶解度 0.15 に対応）ではない．アルカリが溶解しており，練混ぜ直後はアルカリ共存下の石膏-石灰の溶解平衡に近く，pH は 13～13.5 程度である．水和により空隙中の自由水は減少し，アルカリ溶脱が起きなければ pH は 14 近くになる．水酸化物イオン濃度が高いので，CH の溶解平衡からカルシウムイオン濃度は 1 mM 程度まで低下する．

空隙水の pH もしくはイオン濃度を測定することを目的に，硬化体を粉砕し，多量の水で液相を希釈すると，アルカリ濃度が桁違いに低下し溶液組成は CH の溶解平衡に支配されるようになるため，pH は 12.6 に近づく．さらに，アルカリは C-S-H 表面

に静電的相互作用でゆるく固定化されているため（固定量はC-S-HのC/Sに依存），希釈によりこのアルカリも放出されることになる．すなわち，圧搾抽出などにより直接空隙水を採取するのでなければ，硬化体中の空隙水のイオン組成を推定することは容易ではない．

ポゾラン物質を添加すると，C-S-HのC/Sは低下する．この変化に伴い，C-S-Hのアルカリ固定能が高まり，空隙水中のpHは低下する．低下の程度は，アルカリ量とポゾラン物質の化学組成，添加量と反応率に依存する．Caが少ないフライアッシュの方がこの効果は大きい．CHが消費されつくすまで極端にポゾラン物質を多くすると，pHはCHの溶解平衡を下回り11程度までは低下する[10]．それ以下では，C-S-Hが分解する．

セメント中の塩素は，練混ぜ直後，多くが塩化物イオン（Cl^-）となり液相に移動する．その後，主にC_3Aの反応により生成するモノサルフェート相に取り込まれ，フリーデル氏塩となる．エトリンガイトには取り込まれないので，モノサルフェートが生成する時期にならないとCl^-濃度は低下しないと考えられる．C_3Aの水和の進行とともにCl^-濃度は低下を続ける．鋼材発錆に寄与するのは$[Cl^-]/[OH^-]$とされているので，Cl^-固定とアルカリ固定により定まるOH^-濃度の双方を考える必要がある．固定化されたCl^-は炭酸化により再度液相に放出され，移動できる状態になる．相平衡計算によりこれらの再現ができる[11]．

7.5.3 水和発熱

ポルトランドセメントも混合セメントも，水和は発熱反応である．コンクリートが大断面となり放熱しにくい環境となると，水和による発熱によりコンクリートは断熱的に温度上昇する．コンクリートの比熱と，水和が活発な時間範囲で解放される熱量のバランスで到達最高温度が決まる．放熱を伴いながら，一定の質量の物質が一定の熱量で暖められる現象である．

セメント品質の1つの指標として水和熱があるが，これはセメントを酸溶解し，反応がすべて終了した段階での評価である．しかし，現実に問題となるのは打設後数日までの間に水和し開放される熱量である．セメントの水和熱を単純にコンクリートの断熱温度上昇の指標にするのは妥当でない．問題を複雑にするのは，各構成相の反応の温度依存性が異なるということである．特に，高炉スラグは反応の温度依存性が高く，60℃を超えると発熱量が普通ポルトランドセメント以上になる．高炉スラグの置換率を高くしてもこれは同様で，高炉セメントによる温度ひび割れ抑制には，打設温度を一定温度以下（たとえば28℃）に抑制し，最高到達温度を制御することが肝要である．低Ca型のフライアッシュは水和熱低減には特に有効であるし，高温条件でポ

ゾラン反応が進みやすいので常温よりも強度発現の促進が期待できる．

7.6 おわりに

本章ではポルトランドセメントの基礎について述べた．詳細な反応機構には未解明な点もあるが，キャラクタと諸性能の関係の理解に基づく製造方法や使用方法は確立されている．一方で，新しい社会の要請である環境負荷低減には現状で満足せず，新基材を用いた多様な混合セメントを考えていく余地は多い．セメントに求められる本質的役割を踏まえ，その発現の機構から理解することが，今後の多様化するセメント，あるいは海外で使用されている種々のセメントを使いこなす上で基礎となり，かつ耐久的なコンクリート製造への応用につながる．

□参考文献
1) セメント協会：セメントの常識，2009.
2) 山田順治，有泉　昌共編：わかりやすいセメントとコンクリートの知識，p.51，鹿島出版会，1976.
3) H. F. W. Taylor: Cement Chemistry, 2nd ed., p.236, Academic Press, 1997.
4) P. K. Mehta: Concrete: Structure, Properties, and Materials, Pretice-Hall International Series in Civil Engineering and Engineering Mechanics, 1986.（セメント協会：わかりやすいセメント科学，p.81，1993.）
5) S. Hoshino et al.: XRD/Rietveld analysis of the hydration and strength development of slag and limestone blended cement, Advanced Concrete Technology, 4(3), pp.357-367, 2006.
6) 内川　浩ほか：混合セメントモルタル及びコンクリートの硬化体構造が強度発現に及ぼす影響，セメントコンクリート論文集，(44)，pp.330-335, 1990.
7) 大門正機，坂井悦郎編：社会環境マテリアル，技術書院，p.21，2009.
8) http://www.taiheiyo-cement.co.jp/rd/archives/glossary/terms.html#mo10
9) A. Nonat：セメントの初期水和の物理化学的再考，第60回セメント技術大会講演要旨，pp.1-6，2006.
10) 藤田英樹，辻　幸和：アーウィン系と高ポゾラン型低アルカリ性セメントに関する研究開発の動向，コンクリートテクノ，27(9)，pp.28-38, 2009.
11) Y. Hosokawa et al.: Development of multi-species mass transport model for concrete with account to thermodynamic phase equilibrium, Materials and Structures, 44(9), pp.1577-1592, 2011.

□関係規準類
1) JIS R 5210「ポルトランドセメント」
2) JIS R 5211「高炉セメント」
3) C150-11 Standard Specification for Portland Cement
4) EN 197-1 Cement. Composition, specifications and conformity criteria for common cements

□最新の知見が得られる文献
1) セメント協会：セメントの常識，2009.
2) J. I. Bhatty et al. (eds.): Innovations in Portland Cement Manufacturing (2nd Ed.), Portland Cement Association, Skokie, Illinois, USA, 2011.
3) Verein Deutscher Zementwerke (VDZ): Activity Report, 2007-2009, Dusseldorf, 2009.

□演習問題
1. セメントに求められる機能とその発現機構をまとめよ．
2. セメントの水和から考えて，乾燥収縮に重要な因子を説明せよ．
3. セメント製造に活用可能な廃棄物・副産物の例を挙げ，その利用に関する注意事項を述べよ．
4. 海外では混和材の不明な混合セメントが流通している．このような未知のセメントの分析方法と性能の評価方法を提案せよ．

第8章
コンクリート用の混和材料

8.1 はじめに

混和材料とは，フレッシュ時および硬化後のコンクリートにある性能を付与する目的で，セメント，水，骨材以外に使用される材料である．混和材料は，必要に応じて練混ぜ，運搬あるいは打込み段階でセメントペーストやモルタル，コンクリートに加えられる．

わが国においては，混和材料のうち使用量が比較的少なく，薬品的な使い方をするものを混和剤と称し，使用量が比較的多く，それ自体の容積がコンクリートの配合の計算に関係するものを混和材と称するのが一般的である．なお，近年では，両者を明確に区別するために混和剤を化学混和剤と称することが多い．

化学混和剤と混和材の機能と種類を，それぞれ表8.1と表8.2に示す．

8.2 化学混和剤

8.2.1 概説

化学混和剤は，「主として，その界面活性作用によって，コンクリートの諸性質を改善するために用いる混和剤」とJISで定義されている．化学混和剤の効果は，主成分である界面活性剤の特性によるもの，セメントの水和反応のコントロールによるもの，その他特殊な特性を付与するものがある．ここでは，作用効果の観点から化学混和剤の特徴について概説する．

8.2.2 界面活性剤の効果

界面活性剤は，「少量で，表面または界面の諸性質（乳化，可溶化，分散，濡れ等）を著しく変化させる物質」と定義されている．均一な気体，液体，固体の相がほかの均一な相に接するとき，その境界を界面と呼ぶ．これらの界面のうち，一方の相が気体（もしくは真空）の場合，界面を特に表面と呼び，内部とは異なる特異な性質や現

8. コンクリート用の混和材料

表8.1 化学混和剤の機能と種類

機能	種類
多数の微細な独立した空気泡を一様に分布させ，ワーカビリティおよび耐凍害性を向上させる	AE剤
所要のスランプを得るのに必要な単位水量を減少させる	減水剤
空気連行性能をもち，コンシステンシーに影響することなく単位水量を減少させる	AE減水剤
コンシステンシーに影響することなく単位水量を大幅に減少させる，または単位水量に影響することなくスランプを大幅に増加させる	高性能減水剤
空気連行性能をもち，AE減水剤よりも高い減水性能および良好なスランプ保持性能を付与する	高性能AE減水剤
セメントの水和を速め，初期材齢の強度を大きくする	硬化促進剤
あらかじめ練り混ぜられたコンクリートに添加し，撹拌することによってその流動性を増大させる	流動化剤
コンクリートの粘性を増大させ，水中においても材料分離しにくい性能を付与する	水中不分離性混和剤
コンクリートの凝結時間を著しく短くし，早期強度を大きくする	急結剤
セメントの水和反応を遅らせ，凝結に要する時間を長くする	遅延剤，超遅延剤
気泡の作用により，充填性の改善や質量の調整をする	気泡剤，発泡剤
コンクリートの収縮を低減する	収縮低減剤
空隙の充填や疎水性能の付与により，防水性を高める	防水剤
コンクリート温度の上昇速度と上昇量を減少させる	水和熱抑制剤
初期凍害を防止し，かつ氷点下においても強度増進性をもたせる	防凍剤（耐寒剤）

表8.2 混和材の機能と種類

機能	種類
ポゾラン反応性を有する	フライアッシュ，シリカフューム，火山灰，けい酸白土など
潜在水硬性を有する	高炉スラグ微粉末など
硬化過程において膨張させる	膨張材など
オートクレーブ養生により高強度を生じさせる	けい酸質微粉末（シリカフュームを含む）など
その他	石灰石微粉末，着色材（顔料），エトリンガイト系高強度混和材など

象が見受けられる．

これら界面の諸性質，すなわち界面活性作用としての乳化や可溶化ではミセルの形成や安定化，濡れ性においては表面張力との関係，分散においてはその吸着形態や電気的反発作用および立体的保護作用などが重要である．

界面活性剤は，同一分子内に親水基と疎水基をもつ化合物であり，水に溶解している界面活性剤は内部より界面に集まりやすい性質をもっている．このように，界面に

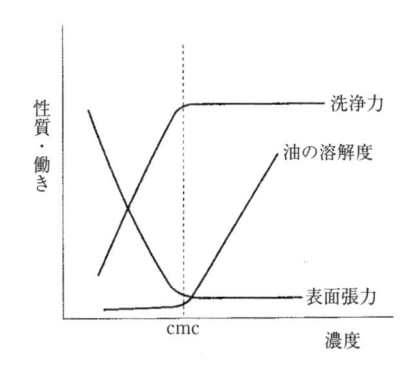

図8.1 界面活性剤の濃度と性質の関係

おいて内部と異なる濃度を保って平衡に達する現象を吸着という．吸着は水中の界面活性剤濃度によって変化し，界面活性剤が臨界ミセル濃度 (cmc) に到達すると，水中でそれまでは個々に存在していた界面活性剤分子が，お互いに親水基を水側に向けて安定な会合体（ミセル）を形成する．一般的にこの臨界ミセル濃度を境にして，界面活性剤の多くは物理的性質に急激な変化が生じる（図8.1）．界面活性剤はその濃度に応じて水の表面張力が変化し，cmc以上の濃度で使用されることが望ましく，化学混和剤も一般にcmc以上で使用されている．

界面活性剤は，親水基の電気的な性質に応じて，「アニオン系」，「カチオン系」，「両性系」および「非イオン系（ノニオン系）」に分類され，化学混和剤ではアニオン系やノニオン系の界面活性剤を利用している場合が多い．さらに，界面活性剤に用いられる原料に由来して，「合成界面活性剤」，「天然系界面活性剤」，「バイオサーファクタント」などに分類され，多くの化学混和剤は合成界面活性剤を利用している．界面活性剤を化学混和剤として適応させる場合，最適な特性が得られるように，その用途や目的に応じて界面活性剤の種類を選択し設計している．

表8.3は，界面活性剤の特徴と化学混和剤の種類を示したものである．

以下，界面活性剤の特性の中から化学混和剤に応用されている (1) ミセルの形成と安定性，(2) 表面張力の低下，(3) 粒子表面への吸着，(4) 粒子の分散について概説する．

(1) ミセルの形成と安定性

界面活性剤を含む溶液に機械的手法を加えて空気を溶液中に導入すると，周囲を溶液に囲まれた気泡ができる（起泡）．この際，気泡内部に疎水基を向け溶液側に親水基を向けて配列した吸着膜が，瞬間的に生成され気泡となる（図8.2）．吸着膜上に配列した界面活性剤分子は，先に示した界面活性剤分子のみから形成されるミセルと構造

表8.3 界面活性剤の特徴と化学混和剤の種類

| 界面活性剤の特徴 ||| 化学混和剤の種類 |
ミセルの形成と安定性	表面張力の低下	吸着・分散	
○	—	—	AE剤
○	—	—	起泡剤・発泡剤
—	—	○	減水剤, 高性能減水剤, 流動化剤
○	—	○	AE減水剤, 高性能AE減水剤
—	○	—	収縮低減剤

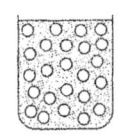

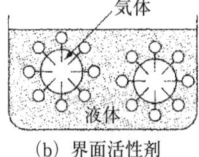

(a) コンクリートの泡　(b) 界面活性剤分子の配向　(c) 界面活性剤の分子

図8.2 泡と界面活性剤の分子の配向[1]

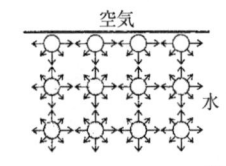

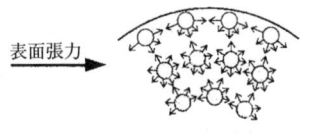

図8.3 表面張力の原理[2]

がよく似ており，この吸着膜の持続性がミセルの安定性を意味し，ひいては気泡の安定性へつながる．

　化学混和剤においてはこの特性を応用し，コンクリート中にエントレインドエアを導入し，コンクリートのワーカビリティー（9.5節参照）の改善，耐凍害性の向上などの性能を付与させたり，軽量性や断熱性に優れた気泡コンクリートを製造したりする際に用いられる．

(2) 表面張力の低下

　物質内部の原子（分子）は周囲の原子から引力と斥力を受けてつり合っている．表面の原子の内側半分は内部の原子の影響を受け，外側半分はこれに接するほかの物質

の原子（分子）の影響を受ける．

ここで空気と接する液体の表面を例にとると，図8.3に示すように，内部の液体分子はまわりの分子との相互作用により安定化している．一方液体表面の分子は，それらが接する空気の分子密度や引力が小さいことから，液体内部の分子としか相互作用ができず，液体表面の分子を内部に引っ張り込もうとする引力が卓越し凝縮する．その結果，表面の分子数の減少を引き起こし，内部と比べて過剰の自由エネルギーをもつことになる．このエネルギーを表面自由エネルギー（mJ/m^2）という．

表8.4 液体の表面張力（20℃）[2]

物　　質	表面張力 (mN/m)
水	72.8
エタノール	22.3
グリセリン	63.4
ベンゼン	28.9
オリーブ油	32.0
界面活性剤水溶液（cmcより高い濃度）	25～40

一般的に自然界の物質は，エネルギーの低い状態が安定であることから，液体の表面分子は，界面をできる限り小さく，すなわち最小表面積をとろうとする．平滑なガラス上にある水滴や水銀が球面を作るのはこのためである．この表面に沿って平行に働く引張力を表面張力という．液体の表面張力の単位はmN/mで与えられ，単位長さあたりの力を表す．また，表面張力は単位面積あたりの表面自由エネルギーと等しい．

表面張力の低下はミセルの形成にも影響を及ぼす．また，収縮低減剤の効果にはこの特性も応用されていると考えられている．

(3) 粒子表面への吸着

高分子の粒子表面への吸着は，図8.4で示した吸着形態に分類されている[3]．高分子の1つである界面活性剤は，種類や特性により吸着形態が異なり，粉体粒子の分散度合いに大きく影響を及ぼすと考えられている．ナフタレンスルホン酸のホルマリン縮合物およびメラミンスルホン酸のホルマリン縮合物は剛直な棒状分子であり，図8.4(f)のような吸着形態をとると考えられている[4]．ポリカルボン酸エーテル系化合物は，図8.4(h)のような櫛型あるいは側鎖状の吸着形態と考えられている[5]．

(4) 粒子の分散

1) DLVO理論： 粒子の分散に関する理論は，DLVO理論から導かれることが多い[6,7]．DLVO理論では，分散粒子の安定性は粒子間に働くファン・デル・ワールス力と静電反発力（斥力）の作用によって決定され，粒子間に働く全ポテンシャルエネルギーVは，ファン・デル・ワールス引力ポテンシャルエネルギーV_Aと斥力の静電反発力ポテンシャルエネルギーV_Rの和で表されるとしている．V_AとV_Rはいずれも図8.5中の横軸である粒子間距離によって変化するので，粒子の分散・凝集はV_AとV_Rを粒子間距離の関数で表したポテンシャルエネルギー曲線から判断が可能となる．すなわち，ポテンシャルエネルギーVは，図8.5中の実線で示した極大値（V_{max}）や，一次

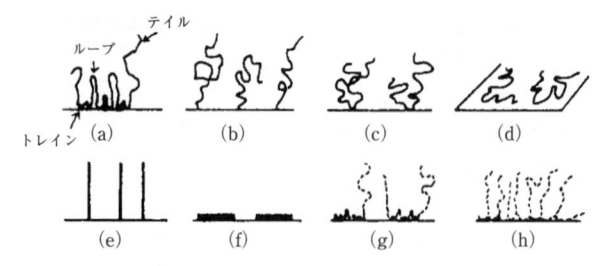

(a) ホモポリマー（ループ・トレイン・テイルモデル）
(b) 末端吸着（テイル）
(c) 一点吸着（2本のテイル）
(d) 平状吸着
(e) 剛直鎖の垂直吸着
(f) 剛直鎖の横臥吸着
(g) 左：AB型，右：ABA型ブロック共重合体の
　　ループ・トレイン・テイル吸着
(h) クラフト共重合体の歯型吸着

図 8.4 高分子鎖のさまざまな吸着形態[3]

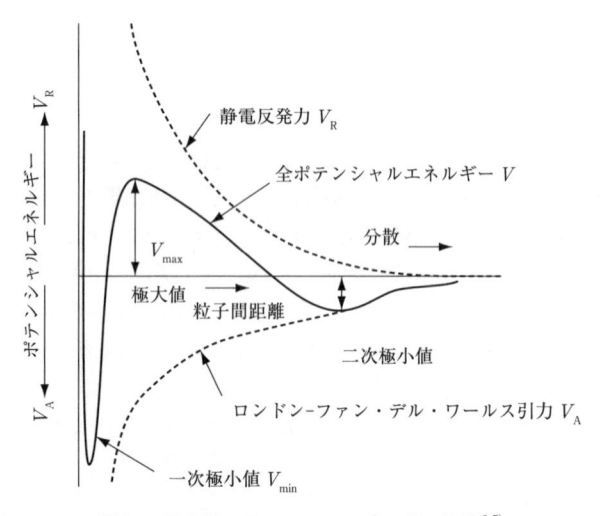

図 8.5 粒子間のポテンシャルエネルギー曲線[6,7]

極小および二次極小をもつようなポテンシャルエネルギー曲線をとる．粒子が接近して凝集するには V_{max} を超えなくてはならないことから，V_{max} が大きな値であるほど凝集しにくいことを示す．粒子の周りに形成される電気二重層中の，粒子の移動が起こ

8.2 化学混和剤

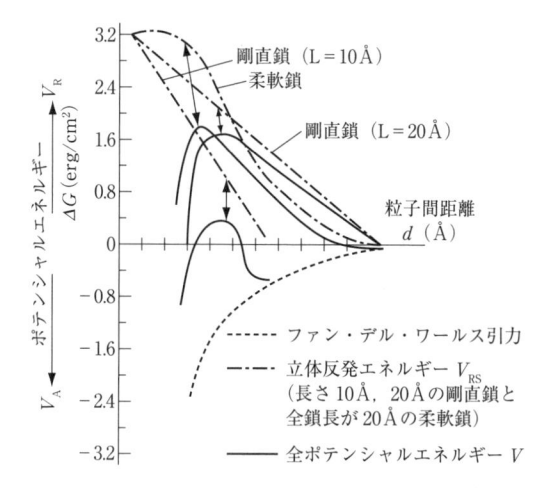

図 8.6 立体障害効果によるポテンシャルエネルギー曲線[8]

る表面（すべり面）の電位をゼータ電位という．一般には，V_{max} が $15\,kT$（k：ボルツマン定数，T：絶対温度）以上であれば分散は安定であるとされており，V_{max} はゼータ電位に強く依存するため，ゼータ電位の大きい界面活性剤ほど，この効果は大きい．

2) 立体障害効果理論： 前述の DLVO 理論のほかに，界面活性剤の吸着層により，粒子どうしが一次極小の距離にあるファン・デル・ワールス引力圏内にまで近づかせないようにする立体障害効果が挙げられる．立体障害効果は高分子溶液論的立場から導かれた Fischer に端を発

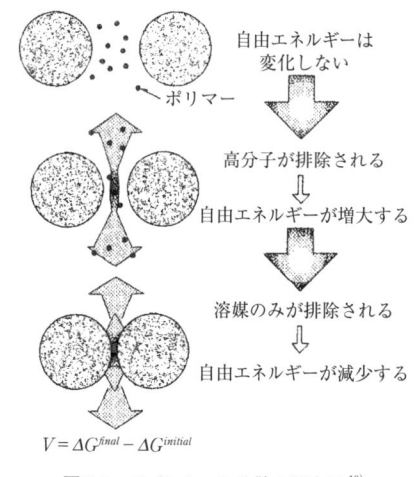

図 8.7 デプレション分散の概念図[10]

$V = \Delta G^{final} - \Delta G^{initial}$

する浸透圧斥力理論（吸着層の接触部分に浸入する水の浸透圧効果による反発力）と，他方は統計力学的立場から導かれた Machor のエントロピー斥力理論（ひずんだ構造をもとに戻そうとするエントロピー反発による反発力）に大別でき，図 8.6 中の立体反発エネルギーに示される．全ポテンシャルエネルギーが極大のときの立体反発エネルギーについて，剛直鎖 L=10Å と L=20Å を比較すると L=20Å のほうが大きい．同様に，柔軟鎖 L=20Å と剛直鎖 L=20Å を比較すると，柔軟鎖 L=20Å のほうが大き

く，界面活性剤の構造や吸着形態および吸着層の厚さなどで立体障害効果が異なることが分かる．

3) デプレション理論： DLVO理論や立体障害理論は，界面活性剤が粒子表面に吸着することによって反発力が発生し，分散安定性が得られると考えているが，最近ではポリマーが粒子表面に吸着することなく，フリーの状態で分散安定化が図られることが分かってきた．Napperらはこれをdepletion stabilizationと称し，この機構を説明するための理論を提唱している[9]．デプレション効果は，分散粒子どうしが接近すると，その隙間に高分子が入り込めないために生じる効果である．高分子である界面活性剤が粒子間の外に排除されることにより粒子間とその外側の領域では界面活性剤の濃度に差ができ，この濃度差を均一にするような作用により粒子の分散状態を保とうとする現象である．図8.7に概念図を示した．

8.2.3 化学混和剤の成分系の違いによる分散作用

(1) ナフタレンスルホン酸のホルマリン縮合物，メラミンスルホン酸のホルマリン縮合物，リグニンスルホン酸塩

ナフタレンスルホン酸のホルマリン縮合物，メラミンスルホン酸のホルマリン縮合物およびリグニンスルホン酸塩がもつセメント粒子に対する分散作用は，前項の(4)で述べた静電反発力によるところが大きい．

(2) ポリカルボン酸エーテル

ポリカルボン酸エーテル系化合物の分散作用は，前項の(4)で述べた立体障害効果によるところが大きい．

ポリカルボン酸エーテル系化合物の分子の大きさの一例を図8.8(a)～(c)に示す．

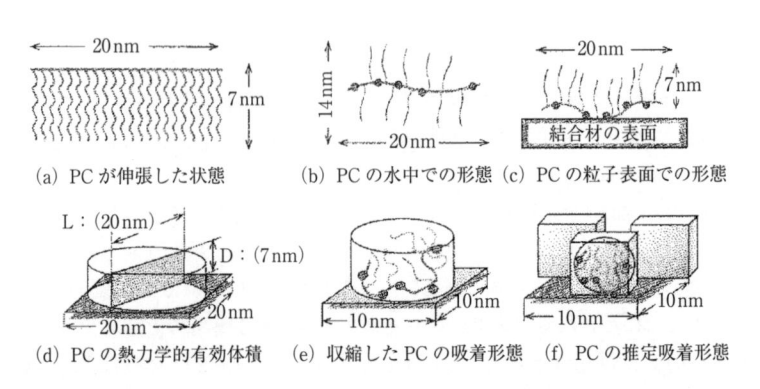

図8.8 ポリカルボン酸エーテル系化学混和剤（PC）の分子サイズと吸着形態[11]

ポリマーが伸びきった状態でおおよそ主鎖方向が20 nm, 側鎖方向が7 nmである。この分子が自由に運動した際に占める体積は，図8.8(d)に示すように長辺20 nm, 短辺7 nmの長方形が回転してできる直径20 nm, 高さ7 nmの円柱の大きさになることから，ポリカルボン酸エーテル系化合物の分子は最大限吸着した状態で，セメント粒子表面に一辺20 nmの正方形，すなわち400 nm^2 に1つの割合で吸着している計算になる．しかし実際に，各種結合材の単位表面積あたりに吸着するポリカルボン酸系化合物の分子量を測定し，その結果から単位表面積あたりの分子の吸着個数を計算すると，結合材の種類で吸着する個数は異なるものの，いずれも400 nm^2 に1つの割合よりはるかに多く，実際には3～13倍程度多く吸着している結果が得られた[11]．ポリカルボン酸エーテル系化合物の分子がこれだけ多く結合材の表面に吸着するためには，最大限に伸張した状態から主鎖方向で50～70％程度に収縮した状態にあると推定され（図8.8(e)），さらに分子のエントロピー的安定領域内においても，分子が重なって吸着していることが示唆される（図8.8(f)）．

8.2.4 その他の効果
(1) 収縮の低減
収縮の低減効果は，主に界面活性剤の表面張力低減作用に基づくものとされている．収縮低減剤として特許などで示されている化合物の種類は多岐にわたるが，多くは非イオン系界面活性剤であるアルキレンオキシド重合体を主成分とする低分子化合物である．

(2) 水和反応の促進
セメントの水和反応を促進させるには，セメント液相中および水和物固相内を移動しやすい特定の陰イオン（塩化物イオン（Cl$^-$），チオシアン酸イオン（SCN$^-$），硫酸イオン（SO$_4^{2-}$），硝酸イオン（NO$_3^-$），亜硝酸イオン（NO$_2^-$）など）を含む化合物の添加が有効とされている．コンクリート中の鉄筋などの鋼材の腐食を助長させる問題点があるため，塩化物イオンを含まないチオシアン酸塩や亜硝酸塩などの無機塩や，アルカノールアミン（たとえばトリエタノールアミン）などの有機化合物が一般的に利用されている．

また，モルタルやコンクリートなどのセメント系材料に，水酸化アルミニウム（Al(OH)$_3$），水酸化ナトリウム（NaOH），アルミン酸ナトリウム（NaAlO$_2$），けい酸ナトリウム（NaSiO$_2$），硫酸アルミニウム（Al$_2$(SO$_4$)$_3$）や炭酸ナトリウム（Na$_2$CO$_3$）を添加すると，セメントは急結性および急硬性を示すようになる．この特性を利用した化学混和剤として急結剤があり，トンネルや法面などの吹付けコンクリートに用いられている．

(3) 水和反応の抑制

水和反応を遅延させる化合物としては多くのものが知られており，無機系化合物ではけいフッ化物，ホウ酸類，リン酸類，金属の酸化物など，有機系化合物ではオキシカルボン酸塩（たとえばグルコン酸塩）や糖アルコール，各種糖類（サッカロース，グルコース）などがある．

無機系化合物は難溶性物質の被膜をセメント粒子上に形成し，セメントと水の接触を抑制するため凝結が遅延するとされている．一方，有機化合物の遅延作用機構については，これまでの研究より①吸着説，②沈殿説，③錯塩形成説および④核形成の制御の4つの仮説が提案されており，そのうち吸着説が最も有力な説とされている．吸着説では，強いキレート力を有する遅延成分がセメントから溶出したCa^{2+}とキレート化合物を作り，セメント粒子表面に緻密な吸着層を形成して水和反応に必要なCa^{2+}を封鎖し，セメントの水和反応を遅らせると考えられている．

レディーミクストコンクリートの運搬におけるコンシステンシー（9.6節参照）低下の抑制，コールドジョイント発生の防止などの目的で使用されている．

(4) 増粘性の付与

増粘剤とは，水溶性高分子により水の移動を抑制し，液体に高い粘性を保持させる材料である．一般的に増粘剤は「天然高分子」，「半合成高分子」，「合成高分子」および「無機系高分子」の4つに分類される．

増粘剤の主な用途として，連続地中壁工法の掘削泥水の改質，水中不分離性コンクリートの製造，吹付けコンクリートの施工時に発生する粉塵の低減などがある．

(5) アルカリシリカ反応の抑制

アルカリシリカ反応を抑制する混和剤として，リチウム化合物などの有効性が認められている．リチウムイオン（Li^+）はシリカとの反応性が高く，膨張性をもたない$Li_2O\text{-}SiO_2$ゲルを速やかに生成し，膨張性ゲルである$Na_2O\text{-}SiO_2$や$K_2O\text{-}SiO_2$の生成を阻害するために膨張が抑制されると考えられている[12]．

(6) エフロレッセンスの防止

エフロレッセンスは，コンクリート中の水に起因する一次エフロレッセンスと，硬化後に外部から浸入する水に起因する二次エフロレッセンスに大別できるが，いずれも水への原因成分の溶解とその水の移動と密接な関係がある．エフロレッセンスを抑制し防止するには，「水の移動を止める」または「可溶性成分を固定する」ことが必要であり，ステアリン酸などの飽和脂肪酸が用いられる．

8.3 混和材

8.3.1 概説
混和材は，フレッシュ時および硬化後のコンクリートにさまざまな性能を付与する目的で使用される．混和材を使用することによってもたらされる効果には，混和材粒子の形状や大きさによる効果（ボールベアリング効果，マイクロフィラー効果など）や，硬化過程のコンクリート中における特殊な化学反応性を有することによる効果（ポゾラン反応性，潜在水硬性など）などがあり，これらが硬化後のコンクリートにさまざまな性能を付与する[13]．

8.3.2 混和材使用の効果
(1) ボールベアリング効果
フライアッシュやシリカフュームなどの混和材は，粉砕して製造されるセメントと異なり，集塵などの工程を経て回収されるため，粒子形状が球形に近い．このような形状の混和材をコンクリートに用いると，球形粒子がベアリングのような働きをしてフレッシュコンクリートの流動性を向上させる効果が得られ，その結果，コンクリートの単位水量を低減させることもできる．このような効果をボールベアリング効果という[13]．

(2) マイクロフィラー効果
一般に用いられるコンクリートの構成材料のうち，最も粒子形状が小さいのはセメント粒子であるが，シリカフュームなどのような混和材は，セメント粒子よりもさらに粒径が小さくきわめて微小な粒子である．このような混和材をコンクリートに用い

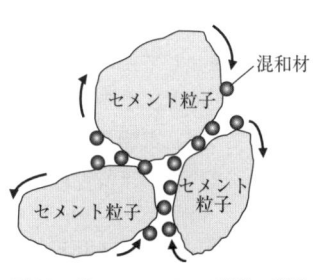

図 8.9 ボールベアリング効果の説明

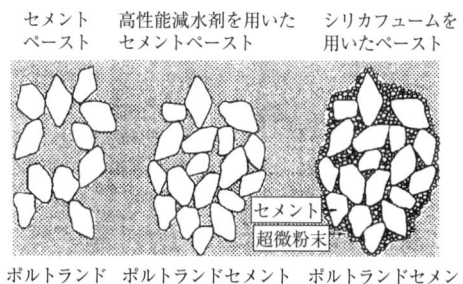

図 8.10 マイクロフィラー効果の説明（シリカフューム）

ると，混和材粒子がセメント粒子間の間隙に充填されコンクリート組織が緻密なものとなり，硬化後のコンクリートの強度や物質透過抵抗性などの耐久性が向上する．このような効果をマイクロフィラー効果という[13]．

(3) ポゾラン反応性

ポゾラン反応とは，シリカ質またはアルミナ質の微粉末が，セメントの水和反応によって生成される水酸化カルシウムと水の存在下で不溶性の化合物を作る化学反応のことである．ポゾラン反応は常温で生じる反応であり，ポゾラン反応を生じる混和材をポゾランと呼び，ポゾラン反応を生じる性質をポゾラン反応性と称する．ポゾランは，それ自身には水硬性はないものの，ポゾラン反応によって不溶性の化合物が生成されることにより，硬化後の組織が緻密になり，圧縮強度や耐久性などのコンクリートの品質を向上させることができる[14]．

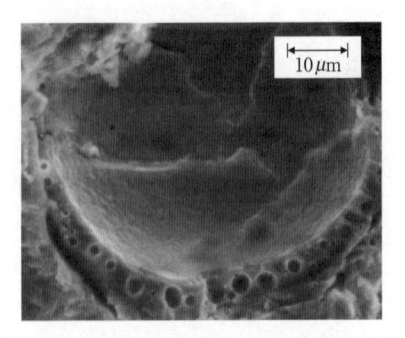

図8.11 ポゾラン反応による生成物の例（フライアッシュ）

ポゾラン反応性を有する混和材として代表的なものには，フライアッシュ，シリカフュームなどのように他産業において人工的に排出される副産物のほか，火山灰やけい酸白土などのように天然物として存在するものなどが挙げられる．

(4) 潜在水硬性

潜在水硬性とは，単に水を混ぜただけでは硬化は生じないが，アルカリまたは硫酸などの刺激剤となる物質が少量存在すると硬化を生じ，難溶性の水和物に変化する性質のことをいう．潜在水硬性を有する混和材を使用することで，硬化後のコンクリートの組織が緻密になり，圧縮強度の増大や塩化物イオン浸透抵抗性の向上などが期待できる．

潜在水硬性を有する代表的な混和材として，高炉スラグ微粉末が挙げられる．

(5) その他の効用

1) セメント使用量の低減： 混和材は，基本的にセメントを置換して使用されるため，コンクリートを製造する際のセメント使用量の低減が可能となり，その結果，反応に伴う水和発熱の抑制が期待できるとされている．なお近年では，混和材の使用によるセメント使用量の低減により，セメントの製造段階で発生する環境負荷物質である二酸化炭素を抑制する効果が期待できるとされている．

2) アルカリ含有量の低減： 混和材を使用すると，セメント使用量の低減とともにコンクリート内部のアルカリの消費を促進することが多い．このため，コンクリート

中のアルカリ含有量が低減し，その結果，アルカリシリカ反応の抑制が期待できる．
3) 塩化物イオンの固定化： 硬化コンクリート中に塩化物イオンが浸入すると，セメント水和物は浸入した塩化物イオンと反応してフリーデル氏塩（$3CaO \cdot Al_2O_3 \cdot CaCl_2 \cdot 10H_2O$）と呼ばれる新たな化合物を生成する．このような生成反応は，混和材を使用したコンクリートでも生じるので，鋼材腐食の抑制が期待できる．

8.3.3 代表的な混和材

(1) 高炉スラグ微粉末

スラグとは，金属製造工程やごみなどを焼却施設で処分したときに発生する廃棄物を加熱溶融して副産されるものの総称であるが，高炉スラグは，銑鉄を製造する高炉で鉄鉱石に含まれる鉄以外の成分（副原料の石灰石やコークス中の灰分など）が分離回収されたものである．高炉スラグ微粉末とは，高温溶融状態にある高炉スラグを水や空気により急冷したものを粉砕して製造される，非晶質の微粉末のことをいう．

図8.12 高炉スラグ微粉末の電子顕微鏡画像

高炉スラグ微粉末は潜在水硬性を有しており，特に高炉水砕スラグはガラス質が豊富で優れた潜在水硬性を発揮する．この性質は，アルカリまたは硫酸塩などの刺激作用によって水と反応して水和物を生成するために得られるものである．また，このような反応過程で生成される水和物がスラグの粒間を埋める結合材となり，凝結あるいは固化が進行していくこととなる．このため，高炉スラグ微粉末を普通ポルトランドセメントに適量混合すると，水和熱の抑制，アルカリシリカ反応の抑制，化学抵抗性の向上，水密性の向上などの効果が期待できる[13]．

なお，これらの性質は高炉スラグ微粉末の粉末度に依存しており，高炉スラグ微粉末の粉末度が高いほど所要のスランプを得るためのコンクリートの単位水量を減少させることができ，コンクリートの初期強度を増大させることが可能である．また，粉末度の低い高炉スラグ微粉末を混和した場合には，硬化初期の水和熱の抑制に効果的であるが，強度の増大効果を得るためには，長期の材齢を要する．

(2) フライアッシュ

フライアッシュとは，火力発電所の微粉炭燃焼ボイラーから排出されるガス中に含まれている微粉粒子を集塵機で捕集したもので，ポゾラン反応性を有する混和材である．フライアッシュが製造される過程となる火力発電所では，燃焼前の原料炭の品質

や微粉炭製造時の粉砕方法，燃焼させるボイラーの種類や構造，運転状況や燃焼効率などが発電所ごとに異なるため，これに応じてフライアッシュの品質も変動することが知られている．

市販されているフライアッシュの密度は2.0〜2.2 g/cm^{3}程度であり，比表面積は3000〜5000 cm^2/gの範囲にあり，粒径は1〜100 μmの範囲に分布しているものが多い．フライアッシュの主な化学成分はSiO$_2$（全体の50〜60%）およびAl$_2$O$_3$（25%程度）であり，Fe$_2$O$_3$やCなどが少量含まれている．フライアッシュの粒子はセメントとほぼ同等の粒径であるが，集塵機で捕集して製造されるものであるため，粒子形状は球形に近い（図8.13）．このためフライアッシュを混和すると，フレッシュ時のコンクリートの流動性が改善され，その結果，単位水量を減ずることが可能である．

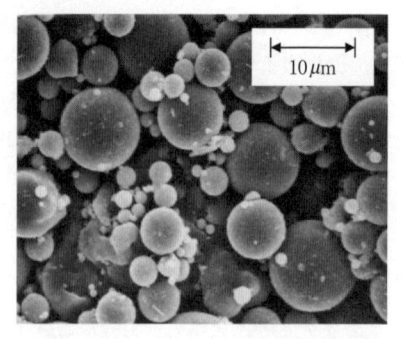

図8.13 フライアッシュの電子顕微鏡画像

フライアッシュはセメントよりも緩やかな反応性を有しているため，硬化初期の水和熱を低減させることができる．また，フライアッシュの有するポゾラン反応性のため，硬化体の長期強度や水密性を改善し，物質透過抵抗性などの耐久性を向上させることが可能である．さらに，コンクリートの乾燥収縮の低減，化学抵抗性の向上，アルカリシリカ反応の抑制なども期待できる．

(3) シリカフューム

シリカフュームは，電子部品の製造などに用いられるシリコンやフェロシリコンなどのけい素合金を電気炉で製造する際に，排出される排ガス中に浮遊する超微粉末を，集塵機で捕集したものである．

シリカフュームはきわめて微小な粒子であるため（図8.14），製品としては集塵したままの状態の粉体シリカフュームのほか，輸送効率を考慮し，単位容積質量が大きくなるように団粒化させて見掛けの粒形を大きくした粒体シリカフューム，およびセメントとの混合効率を考慮してシリカフュームをあらかじめ水に懸濁させたシリカフュームスラリーの3種がある[15]．

シリカフュームの一般的な密度は2.1〜

図8.14 シリカフュームの電子顕微鏡画像

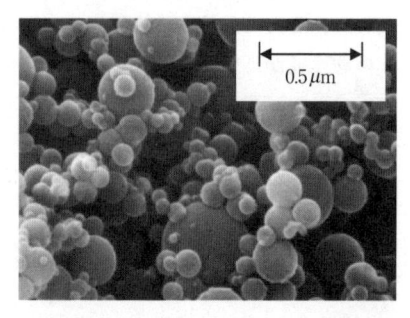

2.2 g/cm^3 である.窒素吸着法（BET 法）によって測定される比表面積はおよそ 15～20 m^2/g であり，直径 0.1～0.5 μm 程度のきわめて微小な粒子である.また，粒子の形状がほぼ球形であり，含有成分のほとんどが非晶質のシリカ（90～97％）である.これらの性質から，低水セメント比のコンクリートにシリカフュームと高性能 AE 減水剤をあわせて用いると，フレッシュ時のコンクリートにおいてはボールベアリング効果により流動性の改善が期待でき，硬化過程のコンクリートにおいてはマイクロフィラー効果および高い反応性により，圧縮強度の増進ならびに耐久性の向上が期待できる[15].

(4) 膨張材

一般に，コンクリートは硬化過程において体積を変化させ，収縮する性質を有する.この性質は，硬化後のコンクリートにひび割れを生じさせるなど硬化体の欠陥となる場合が多いが，それを補償する混和材が膨張材である.また，鉄筋コンクリートの場合には，膨張材の性質を利用してコンクリートを膨張させるとともに，鉄筋の拘束力を期待してプレストレス力を発生させ，この作用によりひび割れの発生をさらに低減させるといった使用方法もある.

膨張材を混入したコンクリートは一般に膨張コンクリートと呼ばれるが，コンクリートの乾燥収縮を補償し，ひび割れの低減を目的としたものを収縮補償コンクリート，膨張材を多量に混和してコンクリートに生ずる膨張力を鉄筋などで拘束し，ケミカルプレストレスを導入するものをケミカルプレストレスコンクリートと呼ぶ.

モルタルあるいはコンクリート中における膨張材の作用メカニズムは以下のように説明される.すなわち，膨張材をセメントおよび水と練り混ぜると，水和反応によって硬化体内部に水酸化カルシウム（Ca(OH)$_2$）やエトリンガイト（3CaO・Al$_2$O$_3$・3CaSO$_4$・32H$_2$O）の結晶が生成され，これらの生成量の増大によって，モルタルやコンクリートを膨張させる作用を有する.

(5) 石灰石微粉末

石灰石は，主にセメント原料，コンクリート用骨材，道路用路盤材，鉄鋼，化学，農業分野など，数多くの分野で用いられている.主成分は CaCO$_3$（炭酸カルシウム）であり，粉末状のものとしては，石灰石を粉砕して 3 mm～20 μm 程度の粒度とした普通炭酸カルシウムと，白色結晶質石灰石を粉砕して 5 μm 以下の粒度とした重質炭酸カルシウム，生石灰から化学的に製造された軽質炭酸カルシウムなどがある.このうちコンクリートの混和材料としては，粒度の細かい普通炭酸カルシウムが使用されるのが一般的である.

コンクリートに石灰石微粉末を混和すると，フレッシュコンクリートの流動性が改善される.初期材齢時の強度発現も若干増加する傾向を示すが，石灰石微粉末はほぼ

不活性であり，その他の混和材のように特徴的な反応生成物を析出することはないとされている．このほか，石灰石微粉末を使用することにより，コンクリートの材料分離抵抗性の改善効果や水和発熱量の低減が期待できる[16]．

(6) もみがら灰

もみがらは，燃えるとその質量の15～25%が灰として残る．この灰の主成分はSiO$_2$であり，もみがらを完全に燃焼させるとその含有率は95%以上になるとい

図8.15 もみがら灰の電子顕微鏡画像（粉砕処理をしていない一次粒子）

われているが，これを粉砕などの処理を施してコンクリート用混和材として製造されたものがもみがら灰である．

もみがら灰を混合したセメント硬化体中のCa(OH)$_2$含有量が減少することから，もみがら灰はポゾラン反応性を有しているとされている．また，この反応によって硬化体が緻密になり，もみがら灰を用いたコンクリートの圧縮強度は，もみがら灰の混合率の増加と水結合材比の低下とともに増大することが確認されている[17]．

8.4 おわりに

混和材料の歴史は古く，コンクリートに要求される目的に応じて，さまざまな性質を付与する材料が開発されてきた．今後もこのような開発は行われるであろうし，本章で概説した混和材料とは異なる，これまでになかった種類の混和材料や，これまで一般的に使用されてきた混和材料の優れた性質のいくつかを兼ね備えた性質をもつ混和材料が開発されることも十分に考えられる．特に，近年のように環境の保全に配慮した多種多様な材料がコンクリート材料として用いられることが多くなると，有害物質のコンクリートからの溶出抑制や，コンクリートの強度や耐久性を阻害する要因を打ち消すための混和材料など，新たな開発の方向性は今まで以上に多岐にわたるであろう．また，高炉スラグ微粉末やフライアッシュなどのように，他分野から排出される新たな産業副産物をコンクリート用の材料として利用できるような社会的要請もありうる．

いずれにせよ，コンクリート用の混和材料は今後もその種類が多くなる可能性が高い材料である．したがって，コンクリートに用いる場合の効果や適切な使用方法とともに，混和材料を使用した場合のコンクリートの品質や性能を適切に評価する手法を

8.4 おわりに

確立することがますます重要になっていくであろう．

□参考文献
1) 笠井芳夫，坂井悦郎編著：新セメント・コンクリート用混和材料，p.164，技術書院，2007．
2) 前野昌弘：微粒子から探る物性七変化 コロイドと界面の科学，pp.113-123，133-139，講談社，2002．
3) 高橋 彰：無機物質への高分子の吸着，無機材料とポリマーの相互作用総合技術資料集，pp.47-63，経営開発センター，1986．
4) 坂井悦郎ほか：セメントの初期水和反応速度に及ぼす芳香族スルホン酸ナトリウムの影響，日本化学会誌，(2)，pp.208-213，1977．
5) 田原秀行：分散機能を持つポリカルボン酸塩オリゴマーの合成と応用，日本油化学協会関西支部，油技術講座，**32**，pp.69-86，1988．
6) B. V. Derjaguin and L. Landau: Acta Physicochim, p.633, (USSR) Vol.14, 1941.
7) E. J. W. Verwey and J. Th. G. Overbeek: Theory of the Stability of Lyophonic Colloids, Elsevier, Amsterdam, 1948.
8) T. Sato and R. Ruch: Surfactant Series 9, Stabilization of Colloidal Dispersions by Polymer Adsorption, Marcel Dekker Inc., N. Y., 1980.
9) D. H. Napper: Polymeric Stabilization, Academic Press, London, 1948.
10) 坂井悦郎，大門正機：粒子間ポテンシャルの計算による高性能 AE 減水剤の作用機構，セメント・コンクリート，(595)，pp.13-22，1996．
11) 太田 晃ほか：ポリカルボン酸系分散剤の分散作用効果に関する研究，セメント・コンクリート論文集，(53)，pp.123-127，1999．
12) 高倉 誠ほか：Li 化合物によるアルカリ骨材反応の膨張制御に関する一実験，コンクリート工学年次論文報告集，**10**(2)，pp.761-766，1988．
13) 村田二郎ほか：建設材料 コンクリート（土木材料コンクリート第3版 改訂・改題），共立出版，2004．
14) 長滝重義ほか：フライアッシュの品質とその評価に関する研究，コンクリート工学年次論文報告集，**7**，pp.197-200，1985．
15) 土木学会：シリカフュームを用いたコンクリートの設計・施工指針（案），コンクリート・ライブラリー 80 号，p.233，1995．
16) 長滝重義ほか：シリカフュームの品質とその評価に関する研究，土木学会論文集，**28**(520)，pp.87-98，1995．
17) 杉田修一ほか：高活性もみがら灰製造法とそれを用いたコンクリートの性質，コンクリート工学年次論文報告集，**15**，pp.321-326，1993．

□関係規準類
1) JIS A 6201「コンクリート用フライアッシュ」
2) JIS A 6202「コンクリート用膨張材」
3) JIS A 6204「コンクリート用化学混和剤」
4) JIS A 6206「コンクリート用高炉スラグ微粉末」
5) JIS A 6207「コンクリート用シリカフューム」

□最新の知見が得られる文献

1) 阿部正彦・堀内照夫監修：改訂版 界面活性剤の機能創製・素材開発・応用技術，技術教育出版社，2011.
2) シーエムシー出版編集部：コンクリート混和剤技術，シーエムシー出版，2006.
3) 笠井芳夫・坂井悦郎編著：新セメント・コンクリート用混和材料，技術書院，2007.
4) 笠井芳夫：土木建築技術者のための材料科学概説，セメント新聞社，2010.

□演習問題

1. ナフタレンスルホン酸ホルマリン縮合物とポリカルボン酸エーテルの分散メカニズムの違いについて説明せよ．
2. コンクリートに高炉スラグ微粉末を用いた場合，その効果と耐久性に及ぼす影響について説明せよ．
3. フライアッシュを用いたコンクリートを製造する際の留意点を説明せよ．

第9章

骨材・水，フレッシュコンクリート

9.1 はじめに

　骨材は，コンクリートの体積の約7割を占め，その品質がコンクリートの諸物性に及ぼす影響は大きい．したがって，よい品質のコンクリートをつくるためには，堅硬かつ物理的・化学的に安定であり，適度な粒度・粒形を有し，有害量の不純物や塩分などを含まない良質の骨材を使用することが基本である．
　コンクリートにおける水とは，一般に，練混ぜ水を意味する．練混ぜ水は，コンクリートの凝結，硬化後のコンクリートの諸性質，混和剤の性能，鉄筋の発錆などに大きな影響を及ぼすきわめて重要な材料である．
　フレッシュコンクリートとは，広義の定義としてはまだ固まらないコンクリートのことである．具体的には，コンクリートの各構成材料をミキサに投入し練り混ぜ，排出された直後から，型枠内に打ち込まれ，凝結・硬化に至るまでの状態にあるコンクリートである．時系列的には，練混ぜ開始からセメントの凝結が終了するまでの時間内のコンクリートを意味する．要求された硬化コンクリートの性能（強度や耐久性）は，フレッシュコンクリートの品質に大きく依存する．フレッシュコンクリートの品質を確保し，初期欠陥の少ないコンクリートが打ち込まれることによって，所定の性能の硬化コンクリートが得られる．

9.2 骨材

9.2.1 概説

　コンクリート用骨材は，その粒径によって，細骨材と粗骨材に分類・定義されている．なお，細骨材とセメントペーストとをあわせたものをモルタルといい，さらに粗骨材を加えたものをコンクリートという．
　①細骨材：10 mm ふるいを全部通り，5 mm ふるいを質量で85%以上通る骨材
　②粗骨材：5 mm ふるいを質量で85%以上留まる骨材

骨材には，天然骨材，天然のものを加工した砕石・砕砂，工場で製造する人工軽量骨材などがある．最近では資源リサイクルという観点から，産業副産物が原材料の場合や再生骨材のようにコンクリート構造物が原材料というものもある．天然骨材は岩質の特徴を示すため，河川名や産地名をつけて表示する場合が多い．主流は天然骨材から加工骨材，さらにはリサイクル骨材へ移行しつつある．ただし骨材の品質は，川砂，川砂利の特性を基準としており，コンクリート用骨材は天然骨材が最も優れているという常識がある．

ところでコンクリート用骨材は，原則として地産地消であるべきである．性能照査型設計では，使用者が設定した性能を満足することを確認すれば，いかなる骨材であっても使用できる．しかしながら，一般的にはJIS規格や土木学会規準に合格した骨材を使用することが多い．JIS規格におけるコンクリート用骨材の品質規格や試験方法は，「JIS A ○○○○:制定された年号」という記号を使って記載される．たとえばJIS A 5002:2003 では，「構造用軽量コンクリート骨材」の品質が規定されており，密度や吸水率の規定値が記載されている．土木学会規準においては，「JSCE-C ○○○-制定された年号」という記号で記載されている．たとえばJSCE-C 502-2010 では，「海砂の塩化物イオン含有率試験方法（滴定法）（案）」の試験方法が規定されている．

これらの特性値の意味を一覧にして表9.1に示す．

9.2.2 密度と含水状態の関係

骨材の密度と含水状態には密接な関係がある．通常，コンクリート用骨材として用いられる原料となる岩石は，大変堅牢硬質で空隙の少ないものと思われる．しかし，骨材という粒子群の集合体になったとき物理的性質が大きく異なる．特に，粒子骨材の内部や外部に水分が付着しやすくなる．コンクリートの性質は単位水量によって大きく異なるため，占有体積の大きい骨材に含まれる水量は無視できない．図9.1に，骨材の含水状態および吸水率，表面水率，表乾密度と絶乾密度などの各種の特性値の量的関係を示す．

骨材の実質部分および空隙部分を包含した見掛け密度を骨材の密度とする．密度の表し方には，表乾密度 D_S と絶乾密度 D_D の場合がある．D_S と D_D は，粒子試料内部にある吸水の有無の違いであり，粒子試料の体積は同じである．

よって，D_S, D_D と吸水率 Q (%) には，次式が成り立つ．

$$D_S = D_D \left(1 + \frac{Q}{100}\right) \tag{9.1}$$

この式は，配合設計などで両密度の換算の際によく用いられる．通常の配合設計では表乾密度が用いられる．骨材の表乾密度は，一般に 2.50～2.70 g/cm^3 の範囲である

9.2 骨 材

表 9.1 骨材の各種物理的指標と意味

	指標	指標の意味および重要性
1	密度	骨材粒子ごとの単位容積に対する質量 (g/cm^3). 骨材の品質表示やコンクリートの配合設計で必要. 骨材の含水状態によって異なる.
2	吸水率	絶対乾燥状態の骨材の質量に対する骨材内部の空隙内に入る水量の百分率 (%). 吸水率が大きいほど密度が小さくなる.
3	表面水率	表面乾燥状態の骨材の質量に対する骨材表面に付着する水量の百分率 (%). コンクリートの配合設計において練混ぜ水量の補正で必要.
4	単位容積質量	ある所定の容器に満たした骨材の絶対質量を容器の単位容積あたりに換算したもの (kg/l, kg/m^3).
5	実積率	ある所定の容器に満たした骨材の絶対容積の, その容器の容積に対する百分率 (%). 隙間なく容器に詰めることができるほど大きくなる.
6	粒形判定実積率	砕石および砕砂で, 粒形の良否を判定するための実積率の最小値.
7	粒度	骨材の大小粒の混合状態を意味し, ふるい分け試験によって, 各ふるいを通るもの, または留まるものの質量百分率で表す.
8	粗粒率	粒度分布において, 所定のふるいに留まる試料の質量の百分率の総和を 100 で除した値. 平均粒形を意味し, この値が大きいほど, 粒度が大きいことを意味する. コンクリートの配合設計で用いる.
9	粗骨材の最大寸法	質量で骨材の 90% 以上が通るふるいのうち, 最小寸法の呼び寸法で示される粗骨材の寸法 (mm). コンクリートの配合設計においてスランプの設定で必要.
10	有機不純物	コンクリートの凝結や硬化を妨げ, 強度や耐久性を低下させる物質. 細骨材に付着する有機不純物を水酸化ナトリウム 3% 溶液で抽出し, 標準色との比較で判定.
11	粘土塊	コンクリート中に弱点を作る粘土を意味し, 骨材中に含まれる量. 細骨材は 1.2 mm 以上, 粗骨材は 5 mm 以上を試料として 24 時間吸水後, 指で押して砕けるものを粘土塊とする.
12	微粒分量	75 μm ふるいを通過する微粒子の全量. コンクリート用砕石および砕砂では, 微粒分量の上限値は砕石 3%, 砕砂 9%.
13	塩化物	塩化物量は, NaCl 換算で 0.04% 以下が原則.
14	有害鉱物	ある特定の鉱物は, セメントとの反応において化学的・物理的に不安定となる.
15	安定性	硫酸ナトリウムによる骨材の安定性試験によって判定され, この試験の操作を 5 回繰り返し, 細骨材で 10%, 粗骨材で 12% の損失質量であれば, 骨材の耐凍害性が良好と判定.
16	粗骨材のすりへり抵抗性	ロサンゼルス試験機による粗骨材のすりへり試験方法によって定まる特性. すりへり減量が小さいほど, すりへり抵抗性が高い. 示方書ダム編では, 40% 以下を標準とする.

図 9.1 の上部（骨材の含水状態図）：

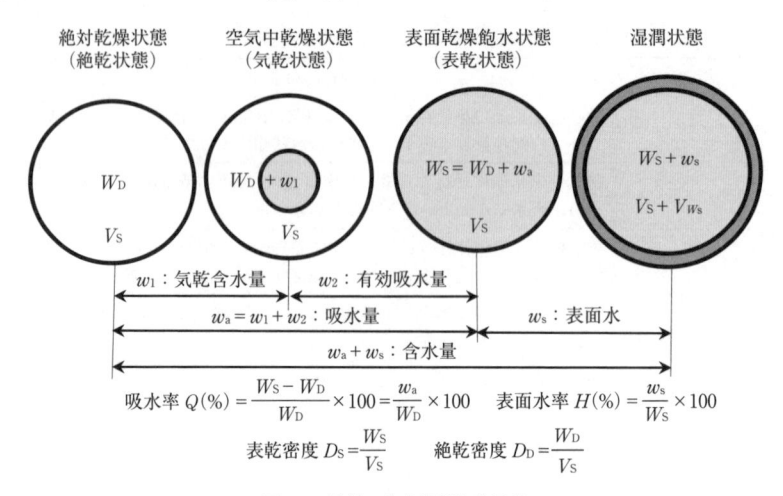

絶対乾燥状態（絶乾状態）：W_D, V_S
空気中乾燥状態（気乾状態）：$W_D + w_1$, V_S
表面乾燥飽水状態（表乾状態）：$W_S = W_D + w_a$, V_S
湿潤状態：$W_S + w_s$, $V_S + V_{W_s}$

w_1：気乾含水量, w_2：有効吸水量
$w_a = w_1 + w_2$：吸水量
w_s：表面水
$w_a + w_s$：含水量

$$吸水率\ Q(\%) = \frac{W_S - W_D}{W_D} \times 100 = \frac{w_a}{W_D} \times 100 \qquad 表面水率\ H(\%) = \frac{w_s}{W_S} \times 100$$

$$表乾密度\ D_S = \frac{W_S}{V_S} \qquad 絶乾密度\ D_D = \frac{W_D}{V_S}$$

図 9.1 骨材の含水状態と特性値

W_D：絶乾状態の試料の質量 (g), W_S：表乾状態の試料の質量 (g),
V_{W_s}：表面水の体積 (cm³), V_S：絶乾〜表乾までの体積 (cm³).

ことが多い．

密度が小さい骨材は，一般に粒子内部に空隙部分が多いことを意味するので，骨材自体の強度や耐久性が低い．

9.2.3 粒度分布と粗粒率

骨材の大小粒が混合している程度を粒度という．大小粒が適度に混合している骨材は，単一粒形の場合よりも骨材間の空隙が小さいため，セメントペーストが少なくてすみ，単位水量や単位セメント量の少ない経済的なコンクリートをつくることができる．各種規準類には，細骨材と粗骨材の標準粒度曲線が指定されている．実際にコンクリート用骨材として選択する場合，その標準粒度曲線内に使用する骨材の粒度が入っていることを確認する必要がある．図 9.2 に，実際にふるい分けして得られた試験結果に基づき作成した骨材の粒度曲線の一例と，標準粒度の上下限をあわせて示す．

粒度分布に関する指標としては，粗粒率（FM）が重要である．粗粒率とは，80, 40, 20, 10, 5, 2.5, 1.2, 0.6, 0.3, 0.15 mm の 10 種類の各ふるいに留まる全量の，全試料に対する質量百分率の和を 100 で除した値で表す．前後のふるい目が 2:1 になっており，50, 30, 15 mm のふるいが対象外であることに留意する必要がある．粗粒率は，粗骨材より細骨材において重要であり，粗粒率が 2.3〜3.1 の範囲内で，標準粒度曲線内で粒度分布する細骨材が，コンクリート用骨材として望ましい．粗粒率が範囲から

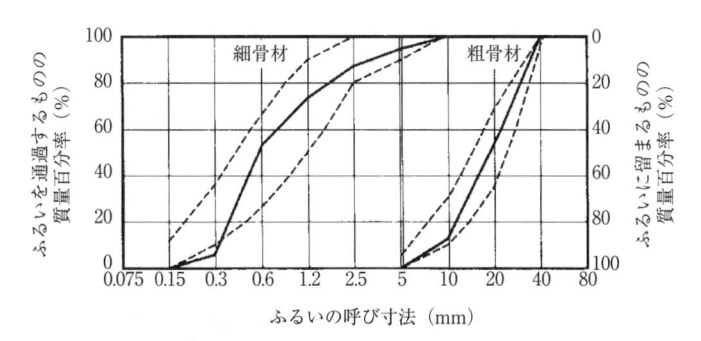

図 9.2 骨材の粒度曲線の一例
実線が試験値,破線が標準粒度の上限と下限.

外れる場合は,異なる粗粒率の細骨材を混合して調整する必要がある.

9.2.4 粒形,実積率および単位容積質量の関係

粒形に関しては実積率で判定する.粒形判定実積率は,砕石の場合の実積率を意味し,求め方は同じである.実積率は,粒形が球形に近いほど骨材間の空隙が小さくなることを利用して求めた数値であり,この数値が大きいほど粒子が球形に近いことを意味する.実積率を求めるには,まず絶乾状態の単位容積質量 T (kg/l) を求め,(9.2)式によって算出する.

$$実積率(\%) = \frac{T(100+Q)}{D_S} \tag{9.2}$$

単位容積質量は,基本的には骨材の密度と実積率によって決定される.骨材に表面水があると骨材間の空隙が増し,細骨材では粒子が凝集し空隙を大きくする.よって,含水率を有する骨材の場合は補正する必要がある.

具体的な試験方法としては,容器に満たした骨材の質量とその容器の容積から算出する.試料の容器への詰め方は,最大寸法 40 mm 以下の場合の棒突き試験と最大寸法 40 mm を超える場合のジッキング試験の2つの方法がある.

9.2.5 骨材の時代的変遷と問題点

骨材は,セメントペーストの硬化および収縮の大きさを低減する働きをもつ.しかし,骨材とペーストの界面は付着ひび割れの出発点になりやすく,力学的弱点になる.一方,コンクリートを配合設計する場合は,骨材の粒度・形状や含水状態,密度などの基本物性を把握し,採取した環境や使用する環境の状況を十分に考慮する必要がある.

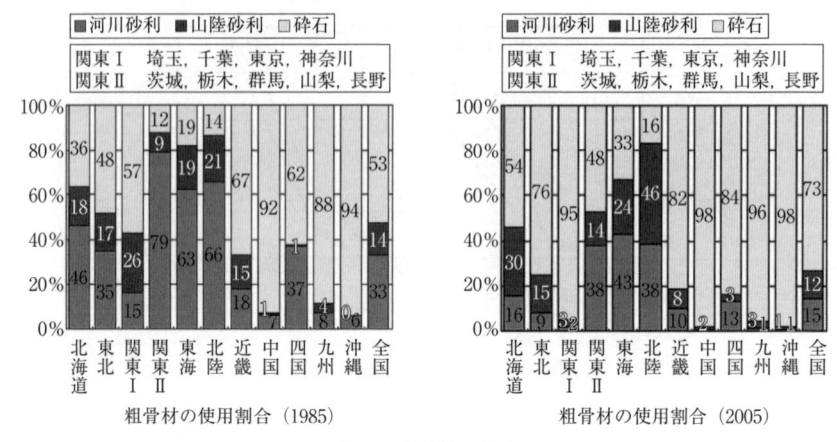

図 9.3 粗骨材の変遷

わが国の骨材の問題点としては，河川産骨材である川砂利，川砂などの良質な骨材が枯渇し，山砂利・山砂，砕石・砕砂に移行してきていることである．図 9.3 は，昭和 60（1985）年と平成 7（2005）年における経済産業省生コンクリート統計四半期報に基づき作成された原材料消費内訳である[1]．西日本地区は以前から砕石の割合が高かったが，近年は東日本においても砕石の割合が多くなった．また近年，コンクリートの乾燥収縮に与える骨材の影響が看過できなくなってきており[2]，吸水率が大きく，弾性係数の小さい砕石砕砂がその一因と考えられている．

骨材は，川砂利・川砂であれ，砕石砕砂であれ，岩石が原材料であるため，その特性の影響を大きく受ける．ただし，人工的に破砕・分級した砕石砕砂は，長い年月によってゆっくり摩耗して造られた川砂利・川砂と違い，破砕の影響を強く受ける．岩石としての物理的特性値と骨材のそれが大きく異なるため，岩石の種類が同一であっても，破砕方法によって骨材としての性質が大きく異なることに注意を要する．

また今後は，環境問題や資源の有効利用の観点から，産業副産物を有効利用したスラグ骨材や産業廃棄物からなる溶融スラグ骨材，再生骨材の利用が社会的要請となる．従来の JIS 規格の試験方法が適用できない種類の骨材もあり，コンクリートの配合設計には注意が必要である．

9.3 水

練混ぜ水として，一般に上水道水，上水道水以外の水（河川水，湖沼水，地下水など）および回収水が用いられる．水には，油，酸，塩類，有機物，その他コンクリー

表9.2 回収水の品質（JIS A 5308:2009）

項　目	品　質
塩化物イオン（Cl⁻）量	200 ppm 以下
セメントの凝結時間の差	始発は 30 分以内，終結は 60 分以内
モルタルの圧縮強度比	材齢 7 日および材齢 28 日で 90％以上

トおよび鋼材に影響を及ぼす物質の有害量が含まれていてはならない．

鋼材を用いない無筋コンクリートに対しては，海水を用いることができる．長期強度の増加が少なく，耐久性の低下を招き，エフロレッセンスができやすいので，注意を要する．

上水道水以外の水は，「レディーミクストコンクリート（JIS A 5308:2009）」および「コンクリート用練混ぜ水の品質規格（案）(JSCE-B 101-2010)」に品質規格がある．両者はほぼ同じような規格である．異なる規格としては，前者では「セメントの凝結時間の差」があり，後者では「空気量の増分」がある．

図9.4 生コン工場の沈殿槽上面にある回収水

レディーミクストコンクリート工場の運搬車やミキサなどの洗い排水から，骨材を除いた水を回収水という．回収水は，セメントから溶出する水酸化カルシウムなどを含むアルカリ性の高い上澄水と，大部分が水和生成物で，一部骨材微粒子を含むスラッジ固形分を含むスラッジ水からなる．上澄水はそのまま練混ぜ水に用いてよいが，スラッジ水はスラッジ固形分率3％を超えてはならない．スラッジ固形分率とは，単位セメント量に対するスラッジ固形分の質量を意味する．スラッジ水を練混ぜ水に用いる場合は，スラッジ固形分率によって，レディーミクストコンクリートの配合を修正する必要がある．

回収水の品質を表9.2に示す．

9.4　フレッシュコンクリートのレオロジー

フレッシュコンクリートの流動性状は，現在に至るまで十分に解明されているとはいいがたい．フレッシュコンクリートの流動性の評価方法としては，スランプ試験が一般的である．力学的には，自重のみによる単調流動時の性状を評価しているにしか

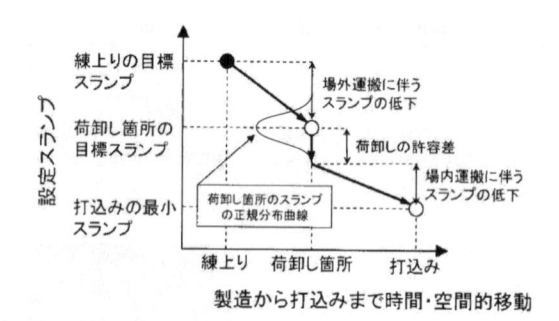

図 9.5 コンクリートの各施工段階とスランプの低下の関係

すぎない．

これに対して実際の施工時のフレッシュコンクリートは，ミキサで練り混ぜられ，排出されたのち，トラックアジテータ内に貯蔵される．トラックアジテータ内のブレードをゆっくり流動することによって材料分離を抑制し，現場まで移動する．トラックアジテータから荷下し後，ポンプによって圧送管内を加圧流動し，型枠内の所定の位置に移動する．その後，バイブレータによって鉄筋間の間隙内を流動・充填する．非常に複雑な変形や外力を受けて流動しており，その間，セメントと水の化学反応が起こり，コンクリート自体の流動性が失われていく．図9.5は，製造から打込みまでの時間・空間的移動に伴うスランプの変化を概念的に示したものである[3]．

したがって，スランプ試験のみでこの複雑な力学的状態を評価することは不可能である．施工現場では，管理者の経験工学的判断や職人の勘で不足した情報を補い，初期欠陥の少ないコンクリートを施工している．

このような問題に対して，レオロジーの考え方を導入し，より正確な流動性状のモデル化や定量化を試みた研究分野がある．本章では，この工学分野をフレッシュコンクリートのレオロジーと呼ぶ．

フレッシュペースト，フレッシュモルタル，フレッシュコンクリートはせん断強度を有する流体と考えることができ，流動特性はせん断応力 τ とせん断ひずみ速度 $\dot{\gamma} = \dfrac{d\gamma}{dt}$ の関係が一般的に，図2.12(d) に示したようなビンガム流動になる．通常の水は，図2.12(a) の狭義ニュートン流体であり，せん断応力が作用するとただちに流動する．これに対し，ビンガム流動はせん断応力が降伏値に達するまでは流動せず，降伏値以上のせん断応力が作用すると流動する．

このビンガム体という理想体の概念は，Bingham と Green が，油絵具が鉛直画板に付着して流動しない状況を観察し，油絵具は単純なニュートン流体ではないということに気がついたことから始まったとされている．もし油絵具がニュートン流体であれ

ば，高粘性係数であったとしてもいつか自重によってゆっくり流動し，やがて画板から流れ落ちるはずである．しかし，実際は流れ落ちない．これは，油絵具は流動を開始させるために必要なせん断応力（降伏値）を固有しており，自重によるせん断応力が降伏値より小さいために流動しないのではないかと彼らは考えた．

このレオロジーモデルは，図9.6に示すダッシュポットとサンプナン体（塑性体）の並列組合せで示すことができる[4]．

降伏値と塑性粘度は，回転粘度計，傾斜管粘度計，平板プラストメータなどの測定器で実測することができる．

ビンガム体としてみなせる範囲のフレッシュコンクリートは，スランプと降伏値がほぼ直線関係にある．村田（1983）らは，スランプから降伏値を数値解析によって決定できることを明らかにした[5]．

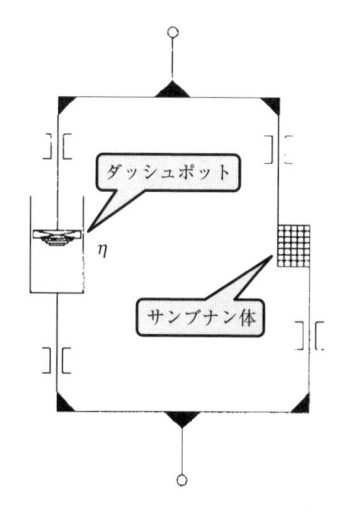

図 9.6 ビンガム体の力学モデル[3]

細管を流れるフレッシュコンクリートは，通常のニュートン流体とは異なり，栓流である．フレッシュコンクリートをビンガム体とすることによって，栓流の速度分布を決定することができる．この栓流の速度分布から求めた流量はBuckingham-Reiner式と呼ばれる（演習問題3参照）．実際のフレッシュコンクリートの管内流動は，この栓流よりも管壁の滑りによる流動が大部分を占める[6]．

9.5　ワーカビリティー

本節以降では，フレッシュコンクリートの性質を表す用語として，ワーカビリティー，コンシステンシーおよび材料分離抵抗性について紹介する．3つの用語以外にも，多くの用語が定義されている．表9.3に，フレッシュコンクリートの性質を表す用語のうち代表的な用語を一覧にして示す．

ワーカビリティーは，コンクリートの変形および流動に対する抵抗性と材料分離に対する抵抗性によって決定される施工のしやすさである．変形および流動に対する抵抗性はコンシステンシーと呼ばれる．施工とは，コンクリートの練混ぜ，運搬，打込み，締固め，仕上げまでの一連の作業工程を意味する．したがって，施工する対象構造物に依存するため，必ずしも流動性のよいコンクリートがワーカビリティーに優れ

表 9.3 フレッシュコンクリートの性質を表す指標と意味

	指標	指標の意味および重要性
1	ワーカビリティー	9.5節で説明. 施工性能, 作業性とも称す.
2	コンシステンシー	9.6節で説明.
3	材料分離抵抗性	9.7節で説明.
4	流動性	フレッシュコンクリートが外力や自重によって流動する能力. 自由表面を有する流動を対象とする場合が多い.
5	変形性	フレッシュコンクリートがポンプ圧送中の配管, 特にベント管やテーパ管などの変形管内をスムーズに変形しながら流動する能力. 流動性とは異なり, 自由表面を有しない充填された空間内での変形を対象とする場合が多い.
6	均質性	フレッシュコンクリートが均等質な状態を保持しつつ変形する能力. 流動性と変形性の比較をすると, フレッシュコンクリートを1相系の粘性流体とてみなしたときの粘性に相当する. 均質性は, 材料分離しない状態を前提とした流動・変形を対象とする場合が多い.
7	締固め性	フレッシュコンクリートが外部振動機によって液状化し, 鉄筋が配置された型枠空間内を, 空気泡を排出しながら, 密実に材料分離することなく充填していく能力. フレッシュコンクリート自体が有する能力ではなく, 施工条件や施工部位に強く影響を受ける能力.
8	可動性	フレッシュコンクリートが振動や衝撃などの外力によって流動・変形する能力. フレッシュコンクリート自体が保有する能力. ポンパビリティーも可動性の1つである.
9	凝集性	フレッシュコンクリートの一面せん断試験や3軸圧縮試験において, 粘着力Cとして表現される物理量に関係する性質. フレッシュコンクリートのセメントペースト成分の影響を強く受ける.
10	充填性	フレッシュコンクリートの打ち込みやすさ. 締固め性とほぼ同義であるが, 充填性は流動・変形する距離や空間が大きい. 一方, 締固め性は締め固められる距離・空間はあまり変化せず, 同じ位置において空隙を排除しながら密実に打ち込まれる状況を対象とする.
11	ポンパビリティー	フレッシュコンクリートのポンプ圧送時において, 閉塞しないで均質にコンクリートが圧送される能力. ポンプ圧送のしやすさを意味し, 圧力損失などの物理量で評価される場合もある.
12	仕上げ性	型枠内に打ち込まれたフレッシュコンクリートの自由表面部分の仕上げやすさ.

ているとは限らない.

　ワーカビリティーを定量的に測る方法は現在のところない. ワーカビリティーは,「よい」「悪い」「作業に適する」と定性的な表現しかない. これに対して, コンシステンシーや材料分離抵抗性は種々の方法が提案されている.

ワーカビリティーは，コンクリートの配合，粗骨材の最大寸法，骨材の粒度や粒形，セメントの粉末度，混和材料の種類や使用量，空気量などの材料に関する要因のほか，コンクリートの温度や練混ぜ後のセメントの水和の程度（経過時間），さらには練混ぜ条件などの影響を受ける．

9.6 コンシステンシー

コンシステンシーを測定する最も一般的な試験方法は，スランプ試験（JIS A 1011: 2005）である．図9.7に，スランプ試験の概要およびスランプコーンを取り去った直後に自重により鉛直下方に変形・静止したフレッシュコンクリートの目視による判定例を示す[7]．スランプ試験は単にスランプを求めるだけではない．変形・流動した後のコンクリートに，スランプ板に微小振動を与えることで間接的にコンクリートに外力を与え，変形・流動していく過程を目視観察することによって，材料分離抵抗性や変形性を工学的に判断することが可能である．単位セメント量が多い配合や細骨材率（s/a）が大きい配合では，変形速度が小さい．一方，単位水量が大きく，セメントなどの粉体量が少ない配合では，材料分離しやすいため変形速度が大きく，かつ偏った崩れを生じる場合がある．図9.8に，同一スランプであっても変形・流動したコンクリートの形状が大きく異なるコンクリートの例を示す[3]．

一般的な配合設計では，スランプは任意に設定することができる．具体的には，粗粒率2.80程度の砂と砕石を用い，水セメント比（W/C）が55％程度，スランプ8cm程度の場合の配合要因（粗骨材の最大寸法，空気量，細骨材率，単位水量）から修正する．ただし，最終的には試し練りを行い，配合修正が必要である（13章参照）．

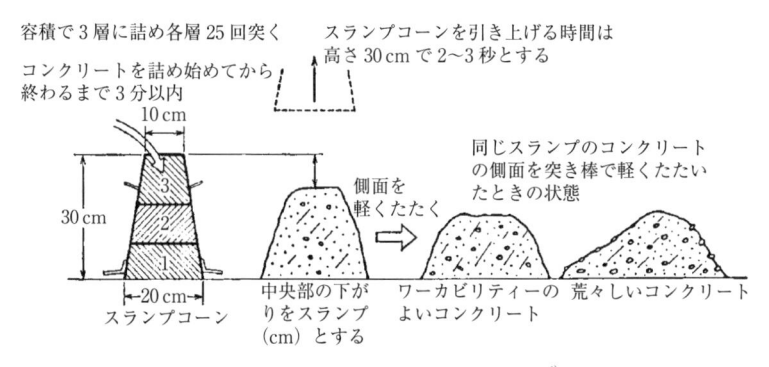

図 9.7 コンクリートのスランプ試験方法[4]

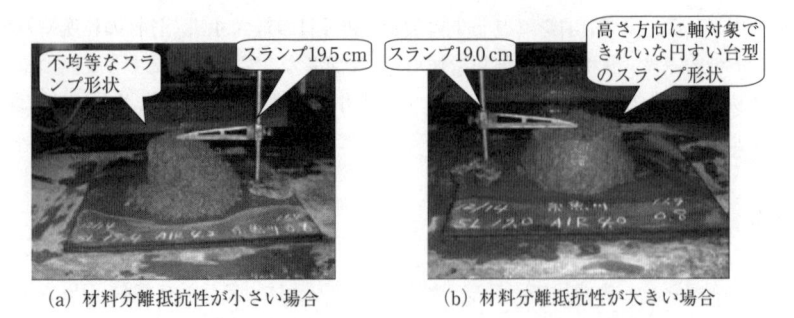

(a) 材料分離抵抗性が小さい場合 (b) 材料分離抵抗性が大きい場合

図9.8 同一スランプにおけるコンクリートの変形の差異

　高流動コンクリートや舗装用コンクリートなど，スランプ試験では評価できないコンシステンシーを有するコンクリートがある．高流動コンクリートに対しては，スランプフロー試験（JIS A 1150:2007）がある．土木学会規準には，充填装置を用いた間げき通過性試験（JSCE-F 511-2010），漏斗を用いた流下試験（JSCE-F 512-2007），L形フロー試験（JSCE-F 514-2010）がある．これらの試験は，流動性と材料分離抵抗性を同時に評価する試験方法として提案されている．一方，硬練りコンクリートに対しては，舗装用コンクリートには振動台式コンシステンシー試験（JSCE-F 501-1999），RCD用コンクリートにはRCD用コンクリートのコンシステンシー試験方法（JSCE-F 507-2007），超硬練りコンクリートには超硬練りコンクリートの締固め性試験方法（JSCE-F 508-2007）が規準化されている．

9.7　材料分離抵抗性

　硬化したコンクリートが設定された性能を有するためには，フレッシュコンクリートの材料分離をできるだけ少なくしなければならない．材料分離には骨材の分離と水の分離がある．前者は主としてコンクリートを型枠に打ち込むまでの作業中に発生し，後者は主としてコンクリートが型枠に打ち込まれてから凝結するまでの期間に起こる．後者を特にブリーディングと呼ぶ．

　材料分離抵抗性に関する試験方法には，ブリーディング試験（JIS A 1123:2003）や洗い分析試験（JIS A 1112:2003）などがある．コンクリートは大きさ，密度，表面特性などの異なる固体粒子と水の混合体である．コンクリートが圧送管内やシュートを流動したり，空気中を落下するとき，粒子どうしに慣性力の差が生じる．この慣性力の差がモルタルやセメントペーストの粘着力より大きくなると，粗骨材や細骨材の分離が発生する．ポンプ圧送時において，分岐管や径が徐々に小さくなるテーパ管など

をコンクリートが圧送される場合は，粗骨材粒子群のアーチングが発生し，その間隙をモルタルやペースト，水などの流体が通過することでも分離が起こる．図9.9は，可視化実験手法を用いて，テーパ管を流動するフレッシュコンクリート中に発生した粗骨材とモルタルの材料分離を撮影した一例である[6]．

また，締固め時の過度の振動によっても分離が起こる．振動時に低下した降伏値 τ_y よりも骨材とマトリックスとの密度の差で生じるせん断応力 τ が大きくなるためである．

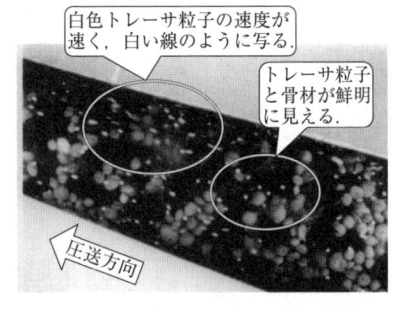

図9.9 テーパ管内に発生した粗骨材とモルタルの分離

ブリーディングは，コンクリートが凝結するまでの間に固体粒子が水中で沈降することと，有効応力の差によって下層の粒子骨格が圧密されることによって発生する．適度なブリーディングは上層の表面の仕上げを容易にする．ブリーディングが多く発生することで，コンクリート中の水量が少なくなり，配合設計上の水セメント比（W/C）を低下させることになる．ブリーディングが多い方が内部のコンクリートの強度が大きいことになる．特に，かぶりコンクリートはその影響が強いと考えられる．この発想から透水型枠が開発された．

しかしながら，一般にブリーディングは硬化後のコンクリートの性質に対して有害とみなされる．コンクリート中の自由水が均質にブリーディング水として脱水されないからである．下層からブリーディング水が上昇する際，粗骨材下面にブリーディング水が捕捉されると，硬化後にその部分が空隙として弱点になる．よって，材料，配合，練混ぜ方法などを考慮して，できるだけ少なくさせることが望ましい．

コンクリート中の自由水が多いほど，ブリーディングが多くなる．したがって，配合設計における水量，すなわち単位水量が小さいほど，ブリーディングは少ない．AE剤，減水剤，AE減水剤，高性能減水剤，高性能AE減水剤などの使用は単位水量を減らす効果があるので，結果としてブリーディングの低減に有効である．

骨材，特に細骨材表面に拘束される自由水がある．砕石・砕砂は，川砂・川砂利と比較して骨材表面の粗度が大きい．そのため同じ単位水量であれば，砕石・砕砂の方がブリーディングの発生量が少ない．銅スラグ細骨材の表面は，非常にガラス質で拘束水が極端に少ないため，ブリーディングの発生量が多い．

ブリーディングに伴い，コンクリートまたはモルタルの表面に浮かび出て沈殿した物質をレイタンスと呼ぶ．レイタンスは水和・凝結して結合力を失ったセメントの微

粒子，細骨材の微粒分，ブリーディング水とともに表面に移動する溶解物質などの混合物である．レイタンスが多いと打継目の一体化を妨げるため，レイタンスの除去という前処理が必要になる．コンクリートを打ち継ぐ場合は，レイタンスは必ず除去しなければならない．

9.8 おわりに

　理想的なコンクリートとは，所定の設計基準強度を満足し，耐久性に富むコンクリートである．それでは，理想的なフレッシュコンクリートとはなにか．最終的に硬化するコンクリートのフレッシュ状態の理想形は，強度や耐久性と比較して，これまであまり議論されてきていなかった．

　ワーカビリティー（施工性能）とコンシステンシー（スランプ）は異なるにもかかわらず，スランプ8cmのコンクリートが最もワーカビリティーがよい，あるいは，スランプ8cmで施工すればよいコンクリートをつくることができる，という盲目的な常識があった．

　スランプ8cmに近いコンクリートは，一般には単位水量が小さく，単位セメント量も過剰でなく，経済的でもある．単位水量，単位セメント量ともに小さいことは乾燥収縮量が小さく，水和熱や自己収縮量も小さく，ひび割れ抵抗性の観点からも優れている．さらに，単位水量が小さいコンクリートは材料分離抵抗性が大きく，ブリーディングや沈下ひび割れなど，施工上の初期欠陥発生のリスクも小さい．

　ポンプ施工を前提としない過去において，スランプ8cmという規程は，コンクリート構造物の品質を向上するのに大いに貢献してきた．しかしながら，コンクリート構造物を取り巻く状況は近年大きく変化してきている．耐震性能の要求水準の引き上げによる鋼材の増加や，環境問題や資源の有効利用による使用骨材の性能低下は，コンクリートに求められる材料特性を大きく変化させ，コンクリート施工の難易度を著しく増大させるとともに，初期欠陥が発生するリスクも高めている．

　これに対して，継続的な技術開発の努力により，高性能AE減水剤などの化学混和剤によってこれらの問題も解決できるようになってきている．

　スランプ8cmに捉われない構造条件や施工条件を考慮し，任意のスランプを選択する方が，理想的なフレッシュコンクリートである．もちろん，スランプ8cmがよいコンクリートの場合もある．しかしながら，理想的なフレッシュコンクリートのスランプは複数解存在する[3]．決してスランプ8cmが唯一の解ではない．環境条件や構造・部材条件に応じてフレッシュコンクリートのワーカビリティーを適切に設定し，それに基づいたコンシステンシーであるスランプを選定すれば，"スランプ8cm以外

のコンクリートは，悪いコンクリート"という常識はなくなるであろう．

☐参考文献
1) 生コン年鑑昭和61年度版，平成8年度版，平成18年度版：経済産業省生コンクリート統計四半期報に基づき作成された原材料消費内訳表
2) JCI四国支部四国の骨材に関する研究委員会編：コンクリートの乾燥収縮に及ぼす骨材特性の影響に関する調査，コンクリートの乾燥収縮に関する対策技術の提案，香川県の建設に関わる物質フロー研究会および(社)日本コンクリート工学協会四国支部四国の骨材に関する研究委員会共同報告書，pp.2-1-2-34, 2011.
3) 土木学会：施工性能にもとづくコンクリートの配合設計・施工指針（案），コンクリートライブラリー126号，2007.
4) 村田二郎監修：コンクリート施工設計学序説，p.9-10，技報堂出版，2004
5) 村田二郎監修：最新コンクリート技術選書1 フレッシュコンクリートのレオロジー コンクリートの弾性とクリープ，pp.71-73，山海堂，1981.
6) コンクリート委員会編：コンクリートのポンプ施工指針（平成12年版）II参考資料編，土木学会，2000.
7) 田澤栄一編：エースコンクリート工学，pp.59-60，朝倉書店，2002.

☐最新の知見が得られる文献
1) 土木学会：施工性能にもとづくコンクリートの配合設計・施工指針（案），コンクリートライブラリー126号，2007.

☐演習問題
1. 表面水率を求める式は，通常，以下の式が用いられる．
$$\text{表面水率}(\%) = \frac{W-W'}{W_1-W} \times 100, \quad W' = \frac{W_1}{D_S}$$
ただし，W_1：試料の質量，W：試料で置換された水の質量，D_S：表乾密度である．この式を図9.1中にある表面水率の定義の式から説明せよ．
2. スラッジ水を練混ぜ水に用いる場合，スラッジ固形分率1%につき単位水量，単位セメント量を1〜1.5%増加させ，細骨材率は，スラッジ固形分率1%について約0.5%減じる．一般的なコンクリートの配合を例として，この理由を説明せよ．
3. 細管内のビンガム体の流動から，下記に示すBuckingham-Reinerの式を導け．ただし，細管の直径をR，ビンガム体の降伏値をτ_y，塑性粘度をη_{pl}，圧力損失をΔpとする．
$$Q = \frac{\pi R^4 \Delta p}{8l\eta_{pl}}\left\{1 - \frac{4}{3}\left(\frac{2l}{R\Delta p}\tau_y\right) + \frac{1}{3}\left(\frac{2l}{R\Delta p}\tau_y\right)^4\right\}$$

第10章
コンクリートの力学特性

10.1 はじめに

　コンクリートがセメントペーストで骨材を結合した複合材料であると考えれば，コンクリートの性質がセメントペーストと骨材の性質に依存することは容易に推測できる．さらにミクロに観察すれば，セメントペースト自体も各種の水和生成物や空隙などを含んだ内部構造を有している．したがって，コンクリートの性質を理解する場合，コンクリートがこのような複雑な内部構造をもった複合材料であるということを念頭に置くことが重要である．

　コンクリートに必要とされる品質，あるいは性能はその用途によりさまざまであるが，構造物に用いるコンクリートの場合には力学特性と耐久性が特に重要である．本章では硬化コンクリートの力学特性について述べるが，中でもその基本である強度特性と変形特性について述べる．

10.2 コンクリートの破壊のメカニズムと強度

　図10.1に示すコンクリートの断面を肉眼で観察すれば，コンクリートを骨材とそれらを結合しているセメントペーストマトリックスからなる2相材料として捉えることができる．この場合，骨材，マトリックス，およびそれらの界面のそれぞれの特性が分かれば，コンクリートの力学特性や破壊のメカニズムも予測できると考えられる．しかしながら，図10.1のように，骨材の寸法，形状，配置はランダムであり，しかも骨材の岩種，組成も決して単一ではない．また，7.3節で述べた通り，セメントペースト自体もミクロに見れば，各種の水和生成物が複雑に絡み合い結合したもので，内部

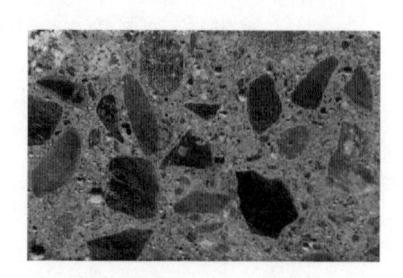

図10.1　コンクリートの切断面

に未水和セメントや微細な空隙あるいは気泡を有し，結晶水，自由水あるいは水蒸気の形で水を含んだきわめて複雑な構造体である．さらに，骨材とセメントペーストの界面には，セメントペーストの内部とは異なったより粗な構造を有する遷移帯が形成されているといわれており，複合材であるコンクリートを一層複雑なものにしている．そのため，現状においてもコンクリートの破壊のメカニズムは十分には解明されていないが，これまでの研究により，定性的ではあるが以下のことが認められている．

- 供試体に荷重を載荷すると，供試体の破壊荷重（最大荷重）に対してかなり荷重レベルの低い段階から微細な破壊（マイクロクラック）が生じる．
- 荷重レベルが高くなるにつれて，骨材周囲にひび割れが観察されるようになる．
- 骨材の強度が低い（セメントペーストの強度が高い）場合には骨材にひび割れが生じる．
- 最終的には，骨材周囲に発生したひび割れ，あるいは骨材中のひび割れとセメントペースト中に発生したひび割れが連結し，供試体の最大荷重に達する．
- 最大荷重以降，変形の増大とともにひび割れ（破壊）が局所化し，荷重が低下する．

以上のようにコンクリートは複雑な内部構造を有しており，その破壊はひび割れの進展過程である．したがって，コンクリートの強度は材料固有の強度というより圧縮供試体，あるいは引張供試体といった構造体の最大耐力点での公称応力と考えた方が適切である．

10.3 圧縮強度

材料の強度には，外力の作用の仕方により，圧縮，引張，曲げといった種類がある．ただしコンクリートの場合，単に強度といった場合には圧縮強度を指す場合が多く，これは以下の理由によるものである．

① コンクリートの圧縮強度は引張強度や曲げ強度に比べ1桁程度大きい．そのため，構造物内では基本的に圧縮に抵抗する材料として利用される．
② 普通のコンクリートの場合；圧縮強度からほかの強度やコシクリートの品質をおおよそ推定することが可能である．
③ 圧縮強度試験は簡単である．

10.3.1 圧縮強度に関する経験則

一般に，固体の強度は内部構造がより緻密で，ひび割れや空隙などの初期欠陥が少ないほど高くなる．これはコンクリートの場合でも同様であり，高い強度を得るため

図 10.2 水セメント比説

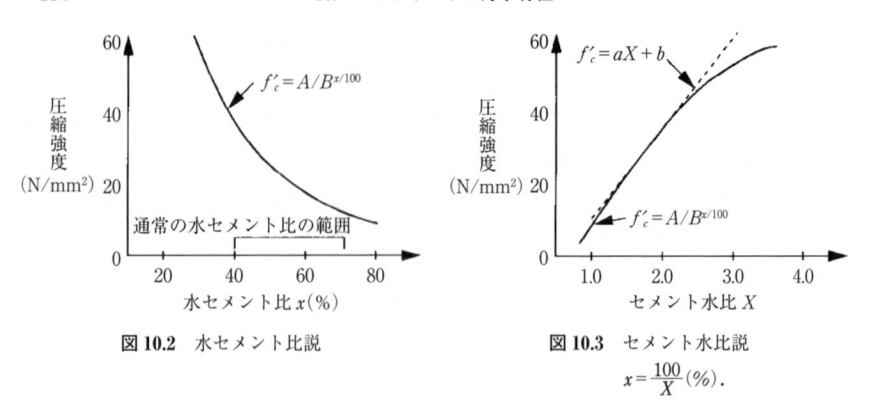

図 10.3 セメント水比説 $x = \dfrac{100}{X}(\%)$.

には，セメントペーストの微細構造をより緻密化し，締固めを十分に行うことで余分な空隙をできるだけ除去することが重要となる．これまでに，コンクリートの圧縮強度を支配する経験則として以下の2つの説が提案されている．

(1) 水セメント比説

水セメント比説は，1919年，Abramsが提案したもので，同一材料，同一試験条件でしかも十分に締め固められた場合，コンクリートの圧縮強度は水とセメントの比率 (x = W/C) によって決まるとして，圧縮強度を次式で表した (図10.2)．

$$f'_c = A/B^x \tag{10.1}$$

ここで，f'_c：圧縮強度，A, B：実験定数，x：水セメント比（質量比，ただし原書では容積比）である．

(2) セメント水比説

一方，水セメント比の逆数，すなわちセメント水比 (X = C/W) で圧縮強度を整理すると，通常のコンクリートの強度の範囲であれば，(10.2) 式のようにセメント水比と圧縮強度はほぼ直線関係になるということを，1925年にLyseが提唱した．これを一般にセメント水比説と呼び，直線式であることから，必要とされる強度からコンクリートの配合を決める際に便利であり，現在も広く利用されている (図10.3)．

$$f'_c = aX + b \tag{10.2}$$

ここで，f'_c：圧縮強度，a, b：実験定数，X：セメント水比である．

水セメント比説とセメント水比説は，結果の整理の仕方が異なっているが本質的には同じものである．すなわち，骨材が十分な強度を有するとすれば，コンクリートの強度はセメントペースト部分の強度に支配されることになる．セメントペーストの強度は，水和生成物によって構成される内部構造がいかに緻密であるかによって決まる．図10.4は水セメント比（セメント水比）が異なるセメントペーストの練混ぜ直後の模

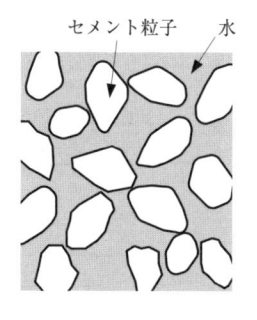

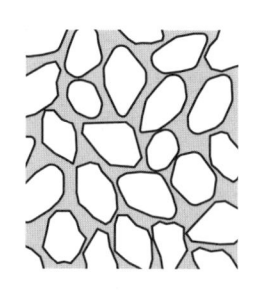

10.3 圧縮強度

(a) W/C：大，C/W：小　　(b) W/C：小，C/W：大

図 10.4 練混ぜ直後のセメントペーストの様子

式図である．硬化過程では，練混ぜ直後に水で満たされていたセメント粒子間の間隙が，時間とともにセメントの水和生成物で充塡されていく．当然のことであるが，初期のセメント粒子間の間隙が多い（セメント水比が小さい）ほど硬化セメントペーストの内部構造は粗になり，初期の間隙が少ない（セメント水比が大きい）ほど内部構造は密実になり高い強度が得られることになる．

10.3.2 圧縮強度に影響する因子
(1) 構成材料の品質
1) セメント： コンクリートの圧縮強度にセメントの強さが影響することはいうまでもなく，普通強度のコンクリートの場合，コンクリートの圧縮強度とセメントの圧縮強さは比例関係にある．
2) 骨 材： 骨材の強度がセメントペーストの強度より高ければ，コンクリートの破壊（強度）はセメントペーストの強度に支配されるため，骨材の強度はコンクリートの圧縮強度にはほとんど影響しない．一方，骨材の強度がセメントペーストの強度より低ければ，コンクリートの強度は骨材の破壊（強度）に支配されることになる．したがって，強度の低い低品質の骨材を用いるとコンクリートの強度も低くなる可能性があり，高強度あるいは超高強度のコンクリートを製造する場合には，良質で強度の高い骨材を選定することが重要となる．また，骨材の表面性状もコンクリートの強度に影響し，同じ水セメント比の場合，骨材の表面が平滑な川砂利を用いるより表面が粗い砕石を用いた方が界面の付着がよくなり，その結果，コンクリートの強度が10〜20％高くなるといわれている．さらに，図10.5に示すように粗骨材の最大寸法が大きくなるほどコンクリートの強度は低下する傾向があり，この傾向は水セメント比が小さくなるほど顕著になる．これは大きい骨材を用いると骨材全体の表面積が減少し，

骨材とセメントペーストとの界面における応力が増大するためと，骨材が大きいほどブリーディングの影響により骨材の下面に生じる空隙（初期欠陥）の寸法が大きくなるためであると考えられ，水セメント比が小さくなりセメントペースト部分の強度が高くなるほど，コンクリートの強度に対する骨材界面の影響が顕著になるためである．また，粗骨材量が多くなるほどコンクリート強度は低下する傾向がある．

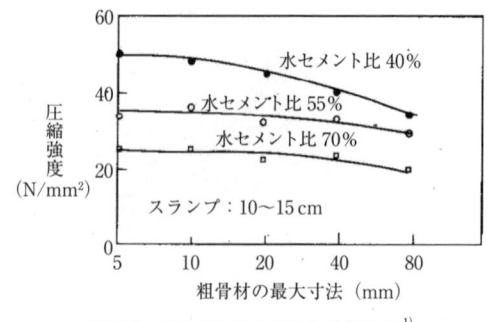

図10.5 粗骨材の最大寸法と圧縮強度[1]

(2) 配合

コンクリートの配合のうち，強度に最も影響する要因は水セメント比である．水セメント比が一定のとき，空気量1%の増加によって圧縮強度は4〜6%減少する．一般にAEコンクリートでは4〜6%の空気が導入されるため，AE剤を用いないコンクリートに比べ強度は低下することになる．しかし，AE剤により導入されるエントレインドエアはコンシステンシーを改善するため，同一のコンシステンシーという条件のもとでは水セメント比を低減できる．したがってAEコンクリートでは，空気の導入による影響と水セメント比の低減による効果が相殺するため，強度が低下することはないとされている．

(3) 製造・施工法

1) 練混ぜ：　コンクリートの練混ぜにおいては，コンクリートが均質になるまで十分に練り混ぜる必要があり，当然のことではあるが，練混ぜが不十分な場合には強度が低下するとともにばらつきも大きくなる．練混ぜに必要な時間は使用するミキサの性能にもよるが，パン型あるいは水平二軸強制ミキサでは1分程度とされている．

2) 締固め：　締固めの目的は，コンクリートを型枠の隅々まで行きわたらせるとともに，空隙や気泡をできるだけ追い出すことである．締固めが不十分でコンクリート内に空隙や気泡が存在すれば，コンクリートの強度が低下するのは当然である．締固めには振動機を用いるのが一般的であり，振動機には内部振動機と外部振動機がある．特に硬練りコンクリートの場合には十分に締固めを行う必要がある．一方，軟練りコンクリートでは，振動締固めの効果は小さく，逆に振動を与えすぎるとコンクリートが分離することがあるので注意が必要である．

またコンクリートは，成形時に加圧して硬化させると強度が高くなる．これは，加

10.3 圧縮強度

圧によって内部の空隙や気泡が潰され，内部構造がより密実になるためである．具体的な工法としては，遠心力，真空引き，機械的加圧，転圧といった方法がある．

3) 養　生： コンクリートは材齢とともにセメントの水和が進行して強度が増加していく．養生とは，コンクリートに十分な湿度と適当な温度を与え，有害な外力を与えないようにすることである．通常のコンクリートの場合，ワーカビリティーを確保するため，セメントが完全に水和するために必要とされる水の量（セメント質量に対して結合水として25％，ゲル水として15％程度，計40％程度といわれている）以上の水が練混ぜ時にすでに投入されている．したがって，打設後に外部から水を供給する必要はないが，材齢初期にコンクリートの周囲を湿潤に保てない場合には，コンクリートの表面付近の水分が急激に蒸発し，水和反応が遅延するばかりでなく，乾燥収縮によってコンクリート表面付近にひび割れが生じる場合がある．図10.6は養生時の湿度条件と圧縮強度の関係を示したものである．たえず湿潤条件下にあれば，長期にわたって強度増進を示すが，打設直後から気中で乾燥状態にすると強度の増進は小さくなる．乾燥の影響は特に初期材齢において大きい．また，湿潤養生途中のコンクリートを乾燥させると，一時的に強度が増加するが，その後の強度増進はなく，むしろ低下する傾向にある．

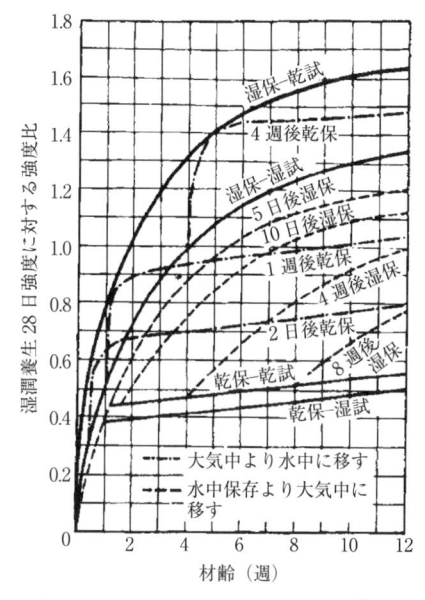

図 10.6　養生時湿度条件と圧縮強度[3]

セメントの水和は化学反応であり，温度が高いほど反応速度は速くなる．したがって，養生温度が高いほど短期材齢での強度は高くなる．しかし，長期材齢における強度増進は養生温度が低い方が大きくなる．これは，初期の養生温度が高いと反応が速いため強度発現は速くなるが，後の水和を妨げるような水和物が生成されやすいためといわれている．

図10.7に養生温度と材齢28日までの圧縮強度の関係を示す．温度が13～46℃では温度が低いと材齢初期の強度発現の速度も遅くなっているが，材齢28日においては強度の差はほとんど見られない．ただし，4℃以下では強度発現は急に遅くなる．

さらに，特に材齢初期に氷点下以下の低温にさらされると，コンクリート内部の水分が凍結しコンクリートの内部構造が損傷して，その後適切な養生を行っても，目標とした強度，耐久性，水密性が得られなくなることがある．一般にこれを初期凍害と呼んでいる．

コンクリート製品工場などでは，製造工程を短縮するために蒸気養生を行うのが一般的であるが，養生温度が高すぎると強

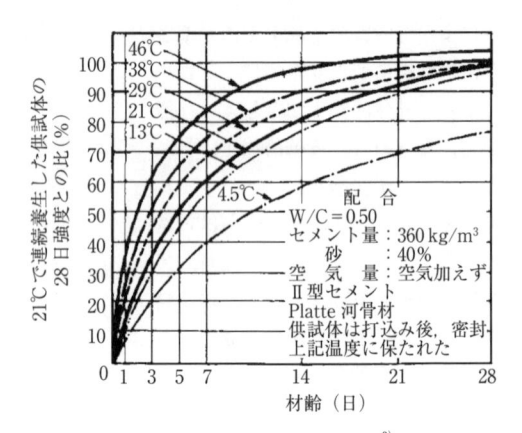

図10.7 養生温度と圧縮強度[3]

度が低下するため，最高温度を65℃に制限している．一方，高温高圧養生(圧力1MPa，温度180℃程度，オートクレーブ養生)では蒸気養生で問題となる温度の影響を回避することができ，短時間の養生で高強度のコンクリートを得ることが可能になる．

以上のように養生温度はコンクリートの強度発現に大きな影響を与える．そのため実施工においては，日平均温度が4℃以下になると予想される場合には寒中コンクリートとして，また日平均温度が25℃を超えると予想される場合には暑中コンクリートとして，材料ならびに施工上の特別な配慮をするように示方書などで規定されている．

4) **材齢と強度**：コンクリートの強度は材齢とともに増加し，その増加速度は若材齢ほど高く，材齢とともに緩慢になる．ただし，強度発現はセメントの種類，養生条件などによって大きく異なる．養生温度と強度発現との関係を表すために，マチュリティ(積算温度)が用いられる場合がある．これは，ある温度下で養生されたコンクリートの強度は養生温度の時間積分によって決まるというものである．コンクリートの初期養生後，水和が停止する温度は-10℃といわれていることから，材齢n(日)におけるマチュリティM(℃・日)は次式で表される．

$$M = \sum_{i}^{n}(10 + t_i) \tag{10.3}$$

ここで，t_i(℃)：材齢i日における日平均養生温度である．

ただし，材料，配合，取り扱いなどを限定しないと，強度とマチュリティの間に一律の関係を定めることは困難である．

(4) 試験方法と圧縮強度

同一のコンクリートでも供試体の形状や寸法，載荷方法などの試験方法によって圧

10.3 圧縮強度

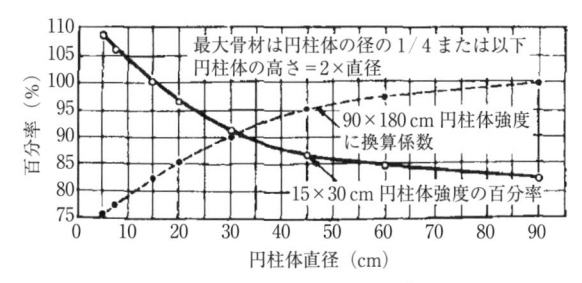

図 10.8 圧縮強度の寸法効果[3]

縮強度の値は異なる．そのため，JIS 規格では供試体の形状・寸法を含めた標準的な試験方法が定められており，骨材寸法に応じた寸法の円柱供試体が用いられている．

1) **寸法効果**： 図 10.8 に示すように供試体の寸法が大きくなると見掛けの強度が低下することが知られており，これを一般に寸法効果と呼んでいる．圧縮強度の寸法効果の原因としては以下のことが考えられるが，いまだ定量的には明確になっていない．

① 初期欠陥の寸法と存在確率
　供試体の寸法が大きくなるにつれて，初期欠陥の寸法が大きくなり，供試体の強度に影響する寸法の大きな欠陥の存在確率が増えるというもの．

② せき板効果
　型枠のコンクリートに接する部分をせき板と呼び，せき板に接するコンクリート表面は骨材が露出することはなく，セメントペーストで覆われた状態になる．すなわち，供試体の表面部と内部では骨材の配置が異なり，表面部はセメントペースト（モルタル）量が相対的に多く，強度が高くなるというもの．

③ 水和熱による温度履歴の影響
　セメントの水和熱の発生と供試体表面からの放熱により，供試体の寸法によって温度履歴が異なり，また 1 つの供試体においても内部と表面部では温度履歴が異なりセメント硬化体の物性に差が生じる．さらに水和熱によって供試体内に温度勾配が生じると内部応力が発生し，場合によってはひび割れ（破壊）が生じる可能性があるというもの．

2) **高さと直径の比**： わが国では，圧縮強度試験用供試体として直径に対する高さの比（高さ/直径）が 2 の円柱供試体を用いるのが一般的である．圧縮試験において高さ/直径を 2 より小さくすると，図 10.9 に示すように見掛けの強度が著しく高くなる．これは，供試体は圧縮応力を受けるとポアソン効果により横方向へ膨張するが，供試体の端面と加圧板の摩擦によって横方向の変形が拘束され，端面付近が 3 軸応力状態になるためである．なお，ヨーロッパでは圧縮強度試験用供試体として円柱ではなく

立方供試体が用いられており，立方供試体による圧縮強度の値は高さ/直径が2の円柱供試体の1.2倍程度である．

3) 供試体端面の状況： 供試体端面が平滑でない場合，作用応力が乱れ，見掛けの圧縮強度が低下する．特に凸になった部分は局所的に支圧力が作用して，内部に割裂引張が発生し供試体が縦割れして強度が大きく低下する場合がある．そのため試験にあたっては，供試体端面を平滑化するためにキャッピング，あるいは研磨といった端面処理が必須である．さらにキャッピング材料が強度に影響する場合があり，軟質な材料を用いると強度が低下する．そのため，高強度コンクリートの圧縮供試体はではキャッピングではなく，端面を研磨するのが一般的である．

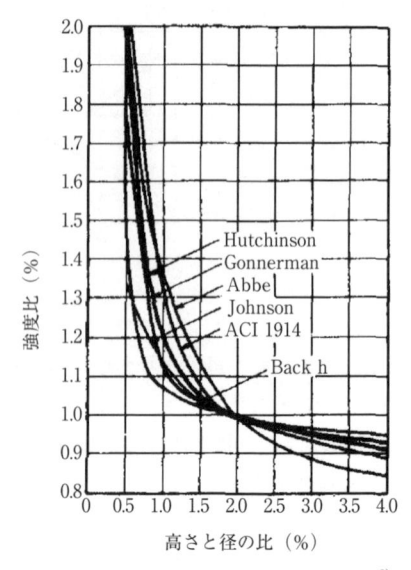

図10.9 供試体の高さと径の比と圧縮強度[3]

4) 載荷速度： 載荷速度はコンクリートの強度に影響を及ぼし，載荷速度が速くなるほどコンクリートの強度は増大する．これは材料の本質的な特性であり，一般にひずみ速度依存性と呼んでいる．

10.4 圧縮強度以外の特性

10.4.1 引張強度

コンクリートの引張強度は圧縮強度に比べてかなり小さく，1/10～1/13程度である．そのため，鉄筋コンクリートの設計ではコンクリートの引張強度は一般に無視されるが，乾燥収縮や温度応力などによるひび割れを検討する場合には重要な特性となる．引張強度を求めるには直接引張試験と割裂引張試験がある．ただし，直接引張試験は供試体と試験機の取り付け（つかみ）部分の工夫が必要であることから，あまり実施されない．割裂引張試験は圧縮試験機と円柱供試体を用いてできる簡易な試験で，図10.10のように円柱供試体を直径方向に加圧すると，加圧方向と直交する方向に引張応力が発生することを利用したもので，弾性論の理論解である次式によって求めることとしている．

10.4 圧縮強度以外の特性

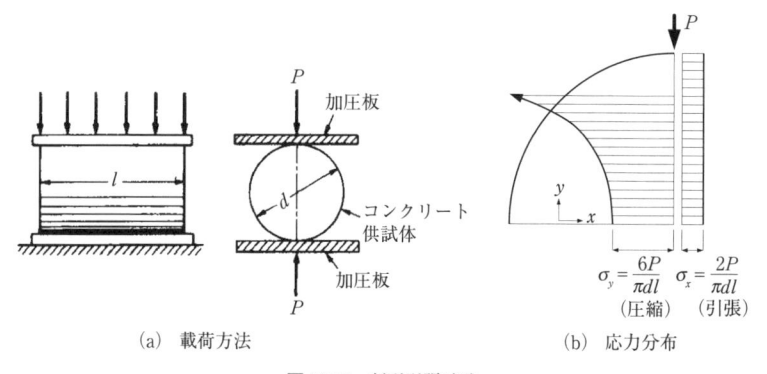

図 **10.10** 割裂引張試験

図 **10.11** 曲げ強度試験

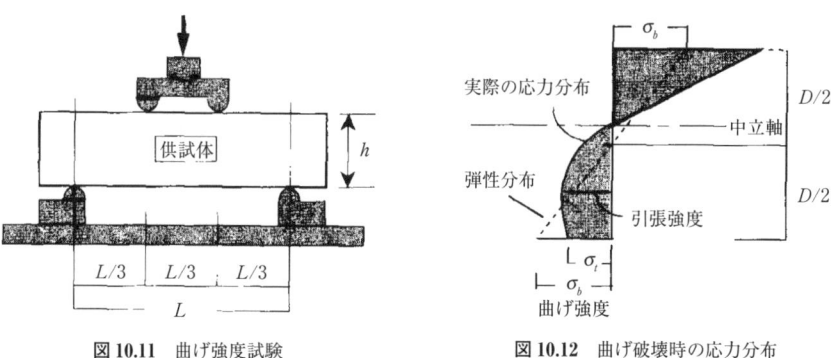

図 **10.12** 曲げ破壊時の応力分布

$$\sigma_t = \frac{2P}{\pi dl} \tag{10.4}$$

ここで，P：破壊荷重，d，l：供試体の直径，高さである．

なお，割裂引張強度は直接引張強度よりやや大きいといわれている．

10.4.2 曲 げ 強 度

コンクリートの曲げ強度は，鉄筋コンクリート部材やプレストレストコンクリート部材の曲げひび割れ発生の検討に用いられる．曲げ強度試験は，図 10.11 に示すようにはり供試体の 3 等分点載荷を行い，破壊時のモーメントから弾性はり理論に基づき，次式により曲げ強度を求めることとしている．

$$\sigma_b = \frac{M}{Z} \tag{10.5}$$

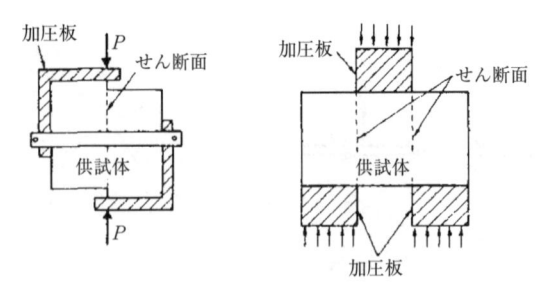

図 10.13　直接せん断試験

ここで，M：破壊モーメント，Z：断面係数（$Z=bh^2/6$，b：断面の幅，h：高さ）である．

　曲げ強度は，圧縮強度の 1/5～1/8 程度であり，引張強度より高い値となる．これは，曲げ強度を求める際にコンクリートを線形弾性体と仮定して，(10.5) 式により求めるからであり，後述のコンクリート引張軟化特性を考慮すると，図 10.12 に示すように引張縁の応力が引張強度に達しても供試体は破断することはなく，さらに荷重が上昇してひび割れが進展した後に最大耐力に達することが解析的に証明されている．さらに曲げ強度には寸法効果が存在すること，乾燥の影響を受けやすいことなどが分かっている．

10.4.3　せん断強度

　図 10.13 に示すようにコンクリートの供試体にせん断力を作用させ，断面に一様なせん断応力（平均せん断応力）が生じていると仮定して，破壊荷重から求めた平均せん断応力を「直接せん断強度」，あるいは単に「せん断強度」と呼ぶことがある．直接せん断強度は圧縮強度の 1/4～1/7 程度といわれている．しかし，これらの試験では想定破壊面に一様な純せん断応力状態が再現されているわけではない．なお，部材接合部の検討など特殊な場合を除き，直接せん断強度が構造物の設計において材料強度として用いられることはほとんどない．

10.4.4　鉄筋とコンクリートの付着強度

　異形鉄筋とコンクリートの付着を構成する要素は，①鉄筋とセメントペーストとの粘着，②鉄筋とコンクリート間の摩擦，③鉄筋の節（突起）による機械的噛み合わせの3つであり，特に③によるところが大きい．しかし，異形鉄筋の節形状は JIS によって規格化されており，そのため研究開発を除けば，実務において鉄筋の付着試験が行われることは稀である．

図 10.14 コンクリートの圧縮強度と鉄筋の付着強度の関係

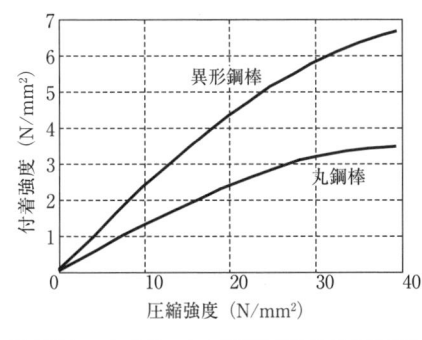

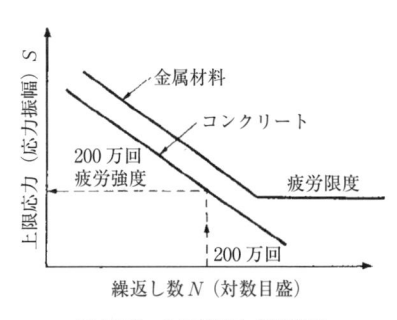

図 10.15 S-N 線図と疲労限界

コンクリートと鉄筋の付着特性を求める試験法としては，その目的に応じてさまざまな方法が考案されているが，比較的簡易な試験法としては，土木学会規準（JSCE-G 504）の引抜き試験法がある．

図 10.14 に付着強度とコンクリート強度の関係を示すが，付着特性に及ぼす要因としては，鉄筋の表面形状，コンクリートの品質以外に以下のことが挙げられる．

① 鉄筋の配置位置，方向
② 鉄筋の埋め込み深さ（付着長）
③ 周囲のコンクリートの応力状態

10.4.5 疲労と疲労強度

静的破壊強度より低い応力であっても，それを繰り返し載荷すると材料が破壊に至ることがある．これを疲労あるいは疲労破壊と呼ぶ．疲労の特性は通常，繰返し応力の大きさ（上限応力あるいは応力振幅）と繰返し数との関係をプロットした S-N 線図によって表され，図 10.15 のように繰返し数を対数目盛でプロットすると，S-N 線図はほぼ直線になるといわれている．また通常，鋼材では S-N 線図が水平になる疲労限度が存在するが，コンクリートでは繰返し数が 1000 万回の範囲では疲労限度が確認されていない．そのため，構造物の設計においては，所要の繰返し数に耐えうる応力をもって疲労限界に代えるのが一般的であり，コンクリートの 200 万回疲労強度は静的強度の 55～65% といわれている．

10.5 変形特性

コンクリートの基本的な力学特性は通常，1 軸応力下での特性で表すのが一般的で

あり，構造設計においても1軸応力下での特性値やモデルが用いられる．ここでは，1軸圧縮応力下と1軸引張応力下のコンクリートの静的荷重下での変形特性について述べる．なお，時間依存性の変形であるクリープと収縮に関しては次章で述べる．

10.5.1　1軸圧縮応力下の変形特性
(1) 圧縮応力-ひずみ曲線

材料の変形特性は応力-ひずみ関係で表すのが一般的である．図10.16にコンクリートの圧縮応力-ひずみ曲線の一例を示す．応力-ひずみ曲線は応力が低い範囲ではほぼ直線的であるが，応力が高くなるにつれて上に凸の曲線を描くようになる．ここで，図10.17に示すように除荷をするとひずみは戻るが，完全にはゼロにはならず残留ひずみ ε_r を生じる．もとに戻るひずみが弾性ひずみ ε_e である．再載荷をすると除荷曲線より若干応力が高い位置をたどって，もとの応力ひずみ曲線の延長線上を進む．普通強度のコンクリートの場合，ひずみが0.2%程度で最大応力点（強度点）に達し，その後応力が低下する．ひずみの増加とともに応力が低下することをひずみ軟化といい，最大応力点以降を下降域，あるいは軟化域と呼んでいる．

強度点までの応力-ひずみ曲線が曲線を描く（非線形性を示す）理由は，10.2節でも述べた通り，コンクリート内部のひび割れ進展過程と関連づけて説明される．コンクリート中には応力が作用する前から潜在的な微細欠陥（ひび割れ）が存在する．そのため，応力-ひずみ曲線を拡大してみると，載荷初期の段階から曲線となっている．応力が強度の30%程度に達すると骨材とペーストの界面にボンドひび割れが発生し始め，明確な非線形性を示すようになる．応力が強度の50%程度に達するとボンドひび割れがモルタル中に進展する．さらに応力が強度の80%程度に達するとモルタルひび割れが連結してさらに大きなひび割れへと進展する．このとき，それまで応力の増大

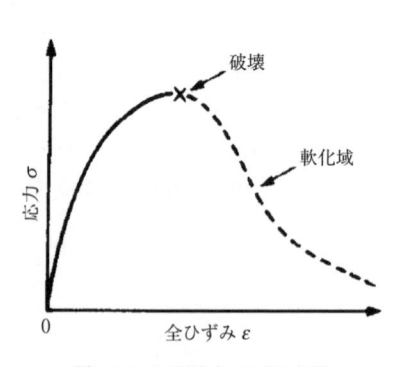

図10.16　圧縮応力-ひずみ曲線

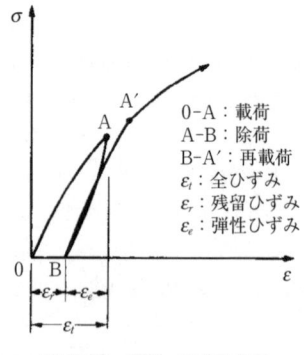

図10.17　除荷・再載荷曲線

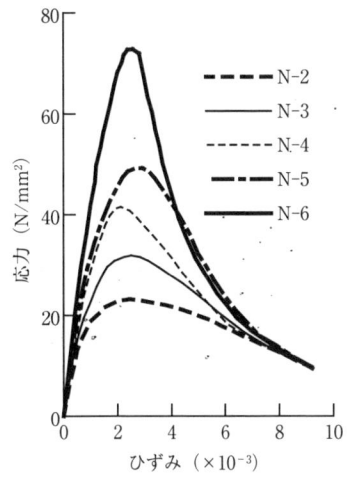

図 10.18 強度の異なるコンクリートの応力-ひずみ曲線

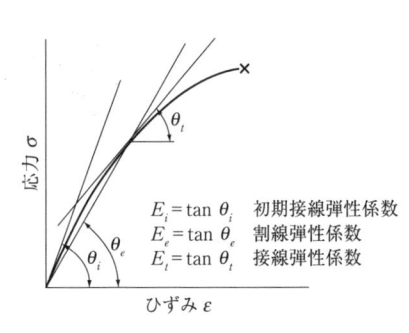

図 10.19 弾性係数

$E_i = \tan \theta_i$ 初期接線弾性係数
$E_e = \tan \theta_e$ 割線弾性係数
$E_t = \tan \theta_t$ 接線弾性係数

とともに体積が収縮していたものが見掛け上,膨張へ転じる(図 10.20 参照).

応力-ひずみ曲線の形状は,圧縮強度と同様,材料,配合,養生,材齢,載荷速度などによって影響される.ほかの条件が同一であれば,強度が高いほど応力-ひずみ曲線の初期勾配は大きくなる.図 10.18 は強度の異なるコンクリートの応力-ひずみ曲線であり,高強度のものほど初期の直線性が高く,軟化域での勾配も急になる.応力-ひずみ(荷重-変位)曲線下の面積は,そのひずみ(変位)に至るまでに供試体が吸収したエネルギーであり,一般に靱性と呼ばれる.靱性は構造物の構造設計などに直接用いられることはないが,材料特性の評価において材料の破壊時のねばり強さを表すパラメータとして用いられることがある.なお,圧縮応力-ひずみ曲線の軟化域の曲線は供試体の寸法の影響を大きく受け,純粋な材料特性ではなく供試体としての構造特性であると現在は考えられている.

(2) 弾性係数

静的載荷によって得られた応力-ひずみ曲線の勾配として求められる弾性係数を静弾性係数(静ヤング係数)といい,単に弾性係数(ヤング係数)といえば通常は静弾性係数を指す.弾性係数には図 10.19 に示すように,初期接線弾性係数,割線弾性係数,接線弾性係数の 3 つがある.

鉄筋コンクリートの設計に用いられるのは割線弾性係数であり,これは応力レベルによって異なるため,通常,圧縮強度の 1/3 の応力の点と原点を結んだ直線の勾配と

して求められる．

弾性係数は圧縮強度と同様，多くの因子の影響を受けるが，主な因子は以下の通りである．

①圧縮強度が高いほど弾性係数は大きくなる
②骨材の弾性係数が大きいほど弾性係数は大きくなる
③単位容積質量が大きいほど弾性係数は大きくなる

(3) 動弾性係数

弾性体の棒が縦共振するとき，次式が成立する．

$$V_L = 2f_L \cdot l = \sqrt{\frac{E_d}{\rho}} \tag{10.6}$$

ここで，V_L：縦波速度（cm/sec），f_L：棒の縦共振振動数（Hz），l：棒の長さ（cm），E_d：棒の動弾性係数（dyn/cm^2），ρ：密度（g/cm^3）である．

これより，供試体の共振振動数または弾性波の伝搬速度を測定することで動弾性係数を求めることができる．

動弾性係数は応力-ひずみ曲線の原点付近での接線弾性係数に近いと考えることができ，そのため一般に動弾性係数は静弾性係数より 10～40％程度大きい値を示す．

弾性係数が強度やコンクリートの内部のひび割れに関係しており，動弾性係数は非破壊で求めることができるので，耐凍害性や耐薬品性などを調べるために動弾性係数がしばしば用いられる．

(4) ポアソン比とせん断弾性係数

1軸圧縮応力下において，軸方向に応力を与えると軸方向に圧縮ひずみ（ε_l）が生じ

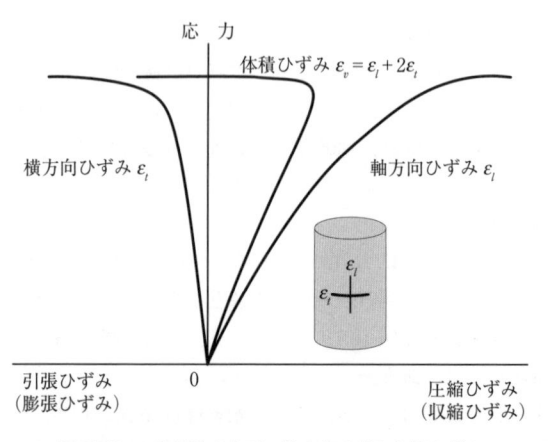

図10.20　1軸圧縮応力下の軸方向ひずみと横ひずみ

るが，このとき軸直角方向（横方向）には引張ひずみ（ε_t）が生じる（図10.20）．横方向のひずみと軸方向ひずみの比の絶対値（$\mu = |\varepsilon_t/\varepsilon_l|$）をポアソン比という．またポアソン比の逆数をポアソン数と呼ぶ．コンクリートのポアソン比は弾性係数と同様，応力レベルによって変化し，低応力域では1/5～1/7程度である．

弾性学に従えば，ヤング係数Eとポアソン比μが定まれば，せん断弾性係数Gは次式により与えられる．

$$\tau = G\gamma \tag{10.7}$$

$$G = \frac{E}{2(\mu+1)} \tag{10.8}$$

ここで，τ：せん断応力，γ：せん断ひずみである．

10.5.2 1軸引張応力下の変形特性

10.4.1項で述べた通り，コンクリートの引張強度は圧縮強度の1/10程度であり，そのため構造物の設計においては，コンクリートに発生する応力をひび割れが発生する前の弾性範囲に留めるか，あるいは鉄筋を配置することでコンクリートに引張分担を期待しない考え方がとられている．そのため，構造物の設計に用いるコンクリートの引張特性としては，従来は弾性係数と引張強度のみというきわめて単純なもので十分であった．

一方1960年代以降，金属分野で発展してきた破壊力学（ひび割れの発生，進展を扱う力学）をコンクリートに適用することが試みられるようになり，1970年代の後半には破壊エネルギーや引張軟化曲線といったコンクリート固有の材料パラメータやモデルが提案され，その有用性が示された．以下ではその概要について述べる．

(1) コンクリートの破壊進行領域

コンクリート中をひび割れが進展するときの特徴は，図10.21に示すように，巨視的に完全に開口しているひび割れの先端に，微細なひび割れが累積した破壊進行領域と呼ばれる非線形領域が存在することである．破壊進行領域の力学挙動の詳細は現在でも十分に解明されているわけではないが，巨視的な変形（微細ひび割れの幅の総和）の増大に伴って伝達される引張力（応力）が徐々に低下し，やがて応

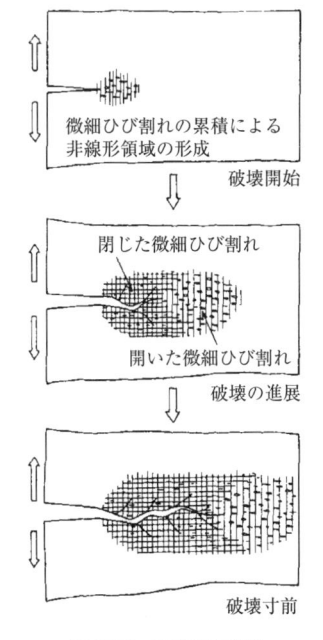

図10.21　破壊進行領域

力を全く伝達しない巨視ひび割れへ移行していくと考えられている．破壊進行領域の変形（巨視的なひび割れ幅）と伝達される引張応力の関係を引張軟化曲線と呼び，引張軟化曲線下の面積を破壊エネルギー G_F と呼んでいる．すなわち，破壊エネルギーは単位面積あたりの巨視的なひび割れを形成するのに必要とされる（消費される）エネルギーと解釈される．

(2) 引張軟化曲線と仮想ひび割れモデル

コンクリート供試体の1軸引張試験を行うと，図 10.22 に示すように最初は供試体全体の至るところで微細ひび割れが発生するが，最大荷重（引張強度）に達すると最終的に破断面となる位置（最弱断面）に微細ひび割れが集中し，やがて破断する．すなわち，最大荷重以降，破断面およびその近傍（破壊領域）のみで変形が進行し，それ以外の領域（非破壊領域）では除荷が生じ変形が戻ることになる．そこで Hillerborg らは，図 10.23 に示すように破壊領域を1本の仮想ひび割れでモデル化し，破壊領域の変形を仮想ひび割れのひび割れ幅 ω として表し，非破壊領域は弾性除荷するとした仮想ひび割れモデルを提案した．仮想ひび割れでの引張伝達応力とひび割れ幅 ω の関係が，(1) で述べた引張軟化曲線である．

(3) 破壊エネルギーと引張軟化曲線の計測

破壊エネルギーと引張軟化曲線はその定義からすれば，1軸引張試験を行って求めるのが理想である．しかし，コンクリートの1軸引張試験は 10.4.1 項で述べた通り，決して容易ではなく，高性能な試験機と高度な技術を要する．そこで，破壊エネルギーについては国際材料構造試験研究機関連合（RILEM）ならびに日本コンクリート工学会から，図 10.24 に示すような切欠きはりの3点曲げ試験において荷重-変位曲線

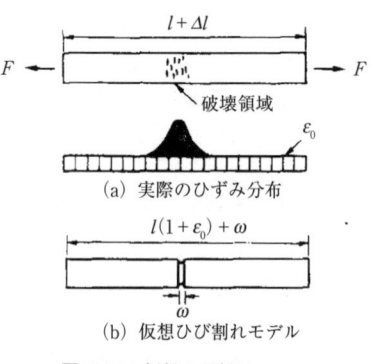

図 10.22　仮想ひび割れモデル

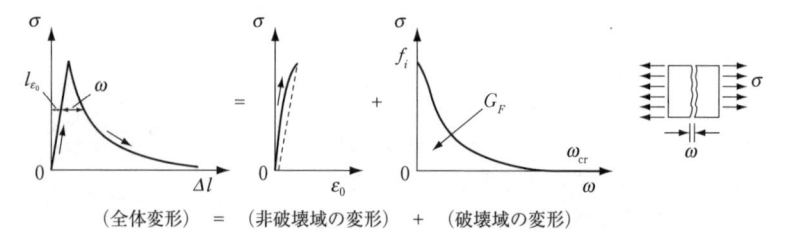

（全体変形）　=　（非破壊域の変形）　+　（破壊域の変形）

図 10.23　仮想ひび割れモデルによる1軸引張供試体の変形

10.5 変形特性

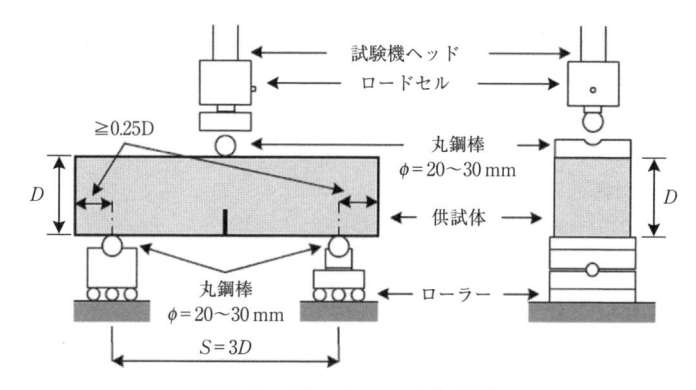

図 10.24 切欠きはりの 3 点曲げ試験

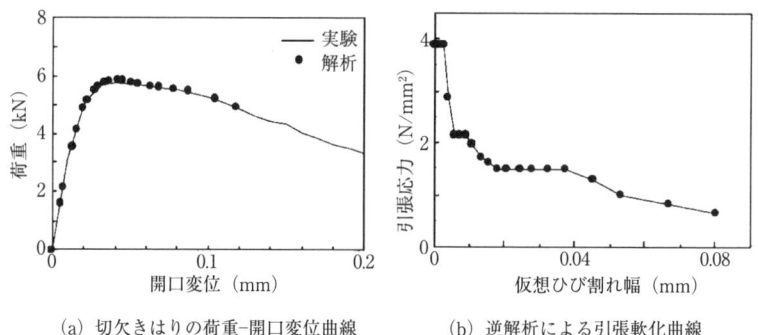

(a) 切欠きはりの荷重-開口変位曲線
(b) 逆解析による引張軟化曲線

図 10.25 逆解析による引張軟化曲線の推定

表 10.1 破壊エネルギー

コンクリート の種類	強度（N/mm²）圧縮	強度（N/mm²）引張	強度（N/mm²）曲げ	G_F (N/m)
高強度	83.1	5.19	7.42	174
軽量	33.7	2.19	2.95	52
普通（材齢 3 日）	19.1	1.72	3.74	131
普通（材齢 7 日）	28.6	2.62	4.57	141
普通（材齢 28 日）	39.9	3.36	4.95	157

を計測して求める方法が提案されている．また，引張軟化曲線については，実験と数値解析を組み合わせることで，切欠きはりの 3 点曲げ試験で計測された荷重-変位曲線の逆解析によって推定する方法が提案されている．表 10.1 に破壊エネルギーの計測例

を，図 10.25 に引張軟化曲線の解析例を示す．

(4) 引張軟化曲線の適用

引張軟化曲線は有限要素法などの数値解析に組み込むことが比較的容易であり，これにより，以下のようなひび割れの進展によって支配される破壊現象の検討に適用されその有用性が確認されている．

① 無筋コンクリート部材の耐力
② コンクリートの曲げ強度の寸法依存性
③ 鉄筋コンクリート梁のせん断破壊のメカニズム
④ アンカーの引き抜き耐力
⑤ 異形鉄筋の付着機構

10.6 おわりに

コンクリート材料の力学特性を表す代表的なパラメータが圧縮強度であり，現行のコンクリート構造物の設計においても，圧縮強度を設定すればその他の力学特性は圧縮強度から実験式に基づいて推定できるようになっている．しかし，これはコンクリートの圧縮強度さえ分かれば，構造物の実際の力学挙動を推定できるということを意味するものではない．構造物の実際の挙動を推測するには，本章で述べた事項に加え，多軸応力下の特性，履歴特性，ひび割れ後の特性，時間依存特性，鉄筋との相互作用特性など，圧縮強度以外の多くの特性を明らかにしておく必要がある．これらの特性の中には，現在でも十分には解明されていない部分が多く残されており，今後の研究が期待されているところである．

□参考文献
1) 西林新蔵ほか編：コンクリート工学ハンドブック，朝倉書店，2009.
2) 岡田　清ほか編：土木材料学，国民科学社，1998.
3) 嶋津孝之ほか：建築材料 第3版，森北出版，2001.
4) P. K. Metha and P. J. M. Monteiro: Concrete, Prentice Hall, 1993.
5) 山田順次，有泉　昌共編：わかりやすいセメントとコンクリートの知識，鹿島出版会，1976.
6) 日本材料学会：建設材料実験，2011.
7) J. G. M. van Mier: Fracture Property of Concrete, CRP Press, 1997.
8) 日本コンクリート工学協会：コンクリート技術の要点 '10，2010.

□関係規準類
JIS においてはコンクリートに関連する各種試験法は，JIS A 1100 番台で規定されている．

10.6 おわりに

また，土木学会規準においては G 分類に硬化コンクリートに関連する試験法が規定されている．なお，破壊エネルギーや引張軟化特性に関する試験法に関しては，JCI 規準がある．

□最新の知見が得られる文献
1) 三橋博三ほか編著：コンクリートのひび割れと破壊の力学―現象のモデル化と制御―，技報堂出版，2010．

□演習問題
1. コンクリートを高強度化するための方策を列挙し，そのメカニズムについて簡潔に説明せよ．
2. コンクリートの強度発現を阻害する事項を列挙し，その影響の仕方を簡潔に説明せよ．
3. コンクリートの圧縮強度試験において，試験値に及ぼす各種要因のうち，特に試験条件に関わるものを列挙し，その影響の仕方について簡潔に説明せよ．

第11章 コンクリートの変状

11.1 はじめに

　コンクリート構造物には，設計，施工，使用材料，環境条件および供用後の経過年数が原因でさまざまな変状が生じる．変状の中でも，特に時間の経過とともに進行するものが劣化といわれる．このうち，化学的な作用によって生じる変状としては，中性化，塩害，アルカリシリカ反応，化学的侵食および成分溶出が挙げられる．ただし，中性化と塩害はコンクリートに生じる変状であるが，実際に影響を受けるのは鋼材であり，無筋コンクリート構造物では問題とならない．物理的な作用によって生じる変状としては，クリープ，収縮，凍害，疲労およびすりへりなどが挙げられる．収縮の中には，水分の移動によって生じる乾燥収縮やセメントの水和反応によって生じる自己収縮と，熱の移動によって生じる温度収縮があり，これらはコンクリートにひび割れという変状をもたらす．本章では，コンクリートにひび割れなどの変状をもたらす原因となるアルカリシリカ反応，凍害，化学的侵食，クリープおよび体積変化（乾燥収縮，自己収縮，温度収縮）について述べる．

11.2 アルカリシリカ反応

　骨材の中にはコンクリート中の高アルカリ性の細孔溶液との間で化学反応を生じるものがあり，この反応をアルカリ骨材反応と呼ぶ．アルカリ骨材反応は1940年，アメリカのStantonにより発見され，当初は反応を生じる物質に対応して①アルカリシリカ反応，②アルカリ炭酸塩岩反応，③アルカリシリケート反応の3つに分類されていた．しかし現在では，いずれの現象も基本的な反応機構が同一であることが明らかとなり，統一してアルカリシリカ反応（ASR）と称している．
　アルカリシリカ反応の発生により，コンクリート内部に局所的な膨張を生じ，結果としてコンクリート構造物表面にひび割れが発生する．アルカリシリカ反応により発生したひび割れの特徴として，亀甲状のひび割れが挙げられ，場合によっては白色の

11.2 アルカリシリカ反応

図 11.1 亀甲状のひび割れ

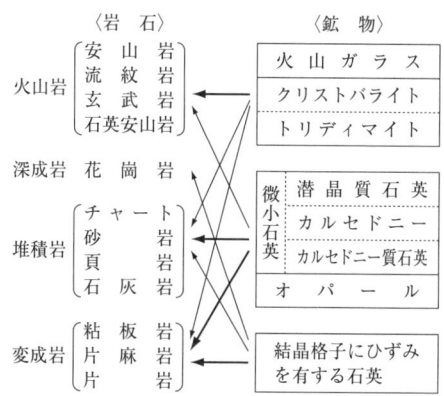

図 11.2 アルカリシリカ反応を生じる岩石と鉱物の関係

〈岩石〉
- 火山岩：安山岩，流紋岩，玄武岩，石英安山岩
- 深成岩：花崗岩
- 堆積岩：チャート，砂岩，頁岩，石灰岩
- 変成岩：粘板岩，片麻岩，片岩

〈鉱物〉
- 火山ガラス
- クリストバライト
- トリディマイト
- 微小石英：潜晶質石英，カルセドニー，カルセドニー質石英
- オパール
- 結晶格子にひずみを有する石英

ゲル状物質の滲出が見られることもある（図11.1）．しかし，実際にはコンクリート内部に配置された鉄筋の拘束による影響を受けるため，主筋と平行な方向のひび割れが観察されることも多い．

　石灰石を除くほとんどの骨材は，シリカ4面体を構造単位として，それが立体的に連結した網目構造$(SiO_2)_n$をもつ．一般にはけい素—酸素間の結合力はかなり大きく，固体としての硬度も融点も高い．しかし不規則な配列の網目構造を有するシリカでは，水酸化物イオン濃度の高い高アルカリ性の溶液に接すると，けい素—酸素間の結合が切断され，アルカリシリカゲルと称される反応生成物を生成する．図11.2に示されるように，アルカリシリカ反応の可能性をもつ不規則なシリカの網目構造は，多くの岩石中の鉱物に含まれている．アルカリシリカ反応によって生じたアルカリシリカゲルに水分が供給されると，アルカリシリカゲルは吸水膨張を生じる．このときの膨張圧により骨材粒子やその周囲にひび割れを生じさせ，そのひび割れがまた新たな水分供給路となるため，結果として以後の膨張，損傷が継続して助長され，コンクリート構造物は劣化していく．図11.3に，わが国においてこれまでに報告されているアルカリシリカ反応による被害構造物の分布状況，および反応性骨材の可能性のある岩体の分布を示す．被害構造物の報告の分布と反応性骨材産出の分布が，必ずしも一致しないことに注意しなければならない．

　アルカリシリカ反応は，以下の3つの条件が成立すると発生すると考えられている．
　①使用骨材中に限度以上の反応性シリカが含まれること
　②コンクリート中の細孔溶液のpHが限度以上に高くなること
　③コンクリート内部に，反応に必要な水分が存在すること

(a) 被害構造物の分布　　　　(b) 反応性岩体の分布

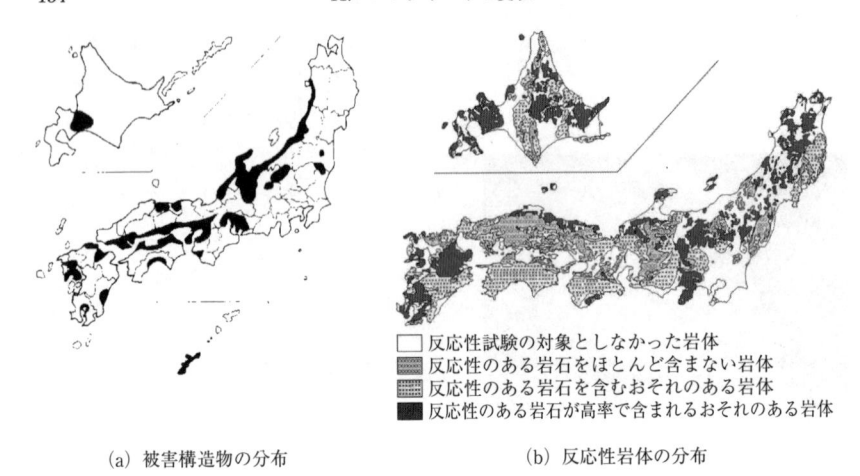

図11.3　アルカリシリカ反応による被害が報告されている地域と反応性岩体の分布[1]

凡例:
- 反応性試験の対象としなかった岩体
- 反応性のある岩石をほとんど含まない岩体
- 反応性のある岩石を含むおそれのある岩体
- 反応性のある岩石が高率で含まれるおそれのある岩体

アルカリシリカ反応の抑制策は，上述の3つの条件のいずれかが成り立たないようにすることを意図するものであり，以下のような対策が用いられる．

1) 非反応性骨材の使用： 骨材試験において無害と判定された骨材を使用するか，これを混合して，反応性骨材量を低減させる．ただし，反応性骨材の絶対量が低減されていても，その量と非反応性骨材の混合割合によっては，大きな膨張を示すことがある．これをペシマム現象と称する．
2) コンクリート中のアルカリ量の低減： 総アルカリ量の目安は $3.0\,\mathrm{kg/m^3}$ 以下とされている．
3) 混和材の使用： 高炉スラグ微粉末やフライアッシュを混和材として使用する．ただし，混合セメントとして使用する場合は，これらの混合割合の多いB種またはC種を用いなければ効果が期待できない．特にフライアッシュを使用した場合には，少量の混入では膨張をかえって増大させるようなペシマム現象がある．
4) リチウム添加による抑制： ただし，アルカリシリカ反応を抑制するために必要なリチウム量は骨材の反応性によって異なる．
5) 水分供給の遮断： ただし，すでに内部に存在する水分によりアルカリシリカ反応が進行し続けることには変わりはなく，その後の経過観察を行うことが必要である．

11.3　凍　害

硬化コンクリート中の細孔溶液は，アルカリや塩などのさまざまな溶質を含むため，

11.3 凍　　害

凝固点降下を生じる．また，毛細管張力の影響を受けるために，細孔寸法が小さくなるほど細孔溶液の凝固点温度は低くなり，細孔径が 3.5 nm では凝固点温度は -20℃ まで降下する．また，毛細管空隙よりもさらに小さい C-S-H ゲル空隙内の水分は，-78℃ に達するまで凍結しない．このため，コンクリートが純水の氷点温度 0℃ の環境に置かれたとしても，ただちにすべての細孔溶液が凍結し始めるわけではない．

　コンクリート中の細孔溶液は，表層から内部へ向かって，細孔径の大きいものから順に凍結していく．水は，凍ると規則正しく水分子が配列するようになり，9％の体積膨張を生じる．このため，細孔が完全に飽水状態にある場合は，凍結が進行したときの体積膨張に相当する水分を，もとの細孔空間では収容できず，水分移動に伴う静水圧および膨張圧が発生する（図 11.4(a)）．一方，凍結部分と未凍結部分が共存する細孔では，凍結部分に隣接した未凍結の細孔溶液で溶質濃度が増大し，細孔溶液内の濃度差によって，過冷却水から凍結部分に隣接した未凍結部分に向かって浸透圧が発生する．また，過冷却されたゲル水が，細孔溶液の凍結部分に接すると，熱力学的な平衡を保とうと凍結部へ移動することによっても膨張圧が生じる（図 11.4(b)）．

　凍結融解作用が繰り返されると局所的なひび割れが累積し，マクロなひび割れの発生やスケーリング（表面からのモルタルのはく落）を生じる．また，多孔質な骨材がコンクリート表面付近に存在する場合には，骨材自身が飽水状態で凍結作用を受け，ポップアウト（骨材自身の凍結により，骨材よりも表層側の変形抵抗の小さい側のセメントペーストをはじき出すことによる局所崩落）現象を生じる．

　凍結融解抵抗性を改善するには，安定性試験に合格する耐凍害性の高い良質な骨材を使用し，AE 剤，AE 減水剤，高性能 AE 減水剤などを用い，適正量のエントレインドエアを導入しなければならない．エントレインドエアは，直径が $10\,\mu\mathrm{m} \sim 1\,\mathrm{mm}$ 程度の気泡で，コンクリート中で飽水することなく存在する．この気泡が細孔を通じて移動してきた水分の貯留場所や氷の成長の自由空間として機能し，全体として凍結に伴う膨張圧を緩和する．気泡が膨張圧を緩和できる程度は，空気量に加えて，気泡の寸法および気泡間隔を含めた気泡の空間分布構造に影響を受ける．同じ空気量であっ

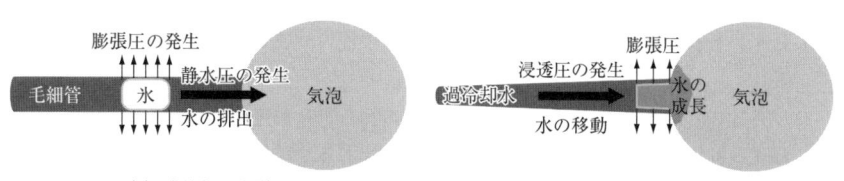

(a) 凍結部の膨張圧　　　　(b) 過冷却水分の移動と膨張圧の発生

図 11.4　氷の形成に伴う水の移動

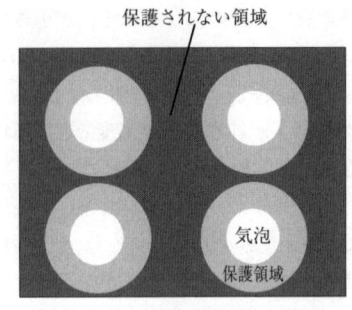

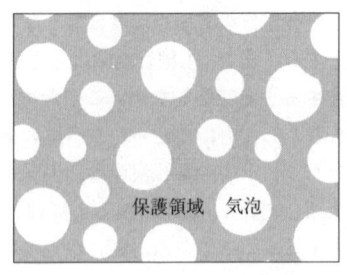

(a) 気泡が少なく間隔が広い場合　　(b) 気泡が多く間隔が狭い場合

図11.5 気泡間隔と保護領域の考え方

ても，より微細な気泡を多量に分布させ，気泡間隔を小さくするほど，膨張圧が緩和される保護領域が広く形成されるため，耐凍害性が向上する（図11.5）．また，コンクリートの凍害は，凍結の可能性のある水分量によって影響を受ける．したがって，水セメント比を下げ十分な養生を行えば，毛細管空隙は緻密化し，空隙の連続性が断たれ，耐凍害性は向上する．また，乾燥状態に置かれたコンクリートは，細孔が完全に飽水していないため，不飽和の毛細管空隙によって余剰水が収容され，凍結による影響を受けにくくなる．

11.4　化学的侵食

コンクリートが外部からの物質によって化学反応を起こすことで生じる劣化現象を化学的侵食と呼ぶ．化学的侵食を引き起こす物質には，酸類，アルカリ類，塩類，油脂類，腐食性ガスなどがある．化学的侵食は，次に示す3つに大きく分類される．

① コンクリートが水と長期にわたって接することで，セメント水和物が溶脱し，コンクリート組織が分解する．
② セメント水和物との化学反応によって，セメント水和物が可溶性物質に変化することで，コンクリート組織が分解する．
③ セメント水和物との化学反応によって，膨張性の物質がコンクリート中に生成する．

①の例としては，ダム，浄水施設，土中構造物など，硬度の低い軟水と接する構造物における劣化が挙げられる．セメント水和物である水酸化カルシウムなどが周囲の水に溶け出し，組織が粗になる劣化現象である．

②の例としては，塩酸，硫酸などの酸や腐食性ガスによるものが挙げられる．硫酸

11.4 化学的侵食

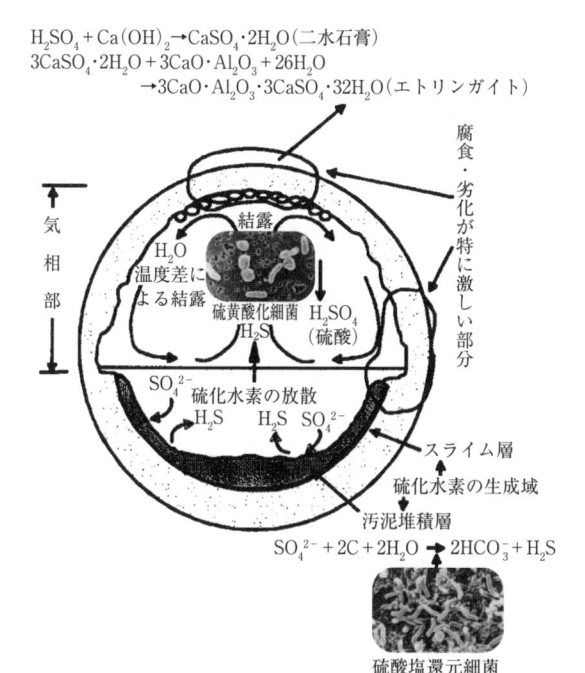

$$H_2SO_4 + Ca(OH)_2 \rightarrow CaSO_4 \cdot 2H_2O（二水石膏）$$
$$3CaSO_4 \cdot 2H_2O + 3CaO \cdot Al_2O_3 + 26H_2O$$
$$\rightarrow 3CaO \cdot Al_2O_3 \cdot 3CaSO_4 \cdot 32H_2O（エトリンガイト）$$

$$SO_4^{2-} + 2C + 2H_2O \rightarrow 2HCO_3^- + H_2S$$

図 11.6 下水道内における硫酸の発生 [2]

による劣化は，下水道施設内で生じる代表的なコンクリートの劣化である．コンクリートの硫酸による侵食は，水セメント比の小さいもの（強度が高いもの）ほど大きくなる．図 11.6 に，下水道施設内での硫酸の発生のメカニズムを示す．嫌気性状態の下水中あるいは汚泥中で，硫酸塩還元細菌により硫酸イオンから硫化水素などの硫化物が生成され，ガスとなって下水道施設内に放散する．硫化水素ガスは，下水道施設内の内面の結露水中での好気性の硫黄酸化細菌などによって硫酸に変化し，コンクリートを劣化させる．したがって，気相中で結露水が生じやすい天井部や飛沫がかかる液相との境界部分で硫酸による劣化が生じやすい．コンクリートに接触した硫酸は，セメントの水和生成物である水酸化カルシウムと反応し，二水石膏を生成する．この二水石膏は，比較的硬い物質である．この二水石膏に，セメントのアルミネート相が反応し，エトリンガイトを生成する．エトリンガイトが再び硫酸に接したとき，パテ状の二水石膏となり，コンクリート表面がはく離する．

硫酸によるコンクリートの侵食を抑制するためにとられる主な対策には以下のものがある．

- エポキシ樹脂などの保護材料を塗布する.
- 結合材にポゾラン材料を用い，水酸化カルシウムの生成を抑え，硫酸との反応による石膏の生成を抑える.
- 抗菌剤をコンクリートに混合する.

③の例としては，海水中に存在する硫酸マグネシウムなどの硫酸塩によるものが挙げられる．硫酸ナトリウムや硫酸マグネシウムなどの硫酸塩は，化学工業原料としても多く利用されており，セメント中の水酸化カルシウムと反応して二水石膏を生成し，さらにセメントのアルミネート相と反応してエトリンガイトを生成して著しい膨張を引き起こす.

$$3CaO \cdot Al_2O_3 + 3Ca(OH)_2 + 3SO_4^{2-} + 32H_2O \rightarrow 3CaO \cdot Al_2O_3 \cdot 32H_2O + 6OH^- \quad (11.1)$$

このような反応は，十分に養生されたコンクリートであって，外部からの硫酸塩の供給がないような場合であっても生じることがある．たとえば，コンクリート二次製品の製造においては，水和反応を促進するために高温養生が行われる．このとき，セメントの初期の水和反応で生成されるエトリンガイトは70℃以上の高温では安定ではないため，分解して硫酸イオンを遊離する．遊離された硫酸イオンは，細孔溶液中や，C-S-Hゲル表面に吸着されて存在する．細孔溶液中の硫酸イオンは，温度およびpHの条件が整えば，再びエトリンガイトに結晶化する．エトリンガイトの再結晶化により細孔溶液中の硫酸イオンが減少すると，C-S-Hゲルに吸着されていた硫酸イオンが脱着し，細孔溶液中へと供給され，継続してエトリンガイトが生成される．これをエトリンガイトの遅延生成（DEF）と呼ぶ.

硫酸イオンの供給による硫酸塩侵食やDEFにおいて生成されるエトリンガイトの量は，コンクリート中に含まれるアルミナの量に影響を受ける.

11.5 クリープ

コンクリートに荷重が載荷されたとき，ただちに生じる変形と，時間の経過とともに増加する変形とがある．時間に依存するひずみのことをクリープひずみと呼ぶ．狭義の意味でクリープとは，一定の持続応力下において生じる変形を指す．これに対してリラクセーションとは，一定の変形が与えられた下で応力が減少する現象を指す．いずれの現象もクリープが原因で生じる現象であり，本来工学的に区別するべきものではない．一般にコンクリートのクリープは，セメントゲル内のゲル水あるいは毛細管空隙内の空隙水の圧出，粒子の粘性流動および結晶内のすべりなどによって生じると考えられている．

図11.7は，クリープの影響によって，応力とひずみの関係が時間の経過とともに変

11.5 クリープ

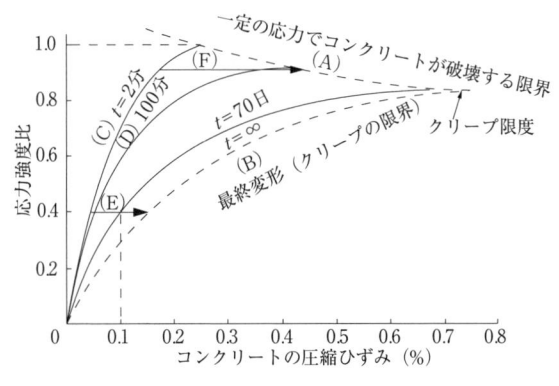

図11.7 クリープと応力強度比の関係

わることを示している．曲線 (C) は，載荷開始後 2 分で最大荷重に至るように載荷した応力-ひずみ曲線である．これに対して曲線 (D) は，載荷開始後 100 分で最大荷重に至るように載荷した場合である．ゆっくりと荷重を載荷すれば同じ応力におけるひずみは曲線 (C) の場合よりも大きくなる．このひずみの差がクリープによる影響である．

曲線 (C) において，応力強度比で 0.4 の応力におけるひずみは，おおよそ 0.04% である．このひずみは，荷重を除荷すればほぼ 0 に戻る弾性ひずみである．応力強度比で 0.4 の一定持続応力を 70 日間作用させて，ひずみの大きさが 0.1% になったとする．このとき 0.06% 増加したひずみがクリープひずみであり，弾性ひずみに比べて 1.5 倍のひずみが生じたことになる．さらに持続応力を作用させれば，直線 (E) に沿ってひずみは増加する．応力強度比で 0.9 の応力をコンクリートに作用させた場合，ひずみは直線 (F) に沿って増加し，曲線 (A) に達したところで破壊に至る．この破壊をクリープ破壊と呼び，曲線 (A) と曲線 (B) とが接する点の応力強度比をクリープ限度と呼ぶ．

図 11.8 に基づけば，材齢 t' 日において乾燥を開始し，材齢 t_0 日において載荷を開始したコンクリートの材齢 t 日におけるクリープひずみは，

$$\varepsilon_{cc}(t,t_0,t') = \varepsilon_c(t) - \{\varepsilon_{cs}(t,t') - \varepsilon_{cs}(t_0,t')\} - \varepsilon_{ce}(t_0) \tag{11.2}$$

と定義される．ここで，$\varepsilon_{cc}(t,t_0,t')$：クリープひずみ（無次元），$\varepsilon_c(t)$：材齢 t 日における総ひずみ（無次元），$\varepsilon_{cs}(t,t')$：材齢 t' 日に乾燥を開始したコンクリートの材齢 t における乾燥収縮ひずみ（無次元），$\varepsilon_{ce}(t_0)$：材齢 t_0 日に載荷した荷重によって生じる公称弾性ひずみ（無次元）である．コンクリートの弾性係数は時間の経過とともに増加する．したがって，図 11.8(b) の破線で示されるようにコンクリートの真の弾性ひ

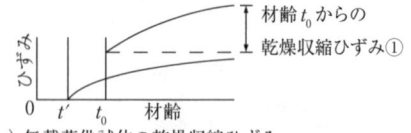

(a) 無載荷供試体の乾燥収縮ひずみ

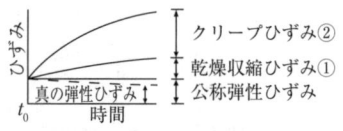

(b) 乾燥状態における供試体の一定持続応力下におけるひずみの経時的な変化

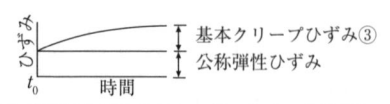

(c) 供試体内部と外部との間に水分の移動がない場合の持続応力下におけるクリープひずみ

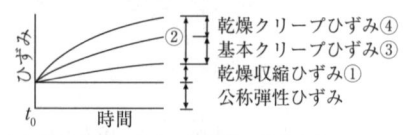

(d) 乾燥状態における供試体の持続応力下におけるひずみの経時的な変化

図 11.8　クリープの定義と成分

ずみは時間の経過とともに減少する．しかしその変化の量は工学的に見て小さな値であり，クリープひずみを求める際には，弾性ひずみの値は変化しないものとして，公称弾性ひずみが用いられる．

応力強度比で 0.4 程度以下であれば，コンクリートに作用する応力とクリープひずみの関係は線形とみなすことができる．したがって，コンクリートの材料特性としてクリープの大きさを表す場合には，(11.3) 式で表される単位応力あたりのクリープひずみ，または，(11.4) 式で表されるクリープ係数が用いられる．クリープひずみが応力に比例し，圧縮に対しても引張に対してもクリープ係数（単位応力あたりのクリープひずみ）は等しいとする法則を Davis-Glanville の法則（線形クリープ則）という．

$$C(t, t_0, t') = \frac{\varepsilon_{cc}(t, t_0, t')}{\sigma_c(t_0)} \tag{11.3}$$

$$\phi(t, t_0, t') = \frac{\varepsilon_{cc}(t, t_0, t')}{\varepsilon_{ce}(t_0)} \tag{11.4}$$

ここで，$C(t, t_0, t')$：単位応力あたりのクリープひずみ（1/N/mm^2），$\phi(t, t_0, t')$：クリープ係数（無次元），$\sigma_c(t_0)$：材齢 t_0 に載荷された一定持続応力（N/mm^2）である．

コンクリートのクリープは，コンクリートの配合，強度および用いる材料によって異なるだけでなく，同じコンクリートであっても，乾燥開始時材齢 t' および載荷開始時材齢 t_0 が長くなれば小さくなる．さらに，コンクリートの置かれる環境の条件によっても異なる．図 11.8(c) は，コンクリートの内部と外部との間に水分の移動がない場合のひずみの経時変化を示したもので，(b) に示した乾燥状態におけるクリープよりも小さくなる．図 11.8(d) で定義されるように，コンクリートの内外で水分の移動がなくても生じるクリープを基本クリープと呼び，水分の移動に起因するクリープを

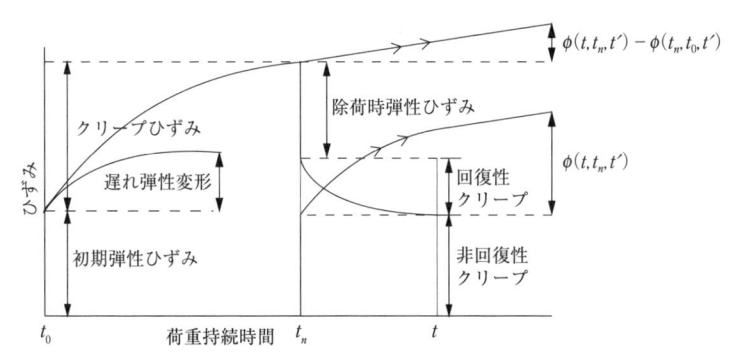

図 11.9 回復性クリープと非回復性クリープ

乾燥クリープと呼ぶ.

　コンクリートに載荷された持続荷重を除荷すると，図 11.9 に示されるようにクリープひずみの一部は回復する．この回復性クリープは，遅れ弾性ひずみとも呼ばれ，載荷中に同じ大きさのものが生じていると考えられている.

　鉄筋コンクリート構造物は，鉄筋とコンクリートとの複合部材である．したがって，コンクリートにクリープによる変形が生じれば，鉄筋にも変形が生じる．たとえ載荷された荷重の大きさが一定であっても，鉄筋とコンクリートの受けもつ応力は変化し，コンクリートに作用する応力は一定ではなくなる．この現象を応力の再配分と呼ぶ．コンクリートに作用する応力が変化する下で，クリープひずみの大きさを計算するために用いられる法則がクリープの重ね合わせ則またはクリープ硬化則である．応力とクリープの間に Davis-Glanville の法則が成り立つとした場合には，クリープの重ね合わせ則を用いることができ，クリープの大きさが応力に対して非線形である場合には，クリープ硬化則が用いられる.

　図 11.9 に示される回復性クリープ $\varepsilon_{cc,re}(t,t_n,t_0,t')$ をクリープの重ね合わせ則に基づき計算すれば，

$$\varepsilon_{cc,re}(t,t_n,t_0,t') = \{\phi(t,t_0,t') - \phi(t,t_n,t')\} \cdot \frac{\sigma_c(t_0)}{E_c(t_0)} \tag{11.5}$$

となる．クリープの重ね合わせ則では，載荷時材齢の異なるクリープ係数が必要となる．同一のコンクリートでは，単位応力あたりのクリープの進行は一定不変である．すなわち，

$$\frac{\partial \phi(t,t_n,t')}{\partial t} = \frac{\partial \phi(t,t_0,t')}{\partial t} \tag{11.6}$$

が成り立つとする法則を Whitney の法則と呼ぶ．Whitney の法則に従えば，

$$\phi(t, t_n, t') = \phi(t, t_0, t') - \phi(t_n, t_0, t') \tag{11.7}$$

となる．

コンクリートのクリープは，梁のたわみを増大させたり，プレストレス力を減退させる負の原因となるだけでなく，応力緩和による過度のひび割れを減少させる効果もある．

11.6 体積変化

コンクリートは，水分の移動，炭酸化および熱の移動に伴って体積変化が生じる．水分の移動が原因で生じる体積変化には，コンクリート中の水分が外部へと移動することで生じる乾燥収縮ひずみと，コンクリート内部で乾燥が進むことで，質量の変化を伴わずに生じる自己収縮ひずみがある．乾燥収縮ひずみは高強度コンクリートほど小さく，自己収縮ひずみは高強度コンクリートほど大きくなる．一般に，コンクリートの乾燥収縮ひずみは0.08%程度で，自己収縮ひずみは0.02〜0.03%程度である．炭酸化によって生じるひずみは，質量の増加を伴い生じ，その大きさは乾燥収縮ひずみと同程度である．しかし，炭酸化が生じる範囲は大気に接する一部であり，特に棒部材においては，炭酸化による体積変化の影響が乾燥収縮ひずみと区別して扱われることは少ない．

コンクリート内部の水分の移動は，大気の湿度に比べ，コンクリートの中の湿度が高いことが原因で生じる．コンクリートは乾燥量に応じて収縮し，乾燥面に近いほど乾燥収縮ひずみは大きくなる．このとき，コンクリートは平面を維持するために，乾燥面に近い位置には引張の内部応力が，また乾燥面から離れた位置には圧縮の内部応力が生じる．コンクリートの外部と内部での相対湿度が平衡状態に達したとき，コンクリート内部の水分および乾燥収縮ひずみの分布は場所によらず一様となり，乾燥収縮ひずみは収束に達する．コンクリートの乾燥収縮ひずみは，「セメント硬化体中の細孔に形成されたメニスカスの曲率半径が乾燥に伴い小さくなり，毛細管張力が増大し，セメント硬化体中に働く引張応力が大きくなり体積減少が生じる」とする毛細管張力説や，「0.5〜2.5 nm程度のきわめて薄い膜を何枚も重ね合わせた層状の構造をしたセメントゲルの層間に存在する分子レベルの水が，乾燥によって層間を移動し，セメント硬化体の収縮が発生する」とする層間水移動説などによって説明される．

一方自己収縮ひずみは，単位水量に比べ単位結合材量の多いコンクリートで生じるひずみであり，フレッシュ時に水と接せず未水和のまま存在していた結合材粒子と未水和の水粒子が，コンクリートが硬化後に水和をすることで生じる乾燥が原因で生じる現象である．したがって，乾燥収縮のような水分分布を伴わず，断面に一様な収縮

11.6 体積変化

となる.自己収縮ひずみは,水結合材比が低いだけでなく,C_3S 量の多いポルトランドセメントやシリカフュームのような活性度の高いポゾラン材料を用いた場合に大きくなる.

熱の移動によって生じる体積変化は,セメントの水和熱によって上昇したコンクリート温度が低下する際にひび割れの発生を伴うことが問題となる.コンクリートの熱伝導率は小さく,内部で発生した熱の周囲への放散速度は遅い.このためコンクリート温度は,材齢18時間程度のコンクリート打込み初期において,セメントの水和熱によって60～70℃程度の高温に達することもある.セメントの水和発熱速度が減速期に入り,コンクリートの温度が降下し始めるとき,外気に触れるコンクリート表面は内部よりも早く冷却される.コンクリート表面の温度低下に伴い,表層部は収縮しようとするが,高温状態にある内部のコンクリートは膨張状態を保持しようとする.その結果,表層部の自由な収縮が妨げられることになり,コンクリート表面に引張応力が発生しひび割れを生じる(図 11.10(a)).このような部材断面内の温度勾配によって生じる内部拘束による温度ひび割れは,部材断面厚さや寸法の大きいマスコンクリートで生じやすい.一般に,広がりのあるスラブについては厚さ800～1000 mm 以上,下端が拘束された壁構造物では厚さ500 mm 以上を,温度ひび割れの発生が懸念されるマスコンクリートの大きさの目安としている.一方,図 11.10(b) および (c) に示すように,下端の変形が拘束された壁構造物や,路盤や梁により変形が拘束される舗装版や橋梁床版コンクリートなど,温度変化による体積変化が外部拘束されることによっ

(a) 内部拘束による温度ひび割れ

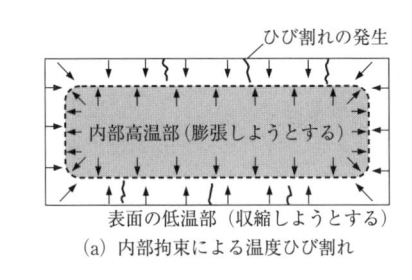

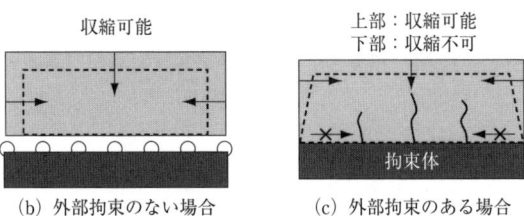

(b) 外部拘束のない場合　　(c) 外部拘束のある場合

図 11.10　温度ひび割れの発生メカニズム

て生じるひび割れは，断面の小さな構造物であっても発生することがある．

　温度ひび割れを発生させないためには，混和材を使用して単位セメント量を減じたり，低発熱型のセメントを使用するなどして，セメントの水和熱の発生量を低減することが有効である．また，事前に使用材料を冷却してから練混ぜを行うことで温度上昇を抑制すること（プレクーリング）や，打ち込み後の養生時に型枠にパイプを配置して冷却水を通ずる（パイプクーリング）などの方策もとられている．さらに，部材断面の温度勾配を小さくするために，放熱性もしくは保温性の高い型枠を使用することもある．特に水密性が要求されるような構造物において温度ひび割れの発生が懸念される場合には，所定箇所にあらかじめ断面積を減じておき，引張応力発生時にはその箇所にて応力が高くなることを利用してひび割れを誘発させ，それ以外の箇所での温度ひび割れの発生を制御することが行われる．このような目的で設置される目地をひび割れ誘発目地と呼ぶ．

　コンクリートの温度変化を求めるのに必要な比熱 c (kJ/kg・℃)，熱伝導率 λ (kJ/m・h・℃)，熱拡散率 h^2 (m²/h) と密度 ρ (kg/m³) の間には次の関係が成り立つ．

$$h^2 = \lambda / c \cdot \rho \tag{11.8}$$

普通コンクリートでは，比熱 $c = 0.8 \sim 1.3$ (kJ/kg・℃)，熱伝導率 $\lambda = 9.0 \sim 10.5$ (kJ/m・h・℃)，熱拡散率 $h^2 = 0.0028 \sim 0.0040$ (m²/h) である．これらの熱定数は，骨材の岩種やコンクリート中の水分量によって影響を受け，水分量が多いほど熱伝導率 λ および熱拡散率 h^2 は大きくなる．

11.7　おわりに

　セメントの水和を阻害する物質がコンクリート中に侵入しない限り，セメントの水和反応は長期にわたって生じ，コンクリートの寿命は半永久的である．しかし，コンクリートは連続した微細な空隙を有する多孔質物質であり，この空隙を通って気体(酸素，二酸化炭素など)，イオン（塩化物イオン，アルカリ金属イオン，硫酸イオンなど），水分などの浸透や移動が生じる．コンクリート構造物が置かれる環境条件を把握し，コンクリートの使用材料，製造方法，施工方法を適切に選定することが，コンクリートに現れる変状を時間の経過とともに進行させないための要諦である．

□参考文献
1) 土木研究センター：建設省総合技術開発プロジェクト　コンクリートの耐久性向上技術（土木構造物に関する研究成果）報告書，pp.293-294, 1998.
2) 中本　至：下水道施設におけるコンクリート構造物の化学的劣化，土木学会論文集，

No.472, V-20, pp.1-11, 1993.

□最新の知見が得られる文献
1) 日本コンクリート工学協会：コンクリート診断技術'11，2011．
2) 日本コンクリート工学協会：コンクリートのひび割れ調査、補修・補強指針― 2009 ―，2009．
3) 日本コンクリート工学協会：マスコンクリートのひび割れ制御指針 2008，2008．

□演習問題
1. アルカリシリカ反応によって有害なひび割れを発生させないための対策を3つ示し，そのメカニズムを説明せよ．
2. 耐凍害性をもつコンクリートを製造するための留意点を述べよ．
3. 硫酸劣化が問題となる下水道構造物が耐用期間を通じてその機能を発揮するためには，設計において何を考慮しなければならないか述べよ．
4. クリープがコンクリート構造物に対して有利に働く場合と，不利に働く場合をそれぞれ1つずつ挙げ，そのメカニズムを示せ．
5. 乾燥収縮ひずみの大きなコンクリートを用いた場合に，コンクリート構造物に生じる不具合を2つ挙げ，その不具合の発生メカニズムと，構造物に与える影響の大きさについて述べよ．

第12章
コンクリート中の鉄筋腐食

12.1 はじめに

5章に示したように,鉄筋は酸素と水分の供給によって容易に腐食を開始する材料である.これに対して,補強材としてコンクリート中に鉄筋を埋め込んだ場合には,防食効果が期待できる.健全なコンクリート中ではこのような防食効果が長期間持続するが,環境からの劣化因子の作用により鉄筋が腐食し,構造物としての劣化に至ることがある.本章では,このような劣化機構の代表例である塩害と中性化について説明する.なお,PC鋼材などのほかの鋼材についても同様の取り扱いが可能である.

12.2 コンクリート中の鉄筋腐食

コンクリートを構造材料として用いる場合には,その小さい引張強度を補うために補強材と組み合わせて用いる必要がある.コンクリート用補強材の代表例が鉄筋である.鉄筋コンクリートの利点としては,以下の各点が挙げられる.

①鉄筋の引張強度と伸び性能により,曲げひび割れの進展に抵抗することで,鉄筋コンクリートとして大きな曲げ靱性を得ることができる.
②鉄筋はコンクリートとの付着力が大きいために,コンクリートの曲げひび割れが分散し,鉄筋コンクリート部材としての局所的な破壊が防止できる.
③鉄筋とコンクリートの熱膨張係数がほぼ等しい(約 $10\,\mu/℃$)ため,温度変化があっても,両者の一体性が損なわれない.
④コンクリート中に埋め込まれた鉄筋は,コンクリートのアルカリ性によって,腐食から保護される.

④は,コンクリート中で進行するセメントの水和反応により生成される $Ca(OH)_2$ の影響で,コンクリート中の液相pHが12~13程度の高アルカリ環境となることに起因している.このような環境下では,鉄筋表面において薄い酸化被膜($\gamma\text{-}Fe_2O_3\cdot nH_2O$)が形成されるものと考えられている.この酸化被膜は不動態被膜と呼ばれ,鉄

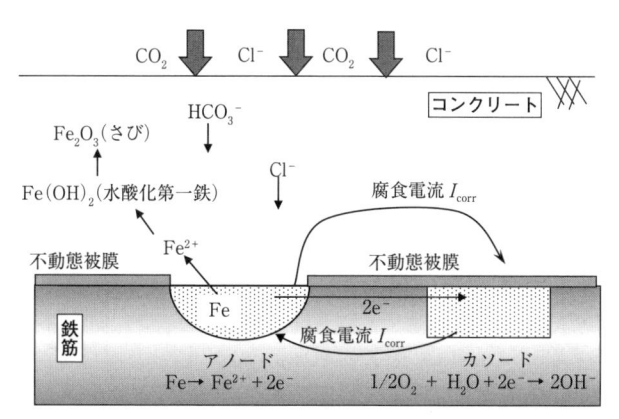

図 12.1　不動態被膜の破壊によるコンクリート中の鉄筋腐食

筋を腐食から守る保護被膜として作用する．

　健全なコンクリート中においては，不動態被膜の効果で鉄筋が腐食することはないが，次のような理由によって不動態被膜が部分的に破壊されることがあり，その場合にはコンクリート中でも鉄筋の腐食が進行する（図 12.1）．
　①コンクリート中の鉄筋周辺に塩化物イオンが浸透し，ある限界濃度以上まで蓄積する．
　②大気中の二酸化炭素がコンクリート内に侵入し，炭酸化反応を起こすことによって細孔溶液の pH が低下する．

　上記①による鉄筋腐食が引き起こす鉄筋コンクリート構造物の劣化現象を「塩害」，②による鉄筋腐食が原因となる劣化現象を「中性化」という．なお，中性化は二酸化炭素以外の酸性物質がコンクリートに作用することによっても進行するが，ここでは二酸化炭素による中性化を扱う．

12.3　塩　　　害

12.3.1　コンクリート中への塩化物イオンの供給
(1) 塩化物イオンの供給形態

　コンクリートに供給される塩化物イオンは内在塩化物イオンと外来塩化物イオンに大別できる．内在塩化物イオンは，コンクリート構成材料にもともと含有されており，練混ぜ直後の初期状態でコンクリート中に存在するものである．特に問題になるのは除塩不足の海砂を細骨材として用いた場合であり，日本では 1960〜1970 年代にかけて建設された構造物にこのようなケースが多い．1975 年に開通した山陽新幹線の高架橋

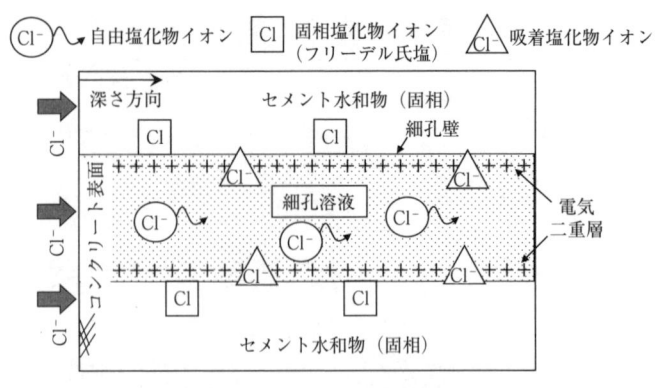

図 12.2 塩化物イオンの浸透状況

にはこのような海砂を含むコンクリートが使われたと考えられており，塩害と中性化の複合劣化に起因する鉄筋腐食によるかぶりコンクリートのはく落対策を実施している．

一方，外来塩化物イオンは建設後にコンクリート外から供給されるものであり，主として海洋構造物に対して海水から供給される場合と，寒冷地の構造物に対して凍結防止剤から供給される場合がある．海洋構造物の中でも，飛沫帯と呼ばれる高濃度の塩化物イオンを含む海水の水しぶきが付着する場所においては，コンクリート中の塩化物イオン濃度は大きくなりやすい．寒冷地の道路橋などでよく用いられる凍結防止剤としては NaCl や $CaCl_2$ が挙げられるが，いずれの場合も塩化物イオンがコンクリート表面から浸透する．このような場合，凍害によるスケーリングを伴う複合劣化として劣化が顕在化する場合も見られる．

コンクリート表面から供給された塩化物イオンの，コンクリート内部方向への浸透状況のイメージを図 12.2 に示す．コンクリート中の全塩化物イオンはコンクリートの細孔溶液中を移動する自由塩化物イオンと，セメント水和物に取り込まれてフリーデル氏塩（$3CaO \cdot Al_2O_3 \cdot CaCl_2 \cdot 10H_2O$）と呼ばれる複塩を形成（固相塩化物イオン）したり，細孔壁に吸着（吸着塩化物イオン）されたりすることで移動が拘束される固定塩化物イオンに分類される．表面に供給された全塩化物イオンはその一部が固定化されながら，コンクリートの内部方向に浸透していく．実際に移動しているのは自由塩化物イオンのみであるが，固定塩化物イオンも含めた全塩化物イオン濃度分布の経時変化は，見掛け上拡散現象として予測できることが知られている．

(2) コンクリートの塩化物イオン浸透抵抗性

塩化物イオンは，コンクリート中の細孔溶液中を移動することから，その移動特性

はコンクリートの細孔構造の影響を強く受ける．塩化物イオンの浸透と関係が深いのは，50 nm～2 μm の径を有する空隙といわれており，この径の範囲の細孔量が小さいほど塩化物イオン浸透に対する抵抗性が大きいことになる．このような密実なコンクリートとするためには，以下の手法が有効である．

・コンクリートの水セメント比（W/C）を小さくする．
・混合セメントあるいは混和材を用いる．

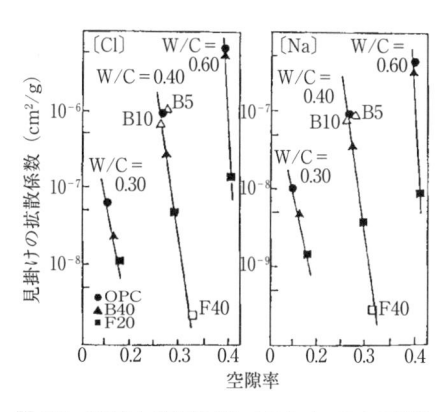

図12.3 W/C と混和材がセメントペーストの拡散係数に与える影響[1]

特に適切な量の高炉スラグ微粉末やフライアッシュを混和すると，塩化物イオン浸透抵抗性が顕著に向上する（図12.3）．これは，このような微粉末が空隙を充填するフィラー効果に加えて，高炉スラグ微粉末の潜在水硬性やフライアッシュのポゾラン反応などによって起こる細孔組織緻密化によるものである．

(3) 塩化物イオンの浸透予測

固定化を考慮しないコンクリート中の塩化物イオンの移動現象は，(12.1) 式に示す Nernst-Plank 式に従って進行する．

$$J = -D\left(\frac{\partial C}{\partial x} + \frac{zFC}{RT}\frac{\partial V}{\partial x}\right) - Cv \quad (12.1)$$

ここで，J：塩化物イオンの流束，D：塩化物イオンの拡散係数，z：イオンの荷数，F：ファラデー定数，R：気体定数，T：絶対温度，V：負荷電圧，v：イオン速度である．

上式第1項は濃度勾配による拡散現象を表した Fick の第1法則であり，第2項は電場による電気泳動を表している．第3項は水分の移動に伴う移流を表しており，飽水状態では無視することができる．コンクリート試験体を用いた拡散セル試験あるいは電気泳動試験を実施することで定常状態でのイオン流束を求めれば，(12.1) 式の関係を用いて拡散係数を求めることができる．この場合に算出される拡散係数は，塩化物イオン固定化の影響を含まない実効拡散係数 D_{eff} と呼ばれる．

一方で，実構造物で見られるような，外部からコンクリート中への塩化物イオン浸透現象は非定常な拡散過程とみなすことができ，(12.2) 式に示す Fick の第2法則が成立する．この拡散方程式を，表面における塩化物イオン濃度，および拡散係数を時間によらず一定として解いた場合の解は (12.3) 式で表され，この式を用いると，任意の

時間と場所におけるコンクリート中の塩化物イオン濃度を予測することができる．なお，(12.3) 式の塩化物イオン濃度は，コンクリート中の液相における塩化物イオン濃度ではなく，コンクリート単位体積あたりの全塩化物イオン量を示す．したがって，(12.2) 式における塩化物イオンの拡散係数は固定された塩化物を含む見掛けの拡散係数 D_{ap} と定義される．

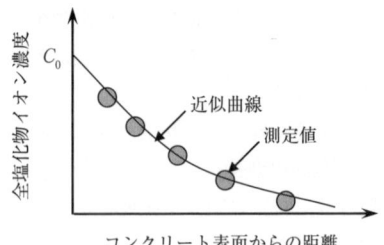

図 12.4 コンクリート中の全塩化物イオン濃度分布の回帰分析

$$\frac{\partial C}{\partial t} = D_{ap}\left(\frac{\partial^2 C}{\partial x^2}\right) \tag{12.2}$$

ここで，D_{ap}：塩化物イオンの見掛けの拡散係数，x：コンクリート表面からの距離，t：時間である．

$$C(x,t) = C_0\left(1 - erf\frac{x}{2\sqrt{D_{ap} \cdot t}}\right) \tag{12.3}$$

ここで，$C(x, t)$：深さ x（cm），時刻 t（年）における全塩化物イオン濃度（kg/m³），C_0：表面における塩化物イオン濃度（kg/m³），D_{ap}：塩化物イオンの見掛けの拡散係数（cm²/年），erf：誤差関数である．ただし，

$$erf(s) = \frac{2}{\sqrt{\pi}}\int_0^s e^{-\eta^2}d\eta \tag{12.4}$$

(12.2) 式を用いて塩化物イオンの浸透予測を行うためには，コンクリート表面における塩化物イオン濃度 C_0 と見掛けの拡散係数 D_{ap} を特定する必要がある．ある時間が経過したときのコンクリート中の全塩化物イオン濃度分布の測定値がある場合には，測定された全塩化物イオン濃度分布を (12.3) 式で回帰分析することで C_0 と D_{ap} を求めることができる（図 12.4）．

前述した実効拡散係数 D_{eff} を見掛けの拡散係数に換算する場合には，(12.5) 式によって塩化物イオン固定化の影響を考慮する必要がある．

$$D_{ap} = \frac{1}{\varepsilon}\cdot\left(1 - \frac{C_b}{C_{total}}\right)\cdot D_{eff} \tag{12.5}$$

ここで，ε：コンクリートの空隙率，C_b：固定化された塩化物イオン濃度，C_{total}：全塩化物イオン濃度である．

12.3.2 鉄筋腐食の発生と進展
(1) 発錆限界塩化物イオン濃度
塩化物イオンがコンクリート中の鉄筋位置に到達しても,ただちに腐食が発生するわけではなく,塩化物イオンがある限界値に達したときに初めて鉄筋腐食が開始する.この限界値を発錆限界塩化物イオン濃度といい,土木学会コンクリート標準示方書では $1.2\,kg/m^3$ としている.ただし,既往の検討で報告された発錆限界塩化物イオン濃度は,$1.0\sim2.5\,kg/m^3$ 程度,あるいはそれ以上の場合もあり,コンクリートの配合条件や環境条件などによって変化することが考えられる.特に,塩化物イオンの固定化に寄与するセメント水和物生成量に関係する単位セメント量が大きくなると,発錆限界塩化物イオン濃度も大きくなる可能性が高いことから,セメント量に対する質量割合で0.4%程度を発錆限界濃度とする場合もある.

(2) 腐食速度
鉄筋腐食開始後の腐食速度は,コンクリート中の鉄筋周辺の状況に応じて変化する.鉄筋腐食が継続的に進行するためには,カソード反応で消費される酸素と水分の供給が必要となる.一般に,コンクリートが乾燥すると酸素の供給量は大きくなるが水分の供給量は小さくなり,逆に海中部などでは塩分や水分の供給は十分であるが,酸素の供給量が小さくなる.このいずれの場合も,腐食速度は小さくなり,一般にはその中間程度の湿潤状態で腐食速度が大きくなる.

コンクリートの W/C が小さい場合,あるいは混和材を添加した場合など,細孔組織が緻密な場合には,酸素や水分の供給量が小さくなるために鉄筋腐食速度が小さくなる.また,コンクリートの塩化物イオン含有量が大きいほど腐食速度が大きくなる.これは,塩化物イオンがコンクリート中の電子移動の媒体となり,コンクリートの電気抵抗が低下することも一因と考えられている.

12.4 中 性 化

12.4.1 中性化の進行とそれに伴う劣化のメカニズム
コンクリートの中性化は,以下のようなメカニズムで進行する.
①細孔中の水分が逸散した空隙に,二酸化炭素が侵入する.
②細孔内に侵入した二酸化炭素が細孔溶液中に溶解し,炭酸イオン(あるいは重炭酸イオン)となる.

$$CO_2 + H_2O \leftrightarrow H_2CO_3 \leftrightarrow H^+ + HCO_3^- \leftrightarrow 2H^+ + CO_3^{2-} \qquad (12.6)$$

③炭酸イオンと水酸化カルシウムから供給されるカルシウムイオンが反応し,炭酸カルシウムが生成される.また,ほかの水和物も炭酸化する.

$$Ca(OH)_2 + H_2CO_3 \rightarrow CaCO_3 + 2H_2O \tag{12.7}$$

④炭酸化により，細孔溶液のpH低下および細孔構造の変化が起きる．

⑤pHの低下に伴い，鋼材表面の不動態被膜が消失し，水分と酸素の供給により腐食が生じる．

コンクリート中に塩分がある場合には，その塩分を固定化していたフリーデル氏塩が(12.8)式に示す炭酸化反応により分解して，塩化物イオンを解離する．解離した塩化物イオンは，図12.5に示すように未炭酸化部分に移動・濃縮し，鉄筋の腐食に影響を及ぼすことになる[2]．これが，塩害と中性化の複合劣化と呼ばれる現象である．わが国では，前述したように山陽新幹線の高架橋において，この塩害と中性化の複合による劣化が確認されている．

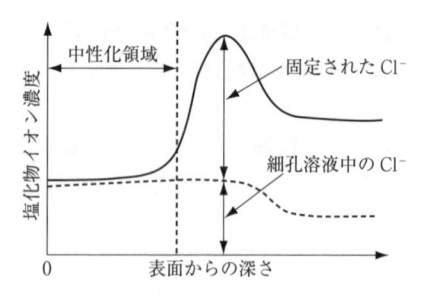

図12.5 中性化によるコンクリート中の塩化物イオン濃縮現象

$$3CaO \cdot Al_2O_3 \cdot CaCl_2 \cdot 10H_2O + 3CO_2 \rightarrow 3CaCO_3 + 2Al(OH)_2 + CaCl_2 + 7H_2O \tag{12.8}$$

12.4.2 中性化の進行に影響を及ぼす各種要因

(1) 材料・配合

中性化に影響を及ぼす材料・配合上の要因としては，セメントの種類，混和材料の種類と量，空気量，水セメント比（水結合材比），骨材種類などがある．また，養生条件も影響する．

水セメント比が中性化速度に及ぼす影響は大きく，低水セメント比のコンクリートでは，空隙構造が緻密になることから二酸化炭素の浸透が抑制され，また一般にセメント量が増加することから水酸化カルシウム生成量が多くなり，中性化進行に対する抵抗性が向上する．一方，セメントの一部をフライアッシュや高炉スラグ微粉末などの混和材と置き換えた場合，セメント量の減少により水酸化カルシウム生成量が少なくなること，これらの混和材の水和反応がセメントより遅いため空隙構造の緻密化に時間を要することから，十分な湿潤養生が行われないと中性化の進行抑制に不利となる．

(2) 環境条件の影響

大気中の二酸化炭素濃度，温度，湿度などの環境条件も中性化速度に影響を及ぼす．当然のことながら，二酸化炭素濃度が高いほど，中性化の進行は速い．

温度の上昇は，二酸化炭素の拡散速度や炭酸化反応速度を速める．また，水分の逸散速度を速めることにより，中性化を促進する方向に作用する．一方で，気体の細孔

溶液中への溶解度を低下させるため，単純に温度上昇が中性化を促進する方向にのみ作用するわけではないが，全体としては高温ほど中性化が速いと考えてよい．

湿度の影響は図 12.6 に示されるように，中程度の湿度で中性化が最も進行しやすく，高湿度あるいは低湿度では進行が抑制される．これは，高湿度ではコンクリート内部の水分が逸散せず，空隙が水分で満たされることにより二酸化炭素の侵入が抑制されるためである．すなわち，液相における拡散係数は気相に比べて無視しうるほどに小さいため，水分の逸散した空隙のみで拡散が起きるとみなすことができるためである．一方，低湿度の場合は水分の逸散が進行し，炭酸化反応に必要な水分が不足することによって中性化の進行が抑制される．

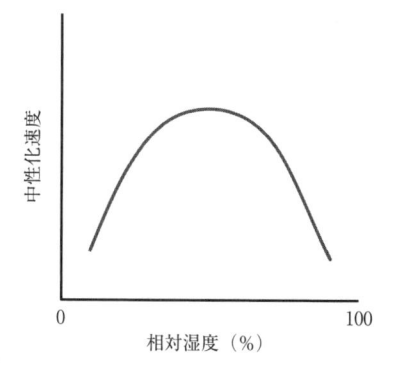

図 12.6 湿度が中性化の進行に及ぼす影響の概念図

上述したように，中性化速度に影響を及ぼす要因は多岐にわたる．しかし，前項に示したメカニズムに立脚すると，中性化に影響を及ぼす要因は，コンクリート中への二酸化炭素侵入速度と pH 保持能力に集約される．図 12.7 に示すように，二酸化炭素侵入速度は硬化体の空隙構造に依存し，pH 保持能力は水酸化カルシウム生成量に依存する．結局，中性化速度は空隙構造と水酸化カルシウム量を決定する材料・配合上の要因の影響を受けることになる．さらに温度や湿度などの環境条件は，セメントの水和の進行に影響することで空隙構造や水酸化カルシウム量に影響し，間接的に中性化に影響する．また，コンクリートの含水状態に影響を及ぼすことにより，二酸化炭素の拡散係数を変化させることによっても中性化の進行に影響する．

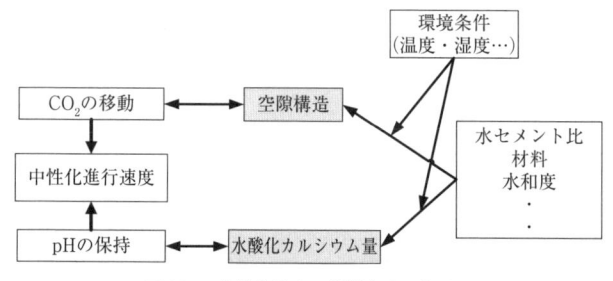

図 12.7 中性化速度に影響を及ぼす要因

(3) 中性化速度式

中性化の進行は，基本的には二酸化炭素の拡散律速であるため，中性化深さの経時変化は中性化期間の平方根に比例する．これは実際に，多くの調査や実験から確かめられている．したがって中性化の進行を予測する場合には，中性化速度係数（(12.9)式の係数 b）が分かればよいことになる．

なお中性化深さは，一般にフェノールフタレインの1%エタノール溶液 (JIS K 8001) をコンクリート断面に吹きつけ，変色しなかった部分のコンクリート表面からの深さ方向の距離（長さ）を指す．

$$y = b\sqrt{t} \qquad (12.9)$$

ここで，y：中性化深さ，b：中性化速度係数，t：中性化期間である．

中性化速度係数の値は，中性化速度に影響を及ぼす要因の影響を受ける．すなわち，中性化速度係数は水セメント比（水結合材比）の関数として整理されることが多い（図12.8）．なお，土木学会コンクリート標準示方書では，(12.10)式を中性化速度式として推奨している．

$$y = (-3.57 + 9.0W/B)\sqrt{t} \qquad (12.10)$$

ここで，W/B：有効水結合材比 $= W/(C_p + k \cdot A_d)$，W：単位体積あたりの水の質量，B：単位体積あたりの有効結合材の質量，C_p：単位体積あたりのポルトランドセメントの質量，A_d：単位体積あたりの混和材の質量，k：混和材の影響を表す係数，フライアッシュの場合：$k=0$，高炉スラグ微粉末の場合：$k=0.7$である．

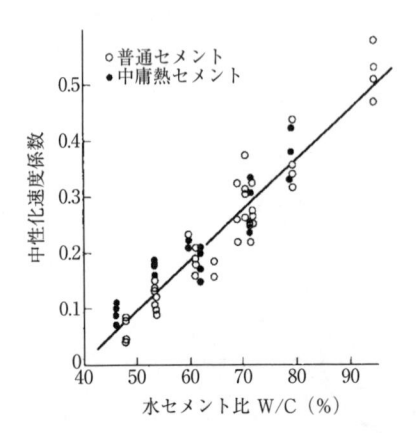

図 12.8 水セメント比と中性化速度係数の関係[3)]

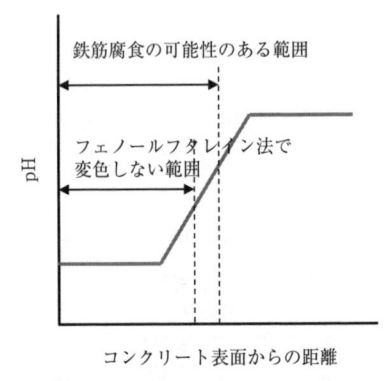

図 12.9 コンクリート中の pH 勾配の概念図

12.4.3 鋼材の腐食開始

中性化したコンクリート内部のpH分布の概略は図12.9のようになり，フェノールフタレイン法による中性化深さの測定では，pH 8.2～10以下の未着色部分が中性化部と判定される．一方，鉄筋の腐食はpH 11以下で開始する．このことから，鉄筋腐食の可能性がある範囲は，中性化部分より若干内部まで存在することになる．実際に，既往の実験および多くの構造物の調査により，中性化深さが鉄筋位置に達する前に腐食が開始していることが確認されている．腐食の開始と中性化の関係は，中性化残り（鉄筋のかぶりと中性化深さの差）によって整理されており，塩分を含まないコンクリートで約8 mm，塩分を含むコンクリートで約20 mmとされている．これは，炭酸化反応により水和物から細孔溶液中に解離した硫酸イオンあるいは塩化物イオンの影響であると考えられている[2]．ただし，pHの低下による不動態被膜の消失は鉄の腐食反応を起こしやすくする補助的な現象であり，酸素と水の存在と不動態被膜の破壊が同時に起こって初めて腐食反応が進行する．このことは，中性化残りが腐食限界値以下であっても，鉄筋が腐食していない場合があることを理解する上で重要である．

12.5 鉄筋腐食によるひび割れの発生と劣化進行

腐食発生後の鉄筋腐食進行形態は塩害と中性化で異なる場合が多い．塩化物イオンが関与する場合は局部的な腐食である孔食が生じやすいが，中性化による腐食は比較的均一な全面腐食となるミクロセル腐食が卓越する．また，一般に塩害による鉄筋腐食速度は中性化の場合よりも大きくなる．

鉄筋腐食生成物の体積は酸化の程度によって異なるが，一般的にはもとの鉄の2～4倍とされている．このような体積膨張によって，鉄筋周囲の引張力を受けたコンクリートには，鉄筋から放射状にひび割れが発生する．ひび割れ発生時の鉄筋腐食量は，コンクリート強度，かぶり，鉄筋径などの影響を受け，コンクリート強度が低く，かぶりが小さく，鉄筋径が大きいほど少ない腐食量でひび割れが生じる．

ひび割れ発生後は，さらなる鉄筋腐食の進行に伴って，かぶりのはく離・はく落，鉄筋の断面欠損などによる構造物（あるいは部材）の性能低下につながっていく．ひび割れ発生後の腐食の進行とひび割れのさらなる進展状況の予測手法については，実験的検討や図12.10に示すような解析的検討などが行われているが，実用的な予測手法の確立には至っていないのが現状である．

以上をまとめると，図12.11に示すような劣化過程となる．すなわち，潜伏期はコンクリートに塩化物イオンや二酸化炭素が浸透するものの，鉄筋腐食は発生していない状態，進展期は腐食発生後，コンクリートにひび割れが発生するまでの段階，加速

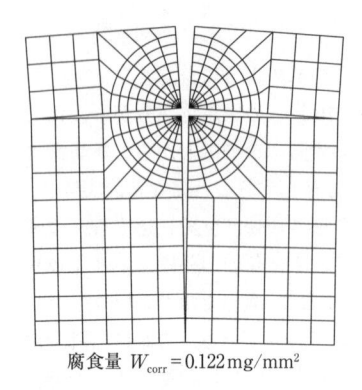

腐食量 $W_{corr} = 0.122\,\mathrm{mg/mm^2}$

図 12.10 鉄筋腐食によるひび割れ発生の解析結果 [4)]

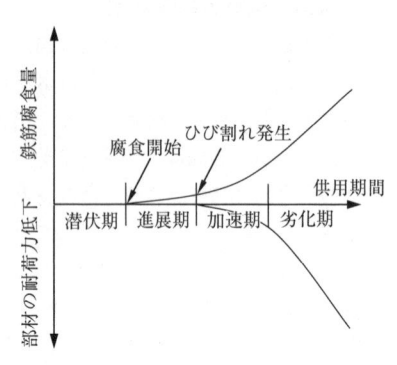

図 12.11 鉄筋腐食によるコンクリート構造物の劣化過程

期はひび割れ発生後，部材の力学的性能低下が顕在化し，劣化期では大幅な耐荷力低下に至る．構造物を維持管理する際には，点検を通して構造物の現状を把握するとともに，将来における劣化予測を行う必要がある．劣化予測の結果，供用期間中に構造物の性能が要求されるレベルを下回ると判定された場合には，次節に示すような対策を検討することになる．

12.6 対　　策

12.6.1 予　　防

新設構造物の設計段階で種々の対策を講ずることで，塩害や中性化による劣化を防止することができる．コンクリートとしては，塩化物イオン含有量の少ない材料を用いた上で，水セメント比（W/C）の小さな配合とする．さらに混和材の添加も有効な場合がある．設計条件として十分なかぶりをとるとともに，ひび割れ幅を小さくすることも重要である．環境条件が非常に厳しい場合には，エポキシ樹脂塗装鉄筋，表面被覆，電気防食などの積極的予防策を検討することもある．締固めなどの施工を入念に行うことも密実で劣化因子の浸透しにくいコンクリートを得るために不可欠である．

12.6.2 補修・補強

（1）基本的な考え方

鉄筋腐食により劣化した構造物の補修方法は，劣化の程度と補修の目的（短期的な対策か，恒久対策的か）などを考慮して選択されることになる．一般的には，前節で

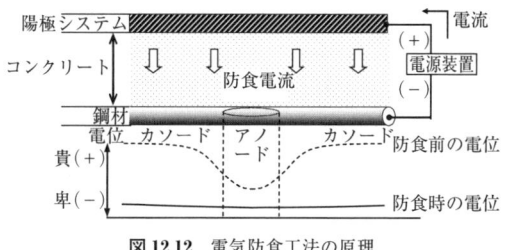

図 12.12 電気防食工法の原理

示される劣化過程に対応して補修工法が選択される．

　潜伏期では予防保全として，劣化因子の侵入を抑制するための表面被覆などが行われる．進展期では鋼材の腐食が開始しているため，酸素と水分の遮断による腐食進行抑制のための表面被覆や，劣化因子の除去を目的とした断面修復工法などが標準的な対策となる．加速期に入ると，進展期と同様の対策のほかに，ひび割れなどで鋼材保護性能が大幅に低下したコンクリートの更新を行う大規模な断面修復が行われる場合がある．さらに劣化期では，断面修復に加えて，補強について検討する必要がある．以上のような対策工法は従来から実施されてきたが，表面被覆工法や断面修復工法では，補修効果が得られず再劣化する場合が多かった．そこで，近年では次に述べる電気化学的手法が注目されている．

(2) 電気化学的手法

　コンクリート構造物に対して適用される電気化学的防食工法には，いくつかの種類があるが，代表的なものは次に示す通りである．

1) 電気防食工法：　電気防食工法は，電気化学的防食工法の中でも最も多くの実績を有する工法である．比較的微弱な防食電流を連続的に長期間供給することで，コンクリート中の鉄筋をカソード分極し，腐食反応を抑制する．その原理は，図 12.12 のように説明される．腐食環境にある防食前の鉄筋中には，不動態被膜破壊点を中心とするアノード部分と，その周辺のカソード部分が存在し，その間の電位差によって腐食電流が流れている．これに対して，コンクリート表面に設置した陽極システムから鉄筋に向けて防食電流を供給すると，鉄筋全体で電位が卑な方向に変化して電位差がなくなり，鉄筋中のアノードが消失して腐食反応が抑制あるいは停止される．

2) 脱塩・再アルカリ化工法：　脱塩工法，再アルカリ化工法ともに，電気防食工法と大きく違う点としては，電流密度が大きいということと，一定期間の通電で処理が完了するということが挙げられる．塩害対策である脱塩工法と，中性化対策の再アルカリ化工法の原理は図 12.13 のように説明される．脱塩工法では，コンクリート中の陰イオンである Cl^- が電気泳動によって陽極システムが設置されるコンクリート表面

方向に移動し，最終的にはコンクリート外に抽出，除去されるという工法である．これに対して，再アルカリ化工法は，コンクリート表面の陽極システム中に保持されるアルカリ電解液を，電気浸透の力によってコンクリート内部に引き込むという工法である．いずれの場合も，鉄筋周辺でカソード反応が起きるために多量のOH^-が生成され，pHが上昇して鉄筋防食環境の形成に寄与する．

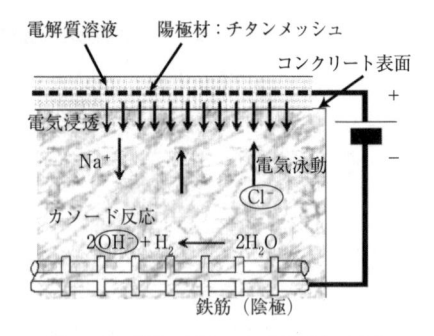

図12.13 脱塩・再アルカリ化工法の原理

12.7 おわりに

　塩害と中性化はコンクリート構造物の代表的劣化機構であり，劣化事例も数多く報告されている．本章で紹介したように，いずれの場合も鉄筋腐食が発生するまでのメカニズムはおおよそ解明されており，劣化進行予測の精度も高いが，鉄筋腐食発生後の腐食速度や，ひび割れ挙動，力学的性能低下などについては未解明な部分が多く，今後の研究進展が期待されている．

□参考文献
1) 内川　浩：硬化セメントペースト中のアルカリイオンの拡散に及ぼす高炉水砕スラグおよびフライアッシュ混合の効果，セメント・コンクリート，(460), pp.20-27, 1985.
2) 小林一輔：コンクリートの炭酸化に関する研究，土木学会論文集，No.433, V-15, pp.1-14, 1991.
3) 土木学会：フライアッシュを混和したコンクリートの中性化と鉄筋の発錆に関する長期研究（最終報告），コンクリートライブラリー64号，1988.
4) Lukuan Qi, 関　博：離散ひび割れモデルに基づく鉄筋腐食によるひび割れ幅に関する解析的検討，コンクリート工学年次論文報告集，21(2), pp.1033-1038, 1999.

□関係規準類
1) 土木学会：コンクリート標準示方書［維持管理編］，2007.
2) JSCE-G 571「電気泳動によるコンクリート中の塩化物イオンの実効拡散係数試験方法（案）」
3) JSCE-G 572「浸せきによるコンクリート中の塩化物イオンの見掛けの拡散係数試験方法（案）」
4) JSCE-G 573「実構造物におけるコンクリート中の全塩化物イオン分布の測定方法（案）」

5) JIS A 1152「コンクリートの中性化深さの測定方法」
6) JIS A 1154「硬化コンクリート中に含まれる塩化物イオンの試験方法」
7) 土木学会：電気化学的防食工法設計施工指針（案），コンクリートライブラリー 107 号，2001.

□最新の知見が得られる文献
1) 日本コンクリート工学協会：コンクリート構造物の長期性能照査支援モデル研究員会報告書，2004.
2) 日本コンクリート工学協会：コンクリート構造物の耐久性力学，2007.

□演習問題
1. 塩化物イオンの見掛けの拡散係数 D_{ap} が $0.5\ cm^2$/年のコンクリート表面から，塩化物イオンが浸透したとき，かぶり 70 mm に配置された鉄筋の腐食が発生するのは，浸透開始後何年の時点か？　ただし，表面塩化物イオン濃度 C_0 は $8\ kg/m^3$ で一定，腐食発生限界塩化物イオン濃度は $1.2\ kg/m^3$ とする．
2. 一般に建築構造物のコンクリートは室外からの中性化進行よりも室内からの中性化進行の方が速いが，その理由を説明せよ．
3. 塩害と中性化の複合劣化構造物に対して，どのような対策が有効か．その理由も含めて説明せよ．

第13章 コンクリートの配合設計

13.1 はじめに

コンクリート構造物の構造条件や施工条件に応じた適切なワーカビリティー，構造設計上必要とされる強度および所要の耐久性を満たすコンクリートを経済的に得るように，必要な使用材料の単位量を定めることをコンクリートの配合設計という．コンクリート$1\,\mathrm{m}^3$を造るのに必要な材料の質量を単位量といい，$\mathrm{kg/m}^3$で表すことが多い．なお，本書で示すコンクリートの配合設計の流れは，土木学会コンクリート標準示方書［施工編］[1]を基本としている．また，本書ではコンクリートの配合設計の考え方を示すに留めた．具体的な配合設計例は他書[2]を参考にしてほしい．

13.2 配合設計の基本

コンクリート構造物の設計においては，各種の構造性能，耐久性（鋼材を保護する性能，耐凍害性，耐化学的侵食性，耐アルカリシリカ反応性，水密性など）あるいは水和熱や収縮に対するひび割れ抵抗性に関して照査を行い，構造物に要求される性能を満足するためにコンクリートに必要とされる特性値（設計基準強度，塩化物イオン拡散係数の特性値）や参考値（粗骨材の最大寸法，スランプ，水セメント比，セメントの種類，単位セメント量，空気量）が示される．これらの特性値や参考値に基づいて，施工において実際に使用する材料や施工条件に適応した，単位水量をはじめとする各材料の単位量を設定する．

配合設計において考慮するコンクリートの目標性能には，実際の施工における環境条件，施工条件および使用材料に応じたワーカビリティー，強度，耐久性がある．ワーカビリティーの指標には，コンクリートの運搬，打込み，締固め，仕上げの各段階で必要とされる充填性，ポンプ圧送性，凝集性がある．また，耐久性の指標には，中性化速度係数，塩化物イオンに対する拡散係数，耐凍害性（凍結融解試験における相対動弾性係数），収縮ひずみ，耐化学的侵食性，耐アルカリシリカ反応性，水密性（透

13.2 配合設計の基本

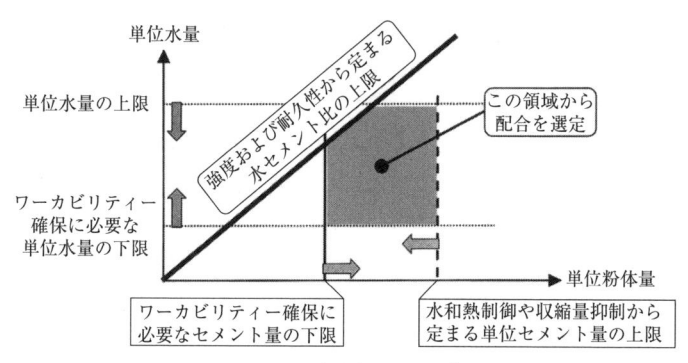

図 13.1 配合選定の考え方[1]

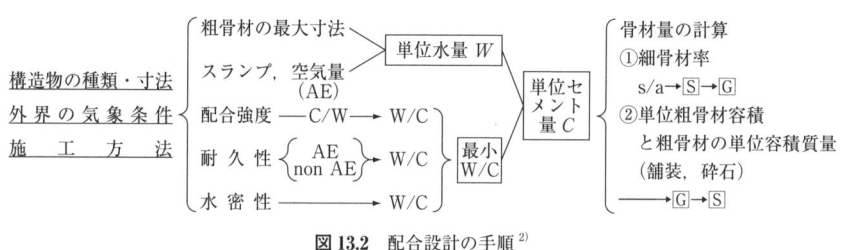

図 13.2 配合設計の手順[2]
$\boxed{S}$：単位細骨材量，$\boxed{G}$：単位粗骨材量.

水係数）などがある．

ワーカビリティー，設計基準強度，耐久性を満足するための配合選定の考え方を図 13.1 に示す．コンクリートの目標性能を満足するためには，単位セメント量を設計において示されたコンクリートに要求される値の上限以内とした上で，適切なワーカビリティーを確保するのに必要な単位セメント量の範囲内にあって最少の単位水量とする配合を選定しなければならない．図 13.1 中の単位粉体量とは，コンクリートに使用するセメントや混和材といった粉体材料の合計の単位量である．

配合設計の手順を図 13.2 に示す．まず，構造物の種類や寸法といった構造物条件，気象や環境条件，施工方法および入手可能な材料の特性などの実際の施工の場面における各種の条件を明らかにする．また，コンクリート構造物の設計時において設定された，要求される性能を満足するためにコンクリートに必要とされる特性値や参考値を確認する．これらの特性値や参考値に基づき配合条件（粗骨材の最大寸法，スランプ，空気量，水セメント比）を設定する．設定した配合条件において，試し練りの基準となる暫定の配合を設定する．実際に使用する材料を用いて暫定の配合において試し練りを行い，コンクリートが所要の性能を満足することを確認する．所要の性能が

得られていない場合は，使用材料の変更や配合の修正を行う．

さらに，設計した配合を現場で適用するためには，①骨材の表面水による修正，②骨材粒度による修正を行う必要がある．①について，設計した配合における細骨材および粗骨材の単位量は，表乾状態の骨材としての必要量を示しているため，実際に使用する骨材の表面に余分な表面水が付着している場合，その水量を単位水量として考慮した修正が必要となる．②について，実際に使用する骨材には，5 mm 以上の細骨材および 5 mm 以下の粗骨材が含まれているため，これらの含有量を考慮した修正が必要である．

13.3 配合条件

13.3.1 粗骨材の最大寸法

一般にコンクリートの粗骨材の最大寸法が大きいほど，単位水量および単位セメント量を小さくすることができるため，品質および経済的に有利である．しかし，粗骨材の最大寸法が過大であると，材料の分離が容易に生じたり，構造物の鋼材量が多く鋼材あきが小さい場合などで十分に充填できなかったりすることにより，均質なコンクリートにならないこともある．このため，鉄筋コンクリートに用いる粗骨材の最大寸法には，表 13.1 に示すような標準が設けられている．

表 13.1 粗骨材の最大寸法の標準[1]

構造条件	粗骨材の最大寸法
最小断面寸法が 1000 mm 以上かつ，鋼材の最小あきおよびかぶりの 3/4 > 40 mm の場合	40 mm
上記以外の場合	20 mm または 25 mm

13.3.2 スランプ

フレッシュコンクリートのコンシステンシーを表す代表的な指標として，スランプがある．スランプは，施工のできる範囲内でできるだけ小さく設定するのがよいが，小さすぎると打込みが困難になり，締固めが不足し，均質なコンクリートとならないこともある．このため，打込み位置や方法，締固め方法の施工条件を事前に入念に検討し，運搬，打込み，締固め作業に適する範囲内にて材料分離を生じないような値を設定することが重要である．

スランプの標準的な値を表 13.2 に示す．ここでいうスランプは，打込み箇所（時点）におけるスランプである．しかしコンクリートのスランプは，図 9.5 に示したように経時的に低下することから，打込み場所における最小のスランプに対して，このスランプの低下を考慮して荷卸しおよび練上りの目標スランプを設定すべきであるといえ

13.3 配合条件

表 13.2 スランプの標準値[1]

種類		スランプ (cm)	
		通常のコンクリート	高性能 AE 減水剤を用いたコンクリート
鉄筋コンクリート	一般の場合	5～12	12～18
	断面の大きい場合	3～10	8～15
無筋コンクリート	一般の場合	5～12	—
	断面の大きい場合	3～8	—

表 13.3 施工条件に応じたスランプの目安[1]

施工条件	スランプの低下量	
ポンプ圧送距離（水平換算距離）	最小スランプが 12 cm 未満の場合	最小スランプが 12 cm 以上の場合
150 m 未満（バケット運搬を含む）	—	—
150 m 以上 300 m 未満	1 cm	—
300 m 以上 500 m 未満	2～3 cm	1 cm
500 m 以上	既往の実績または試験施工の結果に基づき設定する	

る．打込み時に円滑かつ密実に型枠内に打ち込むために必要な最小のスランプを打込みの最小スランプといい，部材の種類，鋼材量や配筋条件，締固め作業高さなどの施工条件により標準となる値が定められている．打込みの最小スランプや環境条件に応じたスランプの低下量に対して，表 13.3 に示すような標準の値が示されている．運搬の方法としてポンプ圧送が選択された場合は，ポンプ圧送に伴うスランプの低下を考慮することになる．またコンクリートの凝集性は気温（温度）に大きく影響を受けるため，季節によるスランプの低下の特徴を考慮する必要がある．JIS A 5308「レディーミクストコンクリート」では，製造時におけるスランプの許容差を与えている．たとえば，スランプが 8 cm 以上 18 cm 以下のコンクリートに対しては，±2.5 cm を許容差としている．

13.3.3 空気量

AE 剤による適切なエントレインドエアのコンクリート中への連行は，コンクリートのワーカビリティーを向上させるとともに，凍結融解作用時のコンクリート内の応力を緩和させる働きにつながることから，耐凍害性が良好になる．ただし空気量が増

すと，コンクリートの強度が低下し，品質のばらつきが大きくなる．このことから，空気量はコンクリートの容積の4〜7%を標準として，耐凍害性を必要としない場合には過度に大きく設定しない．

13.3.4 水セメント比

水セメント比（W/C）は，コンクリートに要求される強度，耐久性（鋼材を保護する性能，耐凍害性，耐化学的侵食性，耐アルカリシリカ反応性，水密性など）を考慮して定め，これらすべての性能を満足させる必要があることから，それぞれの要求される性能から定まる水セメント比のうち最小のものとする．

(1) コンクリートの圧縮強度に基づいて水セメント比を定める場合

圧縮強度f'_cとセメント水比C/Wの関係は，ある程度の範囲において線形関係（$f'_c = a + b \times C/W$）を示す．したがって，適切な範囲内で3種以上の異なったセメント水比C/Wのコンクリートについて圧縮試験を行い，圧縮強度とセメント水比の関係を求める．各セメント水比に対する圧縮強度の値は，配合試験における誤差を考慮し，2バッチ以上のコンクリートから作製した供試体の平均値とするのが望ましい．なお，試験の材齢は28日を標準とするが，早強セメントや低発熱セメントを用いる場合などは，使用するセメントに適した材齢を定める．通常，ポルトランドセメントのみを結合材として用いる場合を水セメント比と呼ぶ．これに対し，混合セメントや高炉スラグ微粉末，フライアッシュなどの混和材を結合材として用いる場合を水結合材比（W/B）と呼ぶことがあり，Bの値は結合材の総量とする．

AEコンクリートの場合，セメント水比と圧縮強度の関係は空気量によって相違する．このため，所定の空気量を定めた試験とする必要があるが，空気量を厳密に一定とすることは通常の試験の範囲では困難であり，空気量の変動が約±0.5%以下であれば強度に影響しないとして扱ってもよい．

得られたセメント水比と圧縮強度の関係から，配合強度f'_{cr}に相当するセメント水比を求め，その逆数をとれば水セメント比W/Cが定まる．配合強度はコンクリートの配合を決める際に目標とする強度であり，コンクリート構造部材の構造計算において基準とするコンクリートの強度である設計基準強度f'_{ck}に割増し係数αを乗じたもの（$f'_{cr} = \alpha \cdot f'_{ck}$）である．配合強度は，現場において予想されるコンクリートの圧縮強度の変動に応じて，コンクリートの圧縮強度の試験値（供試体試験の平均値）が設計基準強度f'_{ck}を下回る確率が5%以下となるように定める．

コンクリートの強度の分布は正規分布するとみなされていることから，標準偏差をσとすると，強度がf'_{ck}を下回る確率をある値にするf'_{cr}は以下のように表される．

13.3 配合条件

$$f'_{ck} \leq f'_{cr} - k \cdot \sigma = f'_{cr}\left(1 - k\frac{\sigma}{f'_{cr}}\right) \tag{13.1}$$

ここで，変動係数：$V(\%) = (\sigma/f'_{cr}) \times 100$ であるから，

$$f'_{ck} \leq f'_{cr}\left(1 - k\frac{V}{100}\right) \tag{13.2}$$

超過確率5％に相当する正規偏差は，$k = 1.645$ であるから，

$$f'_{ck} \leq f'_{cr}\left(1 - 1.645\frac{V}{100}\right) \tag{13.3}$$

よって，割増し係数 α は以下のように表され，また予想される圧縮強度の変動係数 V と割増し係数の関係は図 13.3 のようになる．

$$\alpha = \frac{f'_{cr}}{f'_{ck}} \geq \frac{1}{1 - 1.645V/100} \tag{13.4}$$

一方，JIS A 5308 に規定されるレディーミクストコンクリートにおいては，呼び強度に関する規定として，

① 1回の試験結果は，購入者が指定した呼び強度の強度値の85％以上でなければならない．

② 3回の試験結果の平均値は，購入者が指定した呼び強度の値以上でなければならない．

の2つの条件を満足することが必要とされている．JIS A 5308 の品質条件（不良率0.13％）から，$k = 3$ としてよく，このとき①の条件からは，

$$\alpha = \frac{f'_{Nr}}{f'_N} \geq \frac{1}{1 - 3V/100} \tag{13.5}$$

②の条件からは，

$$\alpha = \frac{f'_{Nr}}{f'_N} \geq \frac{1}{1 - \sqrt{3}\,V/100} \tag{13.6}$$

となる．

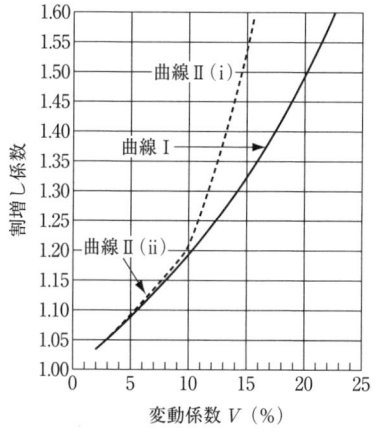

図 13.3 変動係数と割増し係数の関係[2]
曲線Ⅰ：(13.4) 式から定まる関係，
曲線Ⅱ(i)：(13.5) 式から定まる関係，
曲線Ⅱ(ii)：(13.6) 式から定まる関係．

(2) コンクリートの耐久性をもとにして水セメント比を定める場合

1) 鋼材を保護する性能から定まる水セメント比： 12章で述べたように，コンクリ

表 13.4 海洋コンクリートの耐久性から定まる最大水セメント比 [1]

環境区分＼施工条件	一般の現場施工の場合	工場製品，または材料の選定および施工において，工場製品と同等以上の品質が保証される場合
(a) 海上大気中	45	50
(b) 飛沫帯	45	45
(c) 海中	50	50

注：実績，研究成果などにより確かめられたものについては，耐久性から定まる最大の水セメント比を，表の値に5～10程度を加えた値としてよい．

ートの中性化と塩化物イオンを主たる原因として，コンクリートの鋼材に対する保護作用が失われる．したがって，予定供用期間中に中性化深さあるいは鋼材位置での塩化物イオン濃度が，鋼材の腐食発生に対する限界値に至らないようなコンクリートの品質，すなわち水セメント比を定める必要がある．また，塩化物イオンは外部からの侵入だけでなく，セメント，骨材，混和材料あるいは練混ぜ水などのコンクリートに使用される材料から供給される場合もある．このことから，各材料に含まれる塩化物イオンの量をあらかじめ把握しておき，練混ぜ時にコンクリートに含まれる総量としての塩化物イオン量が $0.30\ \mathrm{kg/m^3}$ 以下にすることが原則とされている．

塩化物イオンの侵入に加え，海水中に含まれる塩類による化学作用や凍結融解作用も受ける可能性のある海洋構造物では，特に耐久的なコンクリートが望まれる．このことから，海洋構造物に用いるコンクリートに関して，最大水セメント比の標準的な値が表 13.4 のように示されている．

このような最大水セメント比の標準的な値から定める以外に，予定供用期間中に中性化深さあるいは鋼材位置での塩化物イオン濃度が，鋼材の腐食発生に対する限界値に至らないような設計とするために必要とされる，中性化速度係数および塩化物イオンの拡散係数に対し，これを満足する水セメント比を定める方法がある．

たとえば中性化においては，中性化深さを次のように設定できる [3]（12 章参照）．

$$y_d = \gamma_{cb} \cdot \alpha_d \cdot \sqrt{t} \tag{13.7}$$

ここで，y_d：中性化深さの設計値（mm），γ_{cb}：中性化深さの設計値のばらつきを考慮した安全係数，α_d：中性化速度係数の設計値（mm/√年），t：中性化に対する耐用年数である．

中性化速度係数の設計値は，その特性値 α_k を用いて以下のように表される．

$$\alpha_d = \alpha_k \cdot \beta_e \cdot \gamma_c \tag{13.8}$$

ここで，β_e：環境作用の程度を表す係数，γ_c：コンクリートの材料係数である．

一方，中性化速度係数の予測値 α_p は，コンクリートの有効水結合材比とセメント

(結合材)の種類に応じて定まる係数を用いて，以下のように与えられる．

$$\alpha_p = a + b(W/B) \tag{13.9}$$

この予測値が，中性化速度係数の特性値以下になるような W/B（セメントのみの使用では W/C）を求める．

塩化物イオンにおいても同様に，鋼材位置での塩化物イオン濃度は次のように設定できる[3]（12章参照）．

$$C_d = \gamma_{cl} \cdot C_0 \left\{ 1 - \mathrm{erf}\left(\frac{0.1 \cdot c_d}{2\sqrt{D_d \cdot t}} \right) \right\} \tag{13.10}$$

ここで，C_d：鋼材位置における塩化物イオン濃度の設計値（kg/m^3），C_0：コンクリート表面における想定塩化物イオン濃度の設計値（kg/m^3），c_d：耐久性に関する照査に用いるかぶりの設計値（mm），t：塩化物イオンの侵入に対する耐用年数（年），γ_{cl}：鋼材位置における塩化物イオン濃度の設計値 C_d のばらつきを考慮した安全係数（一般に 1.3 としてよい），D_d：塩化物イオンに対する設計拡散係数（cm^2/年）（(13.11)式）である．

$$D_d = \gamma_c \cdot D_k + \left(\frac{w}{l}\right)\left(\frac{w}{w_a}\right)^2 \cdot D_0 \tag{13.11}$$

ここで，γ_c：コンクリートの材料係数，D_k：コンクリートの塩化物イオンに対する拡散係数の特性値（cm^2/年），D_0：コンクリート中の塩化物イオンの移動に及ぼすひび割れの影響を表す定数（cm^2/年），w：ひび割れ幅（mm），w_a：ひび割れ幅の限界値（mm），w/l：ひび割れ幅とひび割れ間隔の比である．

一方，塩化物イオンの拡散係数の予測値は，たとえば普通ポルトランドセメントを使用した場合には，以下のように表される[3]．

$$\log_{10} D_p = -3.9(W/C)^2 + 7.2(W/C) - 2.5 \tag{13.12}$$

この予測値が，塩化物イオンの拡散係数の特性値以下になるような W/C を求める．

2) 凍結融解抵抗性から定まる水セメント比： 凍結融解作用に対する抵抗性は，4〜7%の適切な空気量をもつ AE コンクリートの使用を原則として，凍結融解試験（水中凍結水中融解試験方法，JIS A 1148（A法））から定まる相対動弾性係数の特性値 E_k を指標として確認できる．凍結融解試験における相対動弾性係数と水セメント比の関係の一例を表 13.5 に示す．また構造物の置かれる環境をもとに，凍害に関する性能を満足するための凍結融解試験における相対動弾性係数の最小限界値が，表 13.6 のように示されている．

3) 化学的侵食に対する抵抗性から定まる水セメント比： コンクリートの化学的侵食に対する抵抗性を考慮しなければならない構造物においては，劣化環境に応じて表 13.7 に示すような最大水セメント比を標準として定めることが可能である．

表13.5 相対動弾性係数とそれを満足するための水セメント比[3]

凍結融解試験における 相対動弾性係数（%）	水セメント比（%）				
	65	60	55	45
	60	70	85	90

注1：表に示す水セメント比の間の凍結融解試験における相対動弾性係数の値は直線補間して求めてよい．
注2：水セメント比が45％以下の場合の凍結融解試験における相対動弾性係数の値は90％とする．

表13.6 凍結融解試験における相対動弾性係数の最小限界値[3]

気象条件		凍結融解がしばしば 繰り返される場合		氷点下の気温となることが まれな場合	
構造物の露出状態	断面	薄い場合[*2]	一般の場合	薄い場合[*2]	一般の場合
(1) 連続してあるいはしばしば水で飽和される部分[*1]		85	70	85	60
(2) 普通の露出状態にあり，(1)に属さない場合		70	60	70	60

*1) 水路，水槽，橋台，橋脚，擁壁，トンネル覆工などで水面に近く水で飽和される部分，およびこれらの構造物のほか，桁，床版などで水面から離れてはいるが融雪，流水，水しぶきなどのため水で飽和される部分．
*2) 断面の厚さが20cm程度以下の構造物の部分．

表13.7 化学的侵食に対する抵抗性を確保するための最大水セメント比[1]

劣化環境	最大水セメント比（%）
SO_4として0.2%以上の硫酸塩を含む土や水に接する場合	50
凍結防止剤を用いる場合	45

注：実績，研究成果などにより確かめられたものについては，表の値に5～10を加えた値としてよい．

4) アルカリシリカ反応に対する対策： アルカリシリカ反応に伴い，コンクリートにひび割れが発生したとしてもただちに構造物の安全性，使用性などの性能が大きく低下するものではない．しかし，コンクリート構造物の設計の時点においては，適切な材料あるいは対策の選定によりアルカリシリカ反応を発生させないことが基本である．すなわちアルカリシリカ反応に対しては，①コンクリート中のアルカリ総量の抑制，②アルカリシリカ反応抑制効果をもつ混合セメントの使用，③アルカリシリカ反応性試験（JIS A 1145「骨材のアルカリシリカ反応性試験方法（化学法）」およびJIS A 1146「骨材のアルカリシリカ反応性試験方法（モルタルバー法）」）で無害であること

が確認された骨材の使用，といった対策を講じなければならない．
(3) コンクリートの水密性をもとにして水セメント比を定める場合
コンクリートには，透水係数によって表されるコンクリートそのものの水密性と，コンクリートに生じたひび割れを介した透水も考慮した透水量によって表される水密性がある．コンクリートそのものの水密性を表す透水係数は一般に水セメント比に依存することから，適切なワーカビリティーを確保した上で，水セメント比を55%以下にすることが標準とされている．またひび割れに対しては，水密性に影響を与えるようなひび割れが発生しないよう配合上の適切な対策が行われなければならない．

13.3.5 暫定の配合の設定
(1) 単位水量
コンクリートのワーカビリティーのうち，コンシステンシーは単位水量の大きさによって変化する．単位水量は，作業に適するワーカビリティーをもつ範囲でできるだけ小さくなるように，試験によって定める必要がある．単位水量の上限として175 kg/m^3 を標準とすることができ，その推奨範囲として表13.8が示されている．
(2) 単位セメント量
単位セメント量は，水セメント比と単位水量が定まると求めることができる．しかし設計において，たとえば温度ひび割れに対する照査から，単位セメント量の上限が定められることがある．また，高性能AE減水剤を用いたコンクリートのスランプを保持するために単位セメント量の下限が定められることもあり，粗骨材の最大寸法が20〜25 mmの場合で，単位セメント量270 kg/m^3 が下限値として推奨されている．このような場合，設計において定められた単位セメント量の上下限値を満たしているか否かを確認する必要がある．
(3) 細骨材率
細骨材率 (s/a) とは，コンクリート中の全骨材量に対する細骨材の量の絶対容積比を百分率で表した値である．細骨材率を小さくして粗骨材量を大きくすれば，所要のワーカビリティーを得るための単位水量を少なくすることができ，結果としてセメント量を減らすことができる．しかし細骨材率が小さすぎると，コンクリートがプラスティックでなくなり，材料分離抵抗性が低下することにつながる．また，細骨材の粗

表 13.8 単位水量の推奨範囲 [1]

粗骨材の最大寸法 (mm)	単位水量の範囲 (kg/m^3)
20〜25	155〜175
40	145〜165

表 13.9 コンクリートの単位粗骨材かさ容積，細骨材率および単位水量の概略値 [1]

粗骨材の最大寸法 (mm)	単位粗骨材容積 (%)	AE コンクリート				
		空気量 (%)	AE 剤を用いる場合		AE 減水剤を用いる場合	
			細骨材率 s/a (%)	単位水量 W (kg)	細骨材率 s/a (%)	単位水量 W (kg)
15	58	7.0	47	180	48	170
20	62	6.0	44	175	45	165
25	67	5.0	42	170	43	160
40	72	4.5	39	165	40	155

注1：この表に示す値は，全国の生コンクリート工業組合の標準配合などを参考にして決定した平均的な値で，骨材として普通の粒度の砂（粗粒率2.80程度）および砕石を用い，水セメント比0.55程度，スランプ約8cmのコンクリートに対するものである。

注2：使用材料またはコンクリートの品質が注1の条件と相違する場合には，上記の表の値を下記により補正する。

区分	s/aの補正（%）	Wの補正
砂の粗粒率が0.1だけ大きい（小さい）ごとに	0.5だけ大きく（小さく）する	補正しない
スランプが1cmだけ大きい（小さい）ごとに	補正しない	1.2%だけ大きく（小さく）する
空気量が1%だけ大きい（小さい）ごとに	0.5〜1だけ小さく（大きく）する	3%だけ小さく（大きく）する
水セメント比が0.05大きい（小さい）ごとに	1だけ大きく（小さく）する	補正しない
s/aが1%大きい（小さい）ごとに	—	1.5kgだけ大きく（小さく）する
川砂利を用いる場合	3〜5だけ小さくする	9〜15kgだけ小さくする

なお，単位粗骨材容積による場合は，砂の粗粒率が0.1だけ大きい（小さい）ごとに単位粗骨材容積を1%だけ小さく（大きく）する。

粒率が大きくなると粘性に関する性質であるプラスティシティーが低下し，打込みが困難になったり，分離しやすくなったりする。

暫定の配合の設定においては，AEコンクリートの場合，表13.9を用いて単位水量および細骨材率の概略値を求め，設定した配合条件に合わせて補正を行う。

暫定の配合が設定されると，13.2節に示したように，実際に使用する材料を用いた試し練りによって使用材料の変更や配合の修正を行うとともに，必要に応じて骨材の

表13.10 コンクリートの配合例

粗骨材の最大寸法 G_{max} (mm)	スランプ (cm)	水セメント比 (%)	空気量 (%)	細骨材率 (%)	単位量 (kg/m³)				混和剤 AE減水剤 (g/m³)
					水 W	セメント C	細骨材 S	粗骨材 G	
20	10	53.4	5.0	44.9	174	326	801	986	815

表13.11 セメント製造における CO_2 インベントリ [4]

セメント種類		普通ポルトランド	高炉B種	フライアッシュB種
石灰石脱炭酸起源		467.5	265.2	391.4
化石燃料燃焼起源		301.1	179.7	245.4
(化石起源) 廃棄物等燃焼起源	(g/kg)	46.6	26.4	37.6
焼却不要による削除[*]		▲46.6	▲26.4	▲37.6
合計		768.6	444.9	636.8

[*] 化石起源廃棄物などをセメント製造用熱エネルギー代替として利用することで削減される CO_2 (このほか,焼却時の排ガス処理や残渣埋め立て処理などに伴う CO_2 も削減されるが,具体的な値は不明).

表面水や粒度による修正を加えることで,実際に適用する配合を決定する.決定した配合は,一般に表13.10に例示するような表形式で表す.

13.4 環境に配慮した配合

コンクリート構造物の設計,施工,供用,維持管理,解体・廃棄・再利用の各段階の環境側面として考慮すべき事項に,CO_2 排出量の削減が挙げられる.

コンクリート用材料の製造においては,セメント産業から排出される CO_2 がわが国の総排出量の約4%を占めている(2008年度)といわれている.またセメントの製造過程においては,製造に要するエネルギー起源の CO_2 以外に,原料起源の CO_2 (主原料である石灰石の熱分解($CaCO_3 \rightarrow CaO + CO_2$)により発生)が必ず排出される脱炭酸の現象を伴うという特徴をもつ.セメント種別の CO_2 インベントリデータ [4,5](ある期間内に特定の物質がどこからどれくらい消費,排出されたかを示す資料)を表13.11に示す.エネルギー起源の CO_2 は,石油などの化石燃料燃焼起源と廃棄物をエネルギー代替として利用する廃棄物等燃焼起源に分類されている.これらのデータをもとに,LCI(ライフサイクルインベントリ分析(ISO14041/JIS Q 14041))[6] が行われ,環境影

響が定量化される．したがって，あるコンクリート構造物の CO_2 を指標とした環境影響を評価するためには，その構造物に必要なコンクリート用材料の単位量を定めるための配合設計が重要となる．

コンクリートの配合上必要とされる材料で環境側面に配慮する方法として，セメント系材料においては，エコセメントの利用が資源の消費の観点から有効な手段である．また，脱炭酸化を伴わない混和材料を含む混合セメントの利用も有効である．骨材としては，再生骨材の利用，溶融スラグ骨材の利用などが，資源の消費の面から有効である．

コンクリート製品や構造物においては，CO_2 の固定化による温室効果ガスの削減効果や緑化・植生コンクリートに代表されるような環境対応（調和）型のコンクリートによる環境保全・改善に関する検討が進められている．また，コンクリートを高耐久化することは，解体や撤去に伴う CO_2 の排出を低減することにつながるため有効である．さらに，コンクリートの高強度化は単位セメント量の増加に伴う環境負荷が考えられるが，同じ耐力をもつ部材を設計した場合，部材の断面を低減できることから，総量としての CO_2 排出に効果的である．

13.5 おわりに

本章で述べた配合設計の手順，手法は，きわめて一般的なコンクリートに対する設計手法である．コンクリート構造物においては，その施工の条件や環境，利用される環境によって特殊なコンクリートや施工方法が必要とされる場合もある．このような特殊なコンクリートでは，ここで述べた一般的な配合設計の手法が適用できない場合も少なくない．14章では，特殊あるいは特徴的な性能をもたせた各種のコンクリートについて，その特性とともに使用材料や配合の特徴が述べられている．

コンクリートの強度および耐久性から，コンクリートに要求される水セメント比を決定する手法を述べた．現在の主流は，条件に応じた標準値から選択する手法である．これに対し，今後はコンクリート構造物の耐久性照査の結果としてコンクリートに要求される特性値を満足する，水セメント比の決定手法が用いられる設計の体系が望まれる．

□参考文献
1) 土木学会：コンクリート標準示方書［施工編］，2007.
2) 日本材料学会：建設材料実験，pp.87-105，2011.
3) 土木学会：コンクリート標準示方書［設計編］，2007.

4) セメント協会：セメントの LCI データの概要，2010.
5) 産業環境管理委員会：LCA プロジェクト HP.
   http://www.jemai.or.jp/lcaforum/project/03_01.cfm
6) ISO 14041，JIS Q 14041：環境マネジメント—ライフサイクルアセスメント—目的及び調査範囲の設定並びにインベントリ分析．

□関係規準類
1) 土木学会：2007 年制定コンクリート標準示方書［施工編］
2) 土木学会：2007 年制定コンクリート標準示方書［設計編］
3) 土木学会：2002 年制定コンクリート標準示方書［施工編］
4) JIS A 5308「レディーミクストコンクリート」
5) JIS A 1148「水中凍結融解試験方法（A 法）」
6) JIS A 1145「骨材のアルカリシリカ反応性試験方法（化学法）」
7) JIS A 1146「骨材のアルカリシリカ反応性試験方法（モルタルバー法）」

□最新の知見が得られる文献
1) 土木学会：コンクリート構造物の環境性能照査指針（試案），コンクリートライブラリー 125 号，2005.
2) 土木学会：施工性能にもとづくコンクリートの配合設計・施工指針（案），コンクリートライブラリー 126 号，2007.

□演習問題
1. コンクリートの空気量を大きく設定した場合，同一のスランプを得るために必要な細骨材率の増減はどうなるか．
2. 設計基準強度が 24 N/mm^2 のコンクリートを配合設計するにあたって，コンクリートの圧縮強度をもとにした水セメント比を求めよ．ただし，コンクリートの配合強度が設計基準強度を下回る確率を 5% 以下とし，圧縮強度の変動係数を 10% とする．また，水セメント比と圧縮強度の関係は，$f'_c = -12.1 + 21.7\, C/W$ で表されるものとする．
3. 暫定の配合を現場の配合に補正するにあたって，細骨材の表面水率を誤って実際より小さく計算した．このとき，実際のコンクリートの強度は目標とした強度に対してどうなるか．
4. 細骨材率を大きくするとコンクリートのプラスティシティが改善するメカニズムを述べよ．

第14章
高性能なコンクリートと補強材

14.1 はじめに

　前章までに学習した一般的なコンクリート（普通コンクリート）では，施工が難しい場合がある．たとえば水中部のコンクリート構造物に関しては，水を締め切った状態で普通コンクリートを打設することは可能であるが，コストや工期の面でも合理的ではない．そこで，水中でも打設可能な水中不分離性コンクリートが開発された．この事例にもあるように，普通コンクリートで構造物の実現が難しい，あるいはさらに合理的な方法が要求される場合に，材料の側面からそれを克服しようとしたコンクリートが数多くある（図14.1）．ここではそれらの高性能なコンクリートについて紹介する．また，後半では耐腐食性の向上を主な目的とした各種補強材について紹介する．なお，特殊な環境下で配慮する事項がある暑中コンクリート，寒中コンクリート，マ

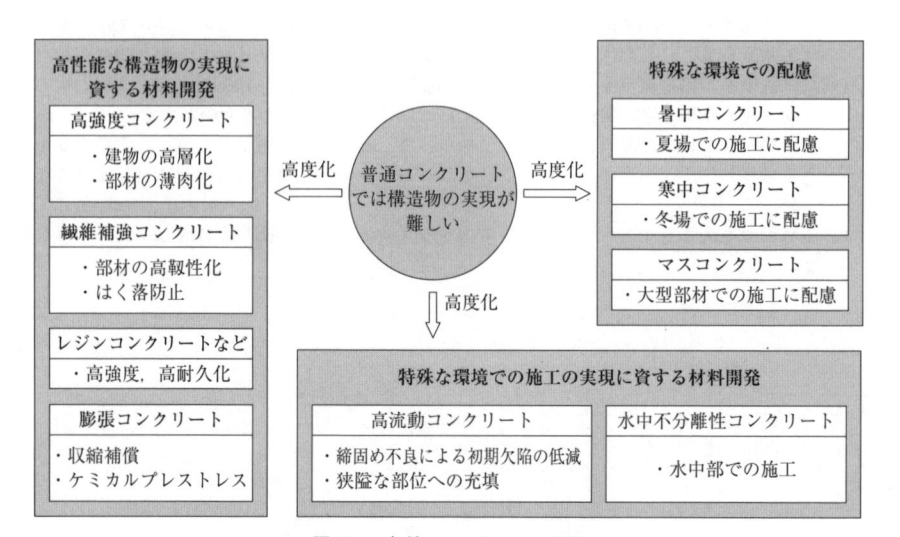

図14.1　各種コンクリートの分類

スコンクリートなどは他の文献[1]を参照されたい．

14.2 高流動コンクリート

14.2.1 概　要

高流動コンクリートは，フレッシュ時の材料分離抵抗性を損なうことなく流動性を著しく高めたコンクリートである．打込み作業の合理化や過密配筋構造物への充填性の改善などを目的とし，自己充填コンクリート（ハイパフォーマンスコンクリート）として開発された[2]．振動締固め作業が不要であるため，コンクリート製品工場における騒音防止にも大きな効果が期待できる．

14.2.2 材料・配合

高い流動性は，高性能AE減水剤または高性能減水剤の使用によって得られる．材料分離抵抗性を付与するために，混和材料として増粘剤を用いたもの（増粘剤系高流動コンクリート），フライアッシュや高炉スラグ微粉末などの粉体を使用したもの（粉体系高流動コンクリート），あるいはその両方を使用したもの（併用系高流動コンクリート）がある．

14.2.3 高流動コンクリートの性質

普通コンクリートのワーカビリティーやコンシステンシーはスランプ試験で求めるが，高流動コンクリートはフロー試験で求める．図14.2は，高流動コンクリートのフロー試験の状況である．一般に，高流動コンクリートのフロー値は50〜75cm程度である．普通コンクリートと比べて粉体量が多いため，ブリーディングは少ない傾向にある．

(a) 普通コンクリート 　　　　(b) 高流動コンクリート

図14.2 高流動コンクリートのスランプフロー

高流動コンクリートは粘性係数が大きいことから，ポンプ圧送時の圧力損失は普通コンクリートに比べて大きくなる．一般に凝結も遅い傾向にあるため，打込み後も長時間にわたって側圧が減少しにくく，型枠に作用する側圧は，原則として液圧として設計しなければならない．

14.3 水中不分離性コンクリート

14.3.1 概　　要

水中不分離性コンクリートとは，水中不分離性混和剤を混和することにより，材料分離抵抗性を高めた水中コンクリートである．普通コンクリートと比較して，水による洗い作用に対する抵抗性が高く，水中で落下させても分離しにくいことから，水質を汚濁しないことが特徴の1つである．

14.3.2 材料・配合

水中不分離性混和剤は，水溶性高分子を主成分とした粉体で，セルロース系とアクリル系の2種類に大別される．水中不分離性混和剤の使用量は銘柄によって異なるが，$2 \sim 4 \, \text{kg/m}^3$ の場合が多い．

14.3.3 水中不分離性コンクリートの性質

水中不分離性コンクリートは，ブリーディングが少ないこと，普通コンクリートと比較して凝結が遅延するなどの特徴がある．また，硬化後のコンクリートの力学特性が大幅に低減しないよう，水中気中強度比（気中作製供試体の圧縮強度に対する水中作製供試体の圧縮強度の比率）が80％以上となるように管理をするのが一般である．

14.4 高強度コンクリート

14.4.1 概　　要

高強度コンクリートとは，土木学会（コンクリート標準示方書）では，設計基準強度が $50 \sim 100 \, \text{N/mm}^2$ 程度のコンクリートのことを指す．また，建築学会（建築工事標準仕様書・同解説，鉄筋コンクリート工事 JASS5）では，設計基準強度が $36 \, \text{N/mm}^2$ を超えるコンクリートと規定されている．最近では，圧縮強度が $200 \, \text{N/mm}^2$，設計基準強度が $150 \, \text{N/mm}^2$ を超える超高強度のコンクリートの製造も可能となっている．

14.4.2 材料・配合

水和熱が小さく硬化初期の高温履歴の影響を低く抑えられることや，長期強度の増進が大きいこと，フレッシュ時の粘性が小さいことなどの理由から，低熱ポルトランドセメントもしくは中庸熱ポルトランドセメントを使用することも多い．

骨材の品質は，高強度コンクリートの性状に大きな影響を与える．一般には，強度が高く，均質・堅硬なものがよいとされている．また，単位セメント量が多くアルカリ濃度が高くなるため，アルカリシリカ反応性が無害と判断された骨材を使用する必要がある．

高強度コンクリートを製造するためには，一般に高性能 AE 減水剤もしくは高性能減水剤を用いる場合が多い．さらに，シリカフューム，高炉スラグ微粉末，フライアッシュなどの混和材を使用すると，高強度を得やすくなるだけでなく，フレッシュコンクリートの流動性がよくなる．またポゾラン反応により，硬化後に高い耐久性を得ることができるなどの効果も得られる．

14.4.3 高強度コンクリートの性質

高強度コンクリートの一軸圧縮試験の応力-ひずみ曲線を，図 14.3 に示す．高強度になるほど，最大応力時のひずみはやや大きくなり，応力下降域の軟化勾配が急激に

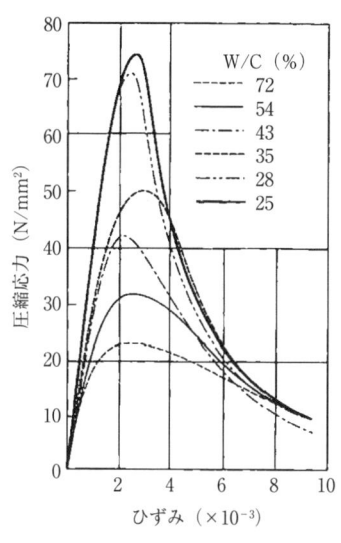

図14.3　各種W/Cのコンクリートの応力-ひずみ曲線[1]

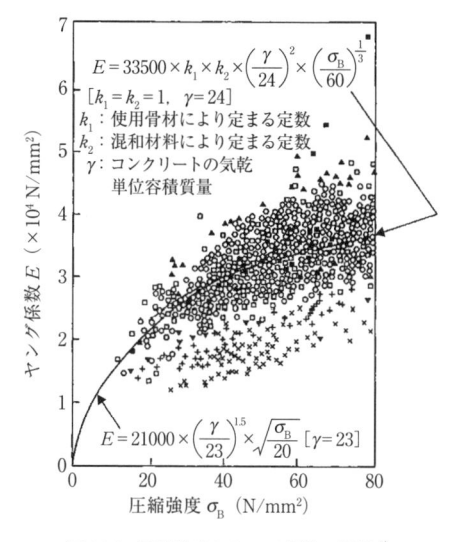

図14.4　圧縮強度とヤング係数の関係[3]

$$E = 33500 \times k_1 \times k_2 \times \left(\frac{\gamma}{24}\right)^2 \times \left(\frac{\sigma_B}{60}\right)^{\frac{1}{3}}$$
$[k_1 = k_2 = 1, \gamma = 24]$
k_1：使用骨材により定まる定数
k_2：混和材料により定まる定数
γ：コンクリートの気乾単位容積質量

$$E = 21000 \times \left(\frac{\gamma}{23}\right)^{1.5} \times \sqrt{\frac{\sigma_B}{20}} \ [\gamma = 23]$$

なり，脆性的な破壊挙動を示す．ヤング係数は図 14.4 に示すように，圧縮強度とともに増加するが，高強度になるにつれてその増加の程度は小さくなる．

また，高強度コンクリートの耐久性に関してはさまざまな留意点がある．以下に要点を示す．

・セメントペーストの組織が緻密になることから中性化の進行速度は遅くなる．
・耐凍害性は高いと考えられているが，一定の空気量がないと耐凍害性が低下する場合がある．
・単位セメント量が多くなるため，使用する骨材のアルカリシリカ反応性に対する十分な配慮が必要である．
・水セメント比が小さくなるので，乾燥収縮は小さくなるが，逆に自己収縮が大きくなる．
・火災時に表面が爆裂しやすく，耐火性が必要な構造物に設計基準強度 80 N/mm^2 以上の高強度コンクリートを使用する場合には，有機繊維（ポリプロピレンなど）を 0.5%程度混入するなどの対策をとる必要がある．

14.5 短繊維補強コンクリート

14.5.1 概　　要

短繊維補強コンクリート（FRC）は，コンクリート中に長さ 30〜50 mm の鋼繊維や有機繊維を混入したコンクリートの総称である．近年の FRC の利用方法の特徴として，①短繊維による力学性能の向上を期待したもの（はく落防止を含む），②高強度コンクリートの耐火性向上（爆裂防止），③収縮ひび割れ低減（分散）がある．なお，ここでは力学特性の違いに着目して，ひずみ軟化型 FRC，ひずみ硬化型セメント系複合材料（SHCC），超高強度高靱性コンクリート（UHPFRC）に分類して概説する．

14.5.2 ひずみ軟化型 FRC
(1) 材料・配合
コンクリート中に長さ 30〜50 mm，直径 0.6 mm 程度の鋼繊維や有機繊維を体積比で 0.5〜2%程度混入したものが一般的である．

(2) ひずみ軟化型 FRC の性質
フレッシュコンクリートの性質は，少量の短繊維の混入であれば普通コンクリートと同程度であるが，多量に添加する場合にはファイバーボール（不均一な状態）ができやすい．

表 14.1 に示すように，繊維混入率の増加に伴い，圧縮強度はほとんど変化しないが，

表14.1 繊維混入率の違いが力学性能に与える影響 [4]

| 体積混入率1% ||| | 体積混入率2% ||| |
| 強度 (N/mm^2) ||| ヤング係数 (kN/mm^2) | 強度 (N/mm^2) ||| ヤング係数 (kN/mm^2) |
圧縮	引張	曲げ		圧縮	引張	曲げ	
52.2	4.60	6.34	30.3	51.9	6.19	8.24	30.1

注：W/C = 0.49．

曲げ・引張強度は大幅に向上する．図14.5に示される引張軟化曲線においても，普通コンクリートに比べて引張靱性がきわめて大きいこと，繊維混入率が大きくなるほど，引張靱性も大きくなることが分かる．ただし図14.5に示されるように，ひび割れ発生後にはひび割れ幅の増加とともに引張応力が小さくなっていく，いわゆるひずみ軟化を呈し，後述のひび割れ発生後も引張応力が漸増するひずみ硬化型FRCとは異なる．

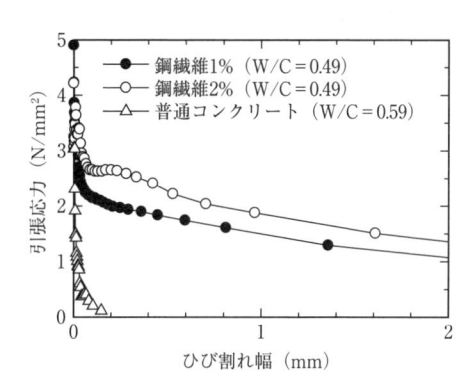

図14.5 繊維補強コンクリートと普通コンクリートの引張軟化曲線の違い

耐久性に関しては，短繊維の混入によりひび割れ幅が抑制でき，特に乾燥収縮によるひび割れは発生しにくい．

14.5.3 ひずみ硬化型セメント系複合材料

(1) 概　要

ひずみ硬化型セメント系複合材料（SHCC）は，体積比で2%程度以下の繊維量で，複数微細ひび割れおよびひずみ硬化挙動を実現する点に特徴がある．ECC [5] が代表例である．

(2) 材料・配合

水結合材比（W/B）が0.3〜0.5の範囲にあり，普通コンクリートのそれに近い．なお水和熱の低減を目的とし，フライアッシュなどの混和材が用いられる場合が多い．マトリックスの破壊靱性を低減させ，かつ骨材の周辺に形成される欠陥の低減を目的として，通常は粗骨材は用いられない．繊維には，ポリビニルアルコール（PVA）繊維やポリエチレン（PE）繊維が用いられる．繊維の直径は0.01〜0.04mm程度，繊維の長さは10mm前後のものが多い．また，繊維の分散性を確保するために，増粘作用

表14.2 各種FRCの物性の目安

	圧縮強度 (N/mm^2)	引張強度 (N/mm^2)	曲げ強度 (N/mm^2)	弾性係数 (kN/mm^2)
ひずみ軟化型FRC	20〜50	2〜4	10〜15	25〜35
SHCC	30〜60	3〜5	10〜15	15〜20
UHPFRC	150〜250	8〜14	30〜40	45〜65

のある特殊混和剤が使用される場合が多い．

(3) SHCCの性質

硬化後の力学特性としては，試験方法にもよるが，圧縮強度が30〜60 N/mm^2，引張強度が3〜5 N/mm^2，弾性係数が15〜20 kN/mm^2 程度のものが多い（表14.2）．特に図14.6に示されるように，初期ひび割れ発生後も応力が漸増するひずみ硬化挙動を呈し，1〜2%以上の引張ひずみを生じ，かつ複数微細ひび割れが生じることが特徴である（図14.7）．図14.8に示すように，先述のひずみ軟化型FRCではひび割れ発生後の繊維の破断（ケース①），繊維とマトリックスの付着が切れることによる繊維の抜出し（ケース②）によってひずみ軟化挙動を呈する．一方，ひずみ硬化挙動は，十分な繊維強度および十分な繊維とマトリックスの付着によって，近傍のマトリックスに別のひび割れが生じることによって実現されるため（ケース

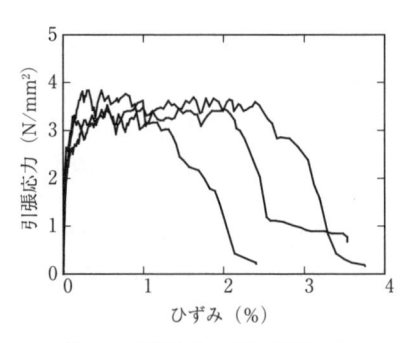

図14.6 引張応力-ひずみ曲線の例

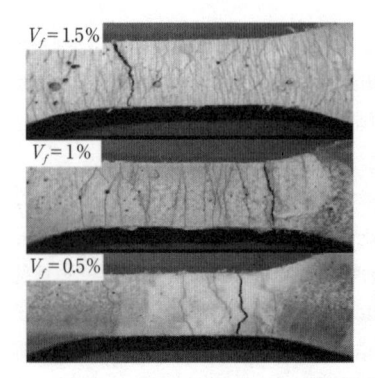

図14.7 ひび割れ性状（左：引張試験，右：曲げ試験）

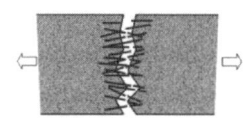

ケース①	ケース②	ケース③
ひび割れ発生後に繊維が切れる	ひび割れ発生後に界面の付着が切れる	ひび割れ発生後に近傍のマトリックスが割れる

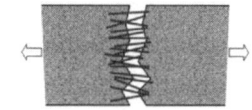

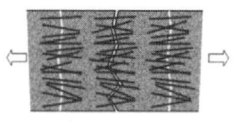

図14.8 ひび割れ部で生じる事象とひずみ硬化挙動

③），繊維やマトリックスの組合せを含めた材料設計が重要となる．

耐久性に関しては，既往のRCの許容ひび割れ幅（たとえば0.2 mm程度）に対して，ひび割れ幅が0.05〜0.1 mm程度以下に抑制できることから，ひび割れ部での耐久性の向上が期待でき，補修材としての利用が試みられている．

14.5.4 超高強度繊維補強コンクリート

(1) 概　要

超高強度繊維補強コンクリート（UHPFRC）は，圧縮強度が150 N/mm^2 程度以上のコンクリートである．RPC[6]が代表例である．

(2) 材料・配合

材料特性は表14.2に示した通り，先述のひずみ軟化型FRCやSHCCとは大きく異なり，その材料設計コンセプトも全く異なる．たとえば，超高強度マトリックス（圧縮強度：150〜250 N/mm^2，弾性係数：45〜65 kN/mm^2）を実現するために，低水結合材比（W/B）の使用，各粒子の最密充填，さらには熱養生による物性発現の促進が行われる．

UHPFRCにおける靱性は，体積比で2〜3％程度以上の繊維により確保され，主に高強度鋼繊維（長さ：10〜15 mm，直径：0.2 mm程度）が用いられるが，最近では耐火性能（爆裂防止）の向上を目的に，有機繊維などを混入した材料も開発されている．

(3) UHPFRCの性質

超高強度化によってもたらされる緻密なマトリクスにより付与される優れた耐久性（物質移動に対する高い抵抗性）も活かすため，たとえば土木学会の指針では，使用時にひび割れを許容しない設計思想を採用している．UHPFRCは低水結合材比で粉体量も多いため，自己収縮が大きく，熱養生も必要とする場合が多いことから，プレキャスト部材を工場で製作し，引張特性よりむしろ圧縮強度が高いことを利用してプレストレスと組み合わせた構造物とする適用事例が多いのが現状である．

14.6 膨張コンクリート

14.6.1 概　　要

膨張コンクリートとは，膨張材の使用により硬化後に体積膨張を起こす能力を付与したコンクリートである．コンクリートに膨張材を使用すると，収縮ひび割れが発生しにくくなる．膨張量が大きい場合には，膨張しようとするコンクリートを鉄筋が拘束することにより，コンクリートにはケミカルプレストレスと呼ばれる圧縮応力が発生し，これがひび割れ発生に対する抵抗性を向上させる（図 14.9）．

14.6.2 材料・配合

膨張材は，セメントおよび水とともに練り混ぜた場合，水和反応によってエトリンガイト（$3CaO \cdot Al_2O_3 \cdot 3CaSO_4 \cdot 32H_2O$）あるいは水酸化カルシウム（$Ca(OH)_2$）の結晶を生成して，モルタルまたはコンクリートを膨張させる混和材である．エトリンガイトや水酸化カルシウムの生成時には十分な水分の供給が必要であるため，材齢初期における湿潤養生が重要である．膨張率が高いほど，構造物における膨張コンクリートの収縮補償効果（乾燥収縮によるひび割れの低減など）やケミカルプレストレスの効果は大きくなるが，過剰な膨張はコンクリートの圧縮強度を低下させる原因となる．収縮補償コンクリートの膨張率は，$150 \sim 250 \times 10^{-6}$ の範囲が一般的であるのに対し，ケミカルプレストレストコンクリートの鉄筋拘束状態下の膨張率は，$200 \sim 700 \times 10^{-6}$ の範囲にある場合が多い．

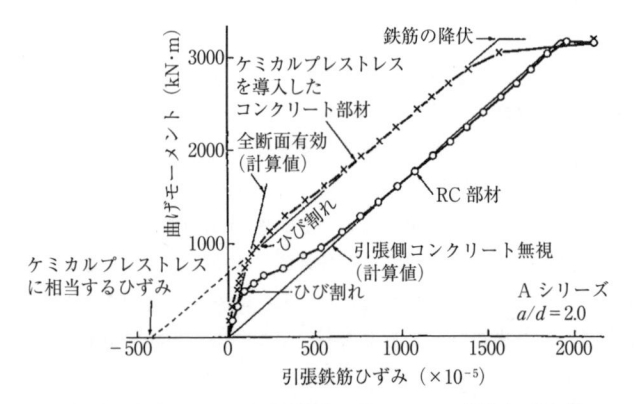

図 14.9　曲げモーメントと引張鉄筋ひずみに現れる膨張材の効果[7]

14.7 レジンコンクリート，ポリマー含浸コンクリート，ポリマーセメントコンクリート

14.7.1 概　　要
レジンコンクリート，ポリマー含浸コンクリート，ポリマーセメントコンクリートは，セメントコンクリート（以下コンクリートという）の結合材であるセメント水和物のすべて，あるいは一部を高分子材料で代替したものであり，結合材としての液状レジンに加え，充填材，骨材ならびに必要に応じて添加材を加えて製造された複合材料である．

14.7.2 レジンコンクリート
レジンコンクリート（REC）は，結合材に液状レジンを用いたコンクリートの総称であり，ポリマーコンクリートとも呼ばれる．結合材には，不飽和ポリエステル，エポキシ樹脂，アクリル樹脂などが用いられる．

硬化までの時間を短くすることができる，圧縮強度に対して，引張強度，曲げ強度の割合が大きい（表14.3），物質移動に対する抵抗性が高い，耐薬品性が高い，部材どうしの接着性に優れるなどの長所がある一方で，硬化時の発熱が大きい，硬化収縮が大きい，各種物性に温度依存性がある（図14.10），高価である，などの短所もある．一般に，プレキャスト部

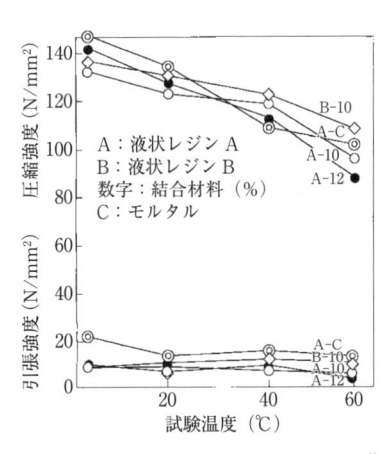

図14.10　圧縮および引張強度の温度依存性[9]

表14.3　各種コンクリートの強度試験結果の例[8]

コンクリートの種類	圧縮強度 (N/mm²)	曲げ強度 (N/mm²)	曲げ荷重下の消散エネルギー（N·mm）
普通コンクリート	44.6	4.37	29.4
高強度コンクリート	110	6.10	48.0
レジンコンクリート（不飽和ポリエステル）	145	18.6	29.4

材として地下構造物への利用実績が多い．

14.7.3 ポリマー含浸コンクリート

ポリマー含浸コンクリート（PIC）は，乾燥させたセメントコンクリートを脱気し，空隙にモノマーを含浸させ，これを加熱してモノマーを重合させ，ポリマーとセメントコンクリートを一体化させたものの総称である．含浸用のモノマーには，メタクリル酸メチル，スチレンなどがあり，含浸深さは樹脂の種類やコンクリートの品質にもよるが，一般に5 cm程度である．樹脂含浸によって，強度改善，物質移動に対する抵抗性の向上，耐摩耗性の向上などが可能となり，たとえば型枠などへの利用実績がある．

14.7.4 ポリマーセメントコンクリート（モルタル）

セメントコンクリート（モルタル）に，少量のポリマー（セメントに対して5～30％）を混和することで，セメントコンクリートの性能を改善することができる．混和するポリマーには，スチレンブタジエンゴム（SBR）などのゴムラテックス系，エチレン酢酸ビニル（EVA）などの熱可塑性樹脂エマルジョン，ポリアクリル酸エステル（PAE）などのアクリル系がある．これらポリマーの混和によって，引張強度や伸び能力が改善，物質移動に対する抵抗性が向上，コンクリートなどとの接着力が向上することが知られており，最近ではポリマーセメントモルタルは補修材に使用される場合が多い．

14.8　エポキシ樹脂塗装鉄筋

14.8.1　概　　要

エポキシ樹脂塗装鉄筋は，一般に通常の異型鉄筋に対しエポキシ樹脂を静電粉体塗装法によって塗装したものである．特に塩化物イオンの接触を遮断することで，塩害への予防対策に用いられる[10]．同様の塗装鋼材として，内部充填型エポキシ樹脂被覆PC鋼より線がある[11]．

14.8.2　特　　徴

エポキシ樹脂塗装鉄筋の引張特性に関しては，一般に被覆されていない状態の鉄筋と同じと考えられている．鋼より線では，素線どうしの相対移動が抑制され，フレッティング疲労に対する抵抗性が向上するともいわれている．耐食性の観点からは塗膜厚は大きいほうがよいが，鉄筋より弾性係数が小さいエポキシ樹脂が用いられるため，

塗膜厚が大きくなるほどコンクリートとの付着強度は低下する傾向にある．

塩化物イオンに対する耐久性の照査では，鉄筋の表面（塗膜の表面ではなく）での鋼材腐食発生限界塩化物イオン濃度は通常の鉄筋と同じ $C_{lim} = 1.2 \text{ kg/m}^3$ とし，塗膜の見掛けの拡散係数（コンクリートに比べて小さい）を考慮する．

エポキシ樹脂塗装鉄筋の製造時には，塗膜の外観，塗膜厚，塗膜の硬化状況，塗膜のピンホールについて確認する必要があることに加えて，貯蔵，運搬，加工，組立て，コンクリート打設における内部振動機による締固めなどの際にも，塗膜のきず，擦れ，はがれなどへの配慮が必要である．

14.9 ステンレス鉄筋

14.9.1 概　　要

ステンレス鉄筋は，一般にステンレス鋼（一般にクロムを10.5%以上かつ鉄を50%以上含有）を通常の異型鉄筋と同じ形状に熱間圧延することにより製造されたものであり，高い耐食性が期待される補強材である．

14.9.2 特　　徴

鉄筋としての性能が確認されている例として，表14.4に示すものがある．図14.11

表14.4 ステンレス鉄筋の種類と強度区分[12]

記号の種類	強度区分	相当鋼種
SUS304-SD	295A	SUS304
	295B	（オーステナイト系）
	345	SUS304N2
	390	（オーステナイト系）
SUS316-SD	295A	SUS316
	295B	（オーステナイト系）
	345	SUS316N
	390	（オーステナイト系）
SUS410-SD	295A	SUS410L
	295B	（フェライト系）
	345	SUS410
	390	（マルテンサイト系）

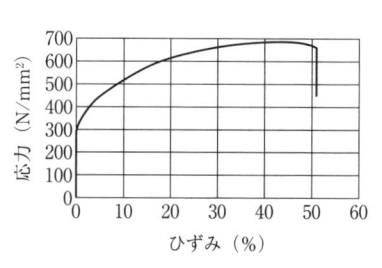

図14.11 ステンレス鉄筋の応力-ひずみ関係の例（SUS304-SD345）[12]

に引張試験におけるステンレス鉄筋の応力-ひずみ関係の一例を示す．降伏強度は0.2％耐力（残留ひずみが0.2％となる応力）が一般に用いられる．ヤング係数は，普通鉄筋とほぼ同じ値を示すものが多く，疲労強度は通常の鉄筋と同程度である．熱膨張係数は，コンクリートの熱膨張係数に比べて同等あるいは若干大きな値を示す．

　塩化物イオンに対する耐久性の照査では，鋼材腐食発生限界塩化物イオン濃度を大きくすることができる．ただし，溶接方法，溶接材料，温度履歴などの条件によって，溶接部の耐食性が損なわれることがあり，重ね継手や束ね鉄筋における隙間腐食や，ステンレス鉄筋と普通鉄筋の組合せ使用時に生じうる異種金属接触腐食についても検討しておく必要がある．

14.10　連続繊維補強材

14.10.1　概　　要

　連続繊維補強材は，繊維強化プラスチック（FRP）の一種であり，繊維と樹脂の複合材料である．高い耐食性に加えて，軽量や非磁性であることを生かした用途にも用いられている．

　繊維の集束形態には，1次元棒材（連続繊維棒材），2次元・3次元格子材，2次元面材（連続繊維シート，連続繊維プレート，連続繊維メッシュ）がある（図14.12）．連続繊維棒材は鉄筋やPC鋼材など棒鋼の代替として[13]，連続繊維シートや連続繊維プレートは鋼板の代替として用いられる[14]．連続繊維メッシュは，主にはく落防止のために用いられる（図14.13）．

14.10.2　特　　徴

　繊維には，高い引張強度を有する炭素繊維，アラミド繊維などをはじめ，ガラス繊

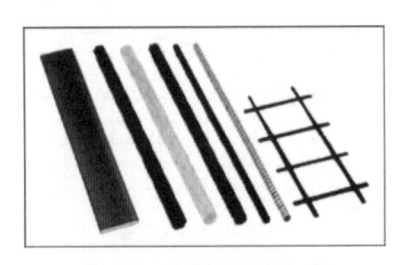

図14.12　連続繊維補強材の例

図14.13　トンネル内面のはく落防止（写真提供：ファイベックス株式会社）

維，ビニロン繊維，ポリエステル繊維などが用いられる．樹脂には，常温硬化樹脂であるエポキシ樹脂，ビニルエステル樹脂あるいは低温時の硬化特性に優れたMMA樹脂などが用いられる．

連続繊維補強材は，一般に軽量，高引張強度，高引張弾性，高耐食性など優れた特性を有しているが，引張応力下で破断時まで弾性的挙動を示すこと（図14.14），繊維の軸方向への引張に対してのみ最大の強度を発揮する点に注意が必要である．その他，クリープ特性やリラクセーション特性，熱膨張係数は使用する繊維や樹脂の影響を大きく受ける．また，衝撃，引摺り，圧迫・締付け，交差などによって強度低下をもたらす場合がある．さらには，各種物性の温度依存性や，屋外に保管する場合の紫外線劣化などの耐候性にも配慮が必要である．

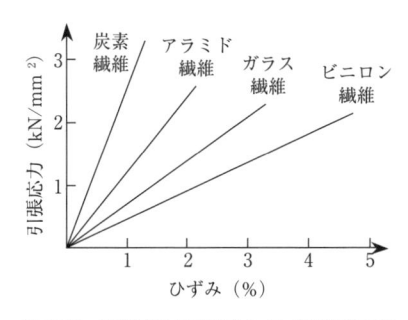

図14.14 連続繊維の引張応力-ひずみ関係の例

14.11 お わ り に

ここでは，普通コンクリートでは実現できないコンクリート構造物のための高性能なコンクリートおよび補強材について紹介した．これらの材料開発は，新たにコンクリートに付与された性能を定量化するための試験方法や指標の開発とも表裏一体であることに留意する必要がある．

□**参考文献**
1) 日本コンクリート工学協会：コンクリート技術の要点，2010.
2) 岡村 甫ほか：ハイパフォーマンスコンクリート，技報堂出版，1993.
3) 日本建築学会：鉄筋コンクリート構造計算規準・同解説―許容応力度設計法―，1999.
4) N. Kurihara et al.: Evaluation of Properties of Steel Fiber Reinforced Concrete by Means of Tension Softening Diagrams, Fracture Mechanics of Concrete Structures, pp.465-486, AEDIFICATIO Publishers, 1998.
5) V. C. Li: From Micromechanics to Structural Engineering — The Design of Cementitious Composites for Civil Engineering Applications, Structural Engineering/Earthquake Engineering, JSCE, **10**(2), pp.37s-48s, 1993.
6) P. Richard and M. Cheyrezy: Composition of reactive powder concretes, Cement and Concrete Research, **25**(7), pp.1501-1511, 1995.
7) 岡村 甫，辻 幸和：ケミカルプレストレスを導入したコンクリート部材の力学的特性，コンクリート・ライブラリー39号，p.84，1974.

8) 小柳　治ほか：コンクリートの破壊現象の安定性とその計測，コンクリート工学，**20**(6)，pp.83-89，1982.
9) 大濱嘉彦，山口　茂：レジンコンクリートの特性と構造利用 1. 建設材料としてのレジンコンクリート，材料，**54**(9)，pp.971-978，2005.
10) 土木学会：エポキシ樹脂塗装鉄筋を用いる鉄筋コンクリートの設計施工指針［改訂版］，コンクリートライブラリー 112 号，2003.
11) 土木学会：エポキシ樹脂を用いた高機能 PC 鋼材を使用するプレストレストコンクリート設計施工指針（案）―内部充てん型エポキシ樹脂被覆 PC 鋼より線―プレグラウト PC 鋼材―，コンクリートライブラリー 133 号，2010.
12) 土木学会：ステンレス鉄筋を用いるコンクリート構造物の設計施工指針（案），コンクリートライブラリー 130 号，2008.
13) 土木学会：連続繊維補強材を用いたコンクリート構造物の設計・施工指針（案），コンクリートライブラリー 88 号，1996.
14) 土木学会：連続繊維シートを用いたコンクリート構造物の補修補強指針，コンクリートライブラリー 101 号，2000.

□関係規準類

1) 土木学会：高流動コンクリートの配合設計・施工指針，コンクリートライブラリー 136 号，2012.
2) 土木学会：水中不分離性コンクリート設計施工指針（案），コンクリートライブラリー 67 号，1991.
3) 土木学会：鋼繊維補強鉄筋コンクリート柱部材の設計指針（案），コンクリートライブラリー 97 号，1999.
4) 土木学会：複数微細ひび割れ型繊維補強セメント複合材料設計・施工指針（案），コンクリートライブラリー 127 号，2007.
5) 土木学会：超高強度繊維補強コンクリートの設計・施工指針（案），コンクリートライブラリー 113 号，2004.

□最新の知見が得られる文献

1) 国枝　稔ほか：繊維補強セメント系複合材料の開発の動向―材料の持ち味を活かした適用を目指して―，セメント・コンクリート，(726)，pp.7-12，2007.
2) 国枝　稔ほか：レジンコンクリートの特性と構造設計指針（案）について，コンクリート工学，**45**(11)，pp.7-12，2007.
3) 辻　幸和，栖原健太郎：膨張コンクリートの性能評価，技報堂出版，2011.
4) 建設用先端複合材技術協会（ACC）：ライフサイクルコスト適用検討研究会報告書，2002.
5) A. Kobayashi et al.: Application of the FRP for construction as high durability materials in Japan, Proceedings of US-Japan Workshop on Life Cycle Assessment of Sustainable Infrastructure Materials, Sapporo, Japan, 2009.

□演習問題

1. 高強度コンクリートに使用される材料の種類と，その選定にあたっての留意点について

14.11 おわりに

　　説明せよ．
2. 短繊維補強コンクリートにおいて，繊維を入れることにより得られる効果を説明せよ．
3. あなたが考える「新しいコンクリート」について，その特性と利用法について説明せよ．なお，実現性は問わない．
4. 鉄筋やPC鋼材の代替としてエポキシ樹脂塗装鉄筋，ステンレス鉄筋，連続繊維補強材を用いる場合の長所と課題を，計画，設計，施工，維持管理の観点から指摘せよ．
5. 連続繊維補強材のような一方向あるいは異方性材料を，コンクリートの補強材として用いる場合の用途を挙げよ．

第15章
コンクリート構造物の調査試験方法

15.1 はじめに

　コンクリート構造物の維持管理においては，構造物の診断のための適確な点検が不可欠である．本章ではこの点検における詳細調査に際して有効な調査試験方法として，まず現時点において試験方法の標準化や研究開発が活発に進められている非破壊試験法について述べる．コンクリートの非破壊試験法としては表15.1に示すものが存在し，構造物の点検などで用いられている．ここでは，コンクリートの強度を非破壊的に調

表15.1 コンクリートの非破壊試験法の種類

評価の対象		非破壊試験法の種類
品質	強度・弾性係数	テストハンマー法 超音波法，衝撃弾性波法，打音法 引抜き法 共鳴振動法
	材料劣化	超音波法 アコースティック・エミッション（AE）法
内部欠陥	ひび割れ	超音波法 AE法 赤外線サーモグラフィ法 X線透過法
	空隙・はく離	超音波法 衝撃弾性波法，打音法 赤外線サーモグラフィ法 電磁波レーダ法 X線透過法
	鉄筋腐食	自然電位法などの電気化学的方法 X線透過法
鉄筋探査（かぶり・鉄筋径）		電磁誘導法 電磁波レーダ法

査する方法として古くから知られている反発度の測定法,品質や欠陥の評価に適用される弾性波法,電磁波法,さらに鉄筋腐食検出のための電気化学的手法について紹介する.続いて,同じく詳細調査に適用可能なコンクリートの化学分析方法について述べる.

15.2 反発度に基づく方法

15.2.1 原 理

この方法では,衝撃力を加えて反発度が測定できるテストハンマー（そのためリバウンドハンマーとも呼ばれる：図15.1）が用いられる.衝突現象においては,衝突速度と衝突後の反発速度の比である反発係数が重要である.速度による運動エネルギーは位置エネルギーへと変換されるため,テストハンマーではハンマーの反発高さを測定する.その原理は,

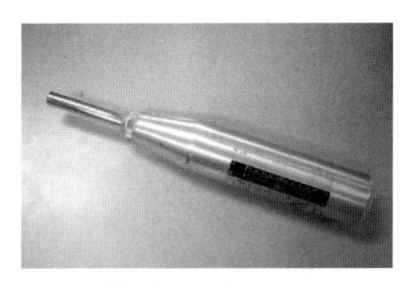

図 15.1 テストハンマー

1882年に発表された Herz の接触理論[1]に基づいており,反発速度は衝突媒体と接触媒体の弾性係数から導かれる.したがって,反発度の測定結果からコンクリートの弾性係数の評価が可能となる.固体材料の強度と弾性係数の間には高い相関関係が知られていることから,反発度の測定結果はさらに,圧縮強度の評価[2]にも用いることができる.ただしこの方法では,評価の対象箇所がコンクリート表層部に限られるため,凍結融解作用のように表面劣化部を有する場合や,コーティングなどにより表面処理を行った場合には,内部の状況を推定する上では注意が必要である.

15.2.2 測 定 方 法

1958年に発表された日本材料学会による指針[2]を参考にして作られた土木学会規準（JSCE-G 504）[3]と JIS 規格（JIS A 1155）[4]が,国内で一般に適用されている測定法である.

表面の乾燥状態,打撃方向,材齢,そして打撃面に垂直な方向の応力などの影響を補正（補正値：ΔR）して,以下の式により基準反発度 R_0 を求める.

$$R_0 = R + \Delta R \tag{15.1}$$

土木学会規準では縁部から 30 mm 以上離れた互いに 30 mm 以上の間隔をもつ 20点,JIS 規格では縁部から 50 mm 以上離れた互いに 25〜50 mm の間隔をもつ 9 点を測

定箇所として選定し，いずれについてもその平均値を用いて反発度を求めることとしている．両規準とも，偏差が平均値の 20% 以上になる測定値は棄却することと規定している．

本手法は，あくまでも表面硬度の測定方法であり，躯体コンクリート強度の推定は実際には困難で，標準供試体やコア採取による強度との比較が必要とされている．そのため JIS 規格では反発度の測定方法が規定されているのみで，強度推定方法については言及していない．土木学会規準では，圧縮強度 F_c の推定のために以下の参考式を与えている．

$$F_c = -18.0 + 1.27\,R_0 \tag{15.2}$$

15.3 弾性波を利用する方法

15.3.1 原　理
固体材料に外力 $t_i(y,t)$ と内部変位 $b_i(y,t)$ が作用した場合に発生・伝播する波動は，それぞれ以下の 2 式で表される[5]．

$$u_k(x,t) = G_{ki}(x,y,t) * t_i(y,t) \tag{15.3}$$

$$\begin{aligned}u_k(x,t) &= \int_F T_{ki}(x,y,t) * b_i(y,t)\,\mathrm{d}S \\ &= G_{kp,q}(x,y,t) * M_{pq}(y,t)\end{aligned} \tag{15.4}$$

本章で紹介する打音法，超音波法，衝撃弾性波法に関しては，理論的にはすべて (15.3) 式で説明することができる．一方，(15.4) 式はアコースティック・エミッション (AE) 法の基礎式である．

打音法はコンクリート中の弾性波ではなく，それに伴って発生した音波（空気振動）を評価する方法である．また，超音波法は圧電素子を用いて発生させた超音波を用いる方法である．さらに，衝撃弾性波法では外力として衝撃力を作用させ，発生した弾性波を活用している．いずれの方法でも，圧電センサや加速度計などで検出される弾性波 $u_k(x,t)$ を評価の対象とする．一方，AE 法では内部クラックの発生による弾性波動 $u_k(x,t)$ を検出する．

なお (15.3)，(15.4) 式などの弾性波動論の適用に関して，波動の撹乱現象は，伝播媒体中の介在（障害）物の寸法と波長との関係に支配される．弾性波の波長 (λ) は，周期（周波数の逆数：$T=1/f$）に伝播速度をかけて得られる 1 周期間の変位の大きさである．波長と伝播経路中の介在（障害）物の大きさとの関係が撹乱を支配するコンクリートの場合には，P 波の伝播速度がおおよそ 4000 m/s 程度であるので，弾性波の波長は 10 kHz で $\lambda = 400$ mm，100 kHz で $\lambda = 40$ mm となる．一般のコンクリートでは，このような波長成分は不均質性を構成する欠陥や骨材径の大きさよりも大きいた

め，コンクリート内部ではこれらによる撹乱の影響は小さく，均質弾性体の波動理論が適用可能となる．

弾性波動理論により3次元弾性体の波動方程式から体積変化成分とせん断変形成分の伝播速度を導くと，以下の縦波（P波）の速度 V_p と横波（S波）の速度 V_s が得られる．

$$V_p = \sqrt{\frac{(1-\nu)E}{\rho(1+\nu)(1-2\nu)}}, \quad V_s = \sqrt{\frac{E}{2(1+\nu)}} \quad (15.5)$$

ここで，E は弾性係数，ν はポアソン比，ρ は密度である．このほかに表面波や板波など，種類の異なる波も存在するが，非破壊試験では速度の最も大きな縦波（P波）がよく活用されている．

15.3.2 打音法

打音法では，ハンマーなどでコンクリート表面を打撃し，空隙やはく離部を受振波の振幅などから評価する．一般には弾性波の発生に伴う音波を対象とするため，検出には図15.2のようにマイクロフォンなどが用いられる．内部欠陥が存在すれば，欠陥上のコンクリート部分では打撃によって板のたわみによる共振現象が生じる．

打音法により表層はく離部を検出する際

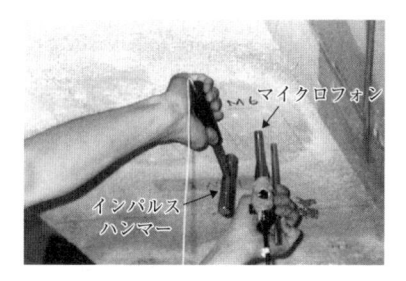

図15.2 打音法

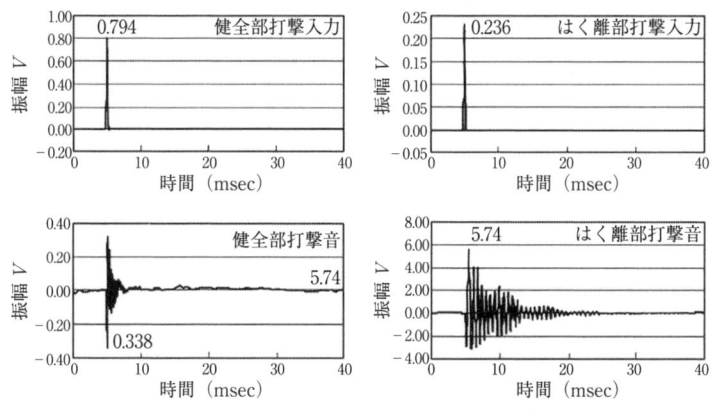

図15.3 打音法による表層はく離部の検出[6]

の打撃入力および打撃音の波形を図15.3に示す．右下の図に示すように，はく離部では健全部よりも明らかに振幅が大きくなっており，健全部とは異なる共振現象が生じていることから，波形の特徴によりはく離部を容易に識別することが可能である．

15.3.3 超音波法

空気中を伝播する縦波が「音波」であり，その中で可聴音域（一般に20 kHz程度以下）を超える周波数成分が超音波である．固体では縦波（P波）と横波（S波）が存在するため，明らかに弾性波は音波ではないが，超音波法の基本は，最速のP波の伝播速度V_pを測定することである．図15.4(a)のように発振センサに荷電することで弾性波を発生させ，受振センサで波動を検出し，図15.4(b)のように伝播時間を測定する．したがって，距離が既知ならば速度を決定することが可能となる．

コンクリートの品質評価では，超音波速度が分かれば(15.5)式より弾性係数を推定することができる．一般的にはV_pが4000 m/s以上であれば，コンクリートの品質は標準的な範囲にある場合が多い．コンクリート厚さやひび割れ深さなどの値は，あらかじめ健全部で超音波速度を求めておけば容易に決定することができる．この場合に考慮すべきは，厚さ推定の場合は反射面からの距離，ひび割れ深さ推定の場合はひび割れ先端での回折距離である．

なお，コンクリートの耐凍害性の評価に用いられる共鳴法[7]は，超音波法の一種とみなすことができる．発振子への荷電を周波数可変とし，受振回路の電圧（波動振幅）が最も大きくなる部材共振周波数を求める方法である．共振現象の生じる周波数fか

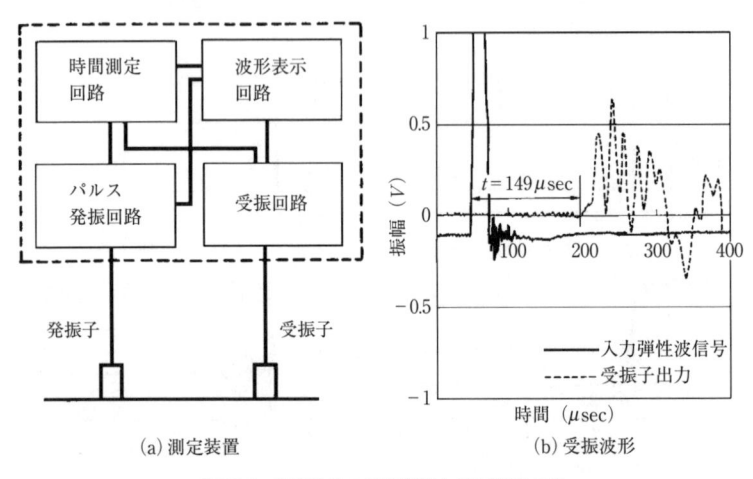

(a) 測定装置

(b) 受振波形

図 15.4 超音波法の測定装置と受振波形の例

ら周期 $T=1/f$ が求められると，共振モードとして波長 λ が得られ，それが部材の寸法 L と一致する場合として振動方程式の解から弾性係数を決定することができる．ただし，共鳴法の縦振動法では (15.5) 式を考慮せず，ポアソン比を無視した1次元波動式の解によっているため，弾性係数はポアソン比を無視した分だけ大きくなる．そのため，動弾性係数は静弾性係数より大きい値となるのである．

15.3.4 衝撃弾性波法

衝撃弾性波法では，対象とする部材に衝撃的な外力を与えた際に生じる部材の共振現象に着目することによって，部材の寸法や内部欠陥の深さなどを推定することができる．この方法では，受振された波形の周波数分布上で，共振現象に起因するピークの周波数の値から，種々の評価を行う．

図 15.5 に，床版（(a) モデル供試体）の上面に衝撃により弾性波を入力した場合の結果を示す．受振センサで検出された記録波形 (b) のスペクトル分析の結果 (c) には 6.8 kHz にピーク周波数が存在する．これが内部の人工欠陥からの反射による共振現象によるものとすれば，欠陥深さ d からの反射距離は $2d$ であり，これがピーク周波数成分 f に対応する波長 λ に等しいと考えられる．ここで，P波速度 $V_p=3910$ m/s とすれば，$T=1/f=1/6800$ s より，$\lambda=V_p\times T=3910/6800$ (m) となり，$2d=\lambda$ とおけば，$d=3910/(2\times 6800)\fallingdotseq 0.3$ m となる．

図 15.5 衝撃弾性波法の概要[6]

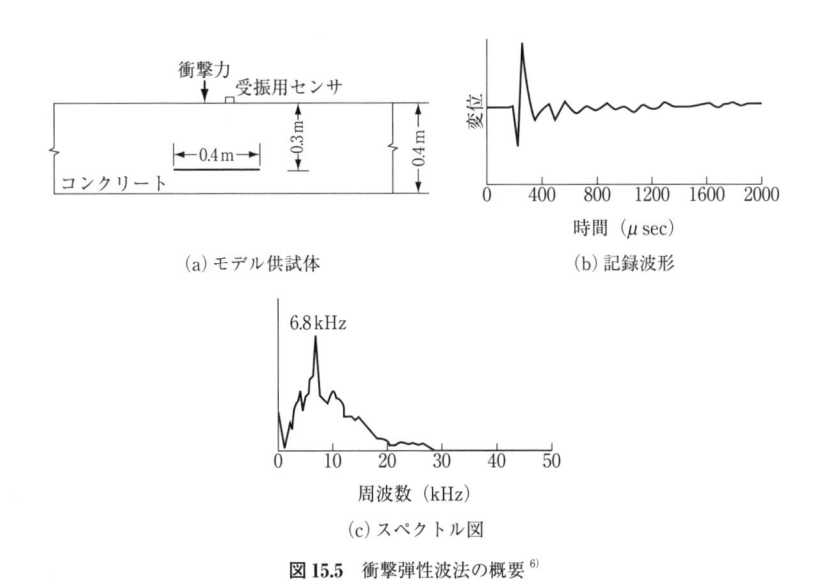

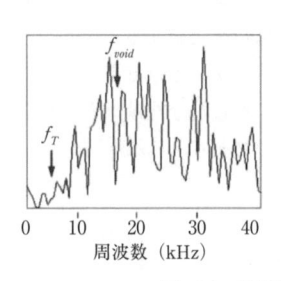

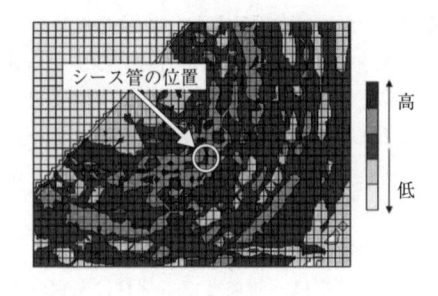

図 15.6 検出波形のスペクトルと SIBIE 解析結果

ただし，部材断面が小さくなると断面境界からの反射と断面形状に対応した共振などによるさまざまなピークが混在するため，上記のように単純に解決できないケースも出てくる．そこで，計測により得られたスペクトルに基づいて画像処理を行う SIBIE が開発されている[8]．プレストレストコンクリート部材におけるグラウト未充填シース管を検出したモデル試験の結果として，検出波形のスペクトル解析結果と SIBIE 解析による断面画像を図 15.6 に示す．スペクトルは非常に複雑で，底部からの反射共振 f_T，シース管からの共振 f_{void} ともに特定するのが困難なことが分かる．しかし SIBIE 解析によれば，シース管上部に反射強さの明らかに大きな領域が認められる．

15.3.5　アコースティック・エミッション（AE）法

　AE 法とは，コンクリート内部に発生する微小クラックによって生じた弾性波を検出する測定法であり，破壊過程や破壊予知，損傷度評価などに有用である．微小クラックを対象としており，超音波法よりもさらに微弱で高周波の成分までを測定対象としているため，高い増幅率や雑音除去のフィルターの使用が特徴であるが，測定装置の基本は図 15.4(a) の受振部と変わりはない．

　(15.4) 式の最終項が，2 階のテンソルとして導かれるモーメントテンソル M_{pq} である．モーメントテンソルを求めることは逆問題を解くことである．このため 6 チャンネル以上の AE 計測システムで波形を検出し，その初動を解析することにより，クラックの発生位置，種類，運動方向を決定できるソフトウエア SiGMA[10] が開発されている．

　図 15.7 に，鉄筋コンクリート梁の斜めせん断ひび割れの発生時に AE 波形を 8 チャンネルのシステムで検出し，SiGMA 解析した結果を載荷ステージとともにそれぞれ示す[5]．微小クラックは，引張型，混合型，せん断型に分類され，それぞれの発生位置に運動方向をつけて示されており，破壊の進展状況をひび割れの種類の分布状況とと

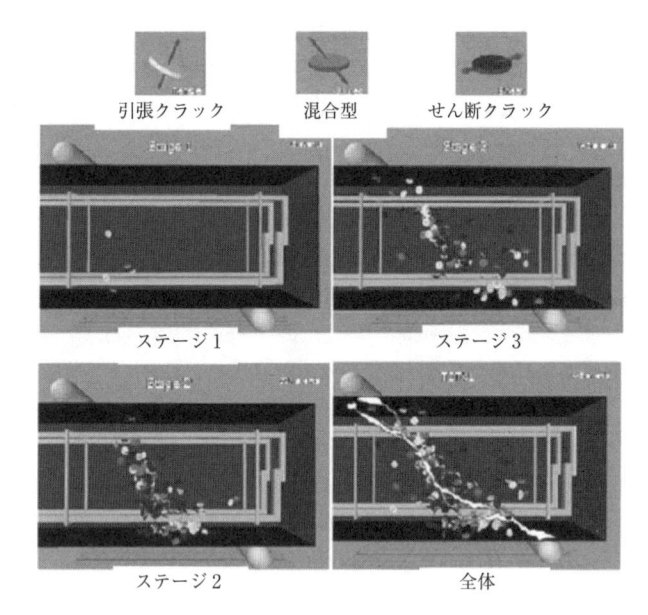

図 15.7 斜めせん断破壊の SiGMA 解析結果

もに把握することができている．

15.4 電磁波を利用する方法

15.4.1 概　要

　コンクリート構造物中の鉄筋の位置やかぶり，あるいは空隙などの欠陥を検出する手法として電磁波を利用する方法がある．ここでは，電磁波を利用する方法として電磁波レーダ法，電磁誘導法，X 線透過法，および赤外線サーモグラフィ法について，その原理と測定手法の特徴などについて述べる．

　電磁波レーダ法は，電気的特性（比誘電率）の異なる物質の境界面で電磁波の反射が生じる性質を利用し，コンクリート中の鉄筋の存在を検知する手法として用いられる．また電磁誘導法は，いわゆる電磁誘導の原理を利用して，コンクリート表面付近で時間的に変動する磁界を発生させ，コンクリート中に埋設された鉄筋（導体）に電位差が生じる（電流が流れる）現象を利用して鉄筋の存在を検知する手法である．一方 X 線透過法は，電磁波（放射）の一種である X 線が物質を透過する過程で物質の密度に応じてその強さが指数関数的に減衰するという性質を利用して，コンクリート

中の鉄筋や空隙の位置や大きさなどを非破壊で評価するものである．そして赤外線サーモグラフィ法は，赤外線カメラでコンクリート表面の温度を非接触で測定し，浮きやはく離など，特に表層部の内部欠陥を検知する方法として知られている．

15.4.2 電磁波レーダ法

電磁波レーダ法では，電磁波としては，500 MHz～25 GHz の帯域のマイクロ波が用いられる．具体的には，異なる物質の境界面における電磁波の反射率 γ は以下の (15.6) 式により表現されている．すなわち，

$$\gamma = (\sqrt{\varepsilon_1} - \sqrt{\varepsilon_2})/(\sqrt{\varepsilon_1} + \sqrt{\varepsilon_2}) \tag{15.6}$$

ここで，γ：媒質 1 と媒質 2 の境界面における電磁波の反射率，ε_i：媒質 i 中の比誘電率である．

(15.6) 式によれば，物質の比誘電率の差が大きいほど，境界面における反射率が大きくなることが分かる．含水率や材料・配合の違いにもよるが，コンクリートの比誘電率は 4～12 程度の値であり，コンクリート中に鉄筋がある場合鉄筋の比誘電率は ∞ であることから，コンクリートと鉄筋の境界面では電磁波の強い反射が生じることになる．ちなみに比誘電率から見れば，空気は 1，水は 81 である．コンクリートのそれとの差の観点から見れば，鉄筋の比誘電率との差の方が圧倒的に大きく，電磁波レーダ法がコンクリート中の鉄筋の探査に適していることは明らかである．

さて，このように鉄筋からの反射波が得られれば，たとえば電磁波の送信源から鉄筋までの距離は，以下の (15.7) 式から推定が可能ということになる．

$$V = C/\sqrt{\varepsilon_i}, \quad d = (V \times t)/2 \tag{15.7}$$

ここで，V：媒質中の電磁波速度，C：真空中の電磁波速度 $(3.0 \times 10^8 \text{ m/s})$，$d$：電磁波の送信源から鉄筋までの距離，$t$：電磁波の送信時刻と鉄筋からの反射波の受信時刻との時間差である．

測定装置は，図 15.8 のように送/受信アンテナと制御/演算部とからなっている．電磁波の反射波形を表示できるとともに，送/受信アンテナの走査方向に対して，コンクリート表面からの深さ方向の反射源の位置が画像の濃淡で視覚的に把握できる縦断図を表示できるタイプの

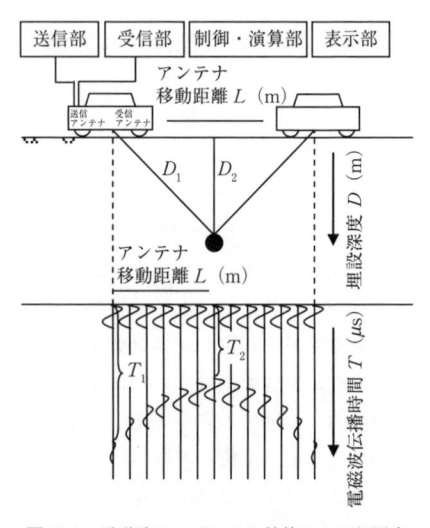

図 15.8 電磁波レーダによる鉄筋のかぶり測定

15.4.3 電磁誘導法

電磁誘導法では，コンクリート表面付近でコイルに交流電流を流し磁界を発生させ，同時にコイルに発生する起電力を測定することで，起電力の変化の有無からコンクリート中の鉄筋の有無を検知し，また起電力の大きさや位相から，鉄筋までの距離や鉄筋の直径などの情報を得ることが可能である(図15.9)．コイルにより生じた磁界の中に導体（鉄筋）がある場合は，磁束の変動の影響により鉄筋に2次的な電流が流れ，これによって新たに磁界が発生することからコイルの起電力に変化が生じる．

この方法では，コンクリートやコンクリート中の空隙はその電気的性質から電磁誘導効果とほとんど関連がないことから，コンクリートの状態が鉄筋探査に与える影響はほとんどない．

コイルで測定される起電力波形の振幅と鉄筋のかぶり，起電力波形の位相角と鉄筋の直径とには，ある条件の範囲内であればそれぞれ良好な相関関係があり，測定装置の特性をふまえた上でこれらの関係をあらかじめ把握しておけば，これに基づき鉄筋のかぶりや鉄筋直径を非破壊で評価することができる．

15.4.4 X線透過法

X線が物体を透過する前後のX線量の変化は，以下の式で与えられる．

$$I = I_0 \cdot \exp(-\mu T) \tag{15.8}$$

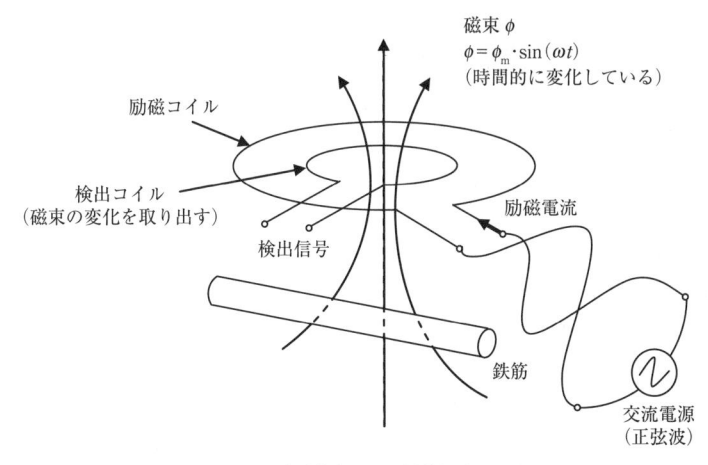

図15.9 電磁誘導法による鉄筋探査の原理

ここで，I_0：透過前の線量，I：透過後の線量，μ：吸収係数，T：対象となる物質の透過厚さである．

この式によれば，コンクリート中での非破壊評価を想定した場合は，透過後のX線量によりコンクリート中の鉄筋や空隙の存在を把握する上で，コンクリートの品質やコンクリートの厚さが大きく影響することが分かる．

この方法では，透過したX線の線量の分布を画像上の濃淡として表現することで，鉄筋などの調査対象を視覚的にとらえることができる（図15.10）のが特徴である．透過したX線の撮像媒体としては，X線フィルムやイメージングプレートが用いられる．

15.4.5 赤外線サーモグラフィ法

あらゆる物体は，物体表面での原子および分子の運動に起因した表面温度に応じた電磁波を放射している．外部から入射する熱放射などを，あらゆる波長のレンジにわたって完全に吸収し，また放出できる理想上の物体のことを黒体と呼ぶが，この黒体における表面温度と放射発散度および波長の関係を図15.11に示す．この関係に基づけば，赤外線センサの検出波長に対応した放射発散度を把握することにより，物体表面の温度を推定することができる．赤外線センサを内蔵した赤外線カメラにより撮影した熱画像を表示する装置が赤外線サーモグラフィであり，この名前が本手法の名称となっている．

ここで，赤外線サーモグラフィを用いたコンクリート内部欠陥の検出原理を紹介する．図15.12に示すように，コンクリート中に空隙などの欠陥が存在する部分は，健

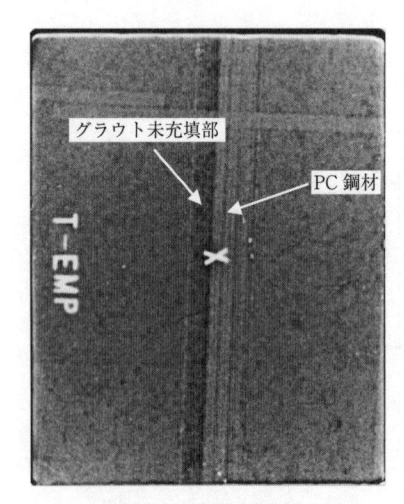

図15.10 X線透過画像

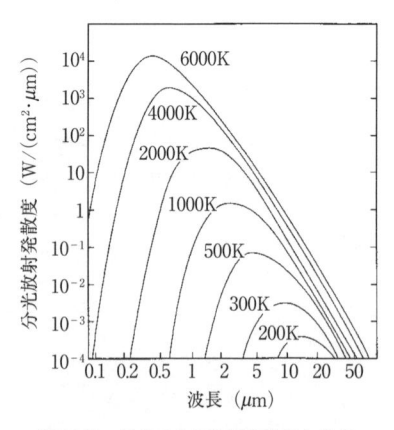

図15.11 黒体の分光放射発散度と波長

図 15.12 欠陥検出の原理　　　　図 15.13 熱画像の例

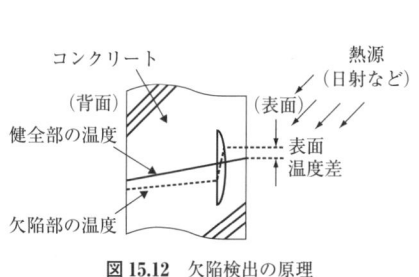

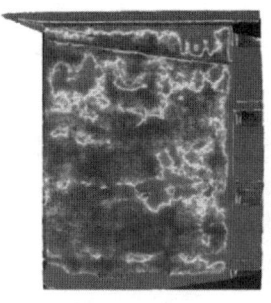

全部と比べて熱伝導率などを含めた熱的な性質が異なることから，日射などにより表面から熱が与えられると内部の温度勾配に違いが生じ，結果的に表面温度に差が生じることとなる．したがって表面温度の分布状況（図 15.13）が赤外線サーモグラフィにより把握できれば，分布状況の特異的な箇所を欠陥などの存在箇所とみなすことができる．

15.5　電気化学的手法

15.5.1　概　　要

コンクリート中の鉄筋の腐食状況を非破壊で評価する手法としては，腐食現象が電気化学的反応であることに着目した自然電位法や分極抵抗法などがある（これらの方法については 5 章にも説明があるので参照されたい）．

このうち自然電位法は，腐食が進行中の鉄筋においてアノード部は負に帯電するため，自然電位が負（電気化学では卑という）の方向に向かう点に着目し，電位の大きさの分布状況から鉄筋の腐食現象の発生の可能性を推定する方法である．一方分極抵抗法は，鉄筋表面の鉄のイオン化に要するエネルギー障壁を電気的な観点から抵抗（分極抵抗）として計測し，得られた分極抵抗値からコンクリート中の鉄筋の腐食速度を求める方法として用いられている．

15.5.2　自然電位法

自然電位法では，図 15.14 に示すように電位の計測には電位差計が用いられる．鉄筋の一部にリード線を接続し，一方で鉄筋の直上のコンクリート表面に含水させたスポンジなどを介して照合電極を押し当てて測定を実施する．この際，かぶり部分のコンクリートを十分な湿潤状態にするのが重要である．

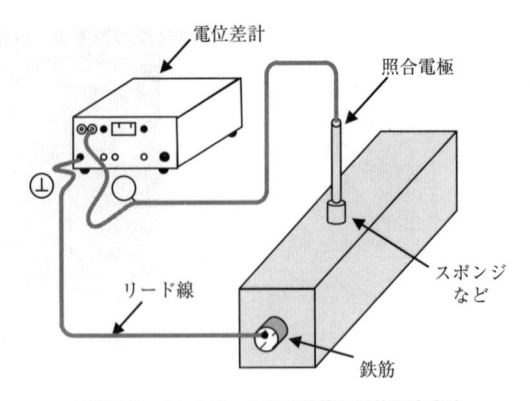

図15.14 コンクリート中の鉄筋の電位測定方法

表15.2 ASTMによる鉄筋腐食判定基準

自然電位 E (V vs CSE)	鉄筋腐食の可能性
$-0.2 < E$	90%以上の確率で腐食なし
$-0.35 < E \leq -0.2$	不確定
$E \leq -0.35$	90%以上の確率で腐食あり

計測された自然電位の値の解釈については，表15.2に示すASTMの基準が一般的に用いられており，これに基づき鉄筋腐食の可能性の判定が可能となる．

15.5.3 分極抵抗法

分極抵抗法では，腐食状態にある鉄筋に対し外部から強制的に電流（ΔI）を加え，その際に生じる鉄筋の電位の微小変化（過電圧：ΔE）を計測する．過電圧が±10～20 mV程度の範囲においては過電圧と印加電流との間には線形関係（$\Delta E = \Delta I \cdot R_p$）が存在するため，両者の勾配が分極抵抗の値となる．一方，この分極抵抗は腐食速度（腐食電流密度）と反比例の関係にあり，以下の式（Stern-Geary式）により表現される．

$$I_{corr} = \frac{1}{R_p} \tag{15.9}$$

ここで，I_{corr}：腐食電流密度（$\mu A/cm^2$），R_p：分極抵抗（Ωcm^2），K：金属の種類や環境条件で決まる定数である．定数Kは，コンクリート中の鋼材腐食に対しては0.026がよく用いられる．したがって，分極抵抗を求めることで(15.9)式から腐食電流密度，すなわち腐食速度を求めることができるのである．

この方法では，測定のために外部から強制的に電流を加えることになるが，この印

加方式によって直流法と交流法とに大別される．国内では交流法によるものが多く，交流インピーダンス法が主流となっている．

分極抵抗法における鉄筋腐食程度の判定については，これまでさまざまな提案が行われているが，まだ規準化されたものはない．

15.6 コンクリートの化学分析方法

ここでは，コンクリートの化学分析方法として，コンクリート中の水酸化カルシウムなどの定量に用いられる熱分析，および結晶質の物質が同定できるX線回折，さらに元素濃度の定量が可能なEPMAについて簡単に紹介する．

熱分析は，物質の温度を一定のプログラムによって変化させながら，その物質のある物理量を温度の関数として測定する方法である．測定する物理量には，質量，温度差，比熱容量，転移熱量などがある．温度差の測定は示差熱分析（DTA），熱容量および転移熱量の測定は示差走査熱量測定（DSC），質量の測定は熱重量分析（TG）と呼ばれ，これらを組み合わせた熱重量-示差熱分析（TG-DTA）などもある．

X線回折では，試料にX線を照射し，回折X線強度を検出器によって検出し，回折角度とX線強度の関係を記録する．測定されたデータと粉末X線回折データベース（ICDD，PDF）に収録されたデータまたは標準物質のデータを照らし合わせ，一致状況を照合することで物質を同定する．

物体に電子線を照射すると各原子固有の特性X線が発生し，その波長を分析することで固体表面を構成する元素の種類を判別できる．この際，発生する特性X線の強度は電子線照射位置における構成原子の濃度に対応しており，特性X線の強度を測定することで固体表面を構成する元素の濃度が測定できる．EPMAによる硬化コンクリートやモルタルの種々の元素の面分析は，電子線照射により発生する特性X線の波長による元素の判別と，その特性X線の強度による元素の濃度情報の取得により行われる[10]．

15.7 おわりに

本章で紹介した調査試験方法以外にも，近年では，コンクリート構造物表面のひび割れ調査にデジタルカメラやレーザーなどを用いた検査法が用いられるようになっており，今後はこうした技術の利用も増加するものと思われる．

また既設の構造物では，安全上の理由やその他の制約条件から，人手で検査を実施するのが難しい箇所も少なくない．そのため作業の安全性のみならず，効率化のため

にも各種センサを搭載したロボットの活用が効果的である．

さらに定期点検などにおいて，非破壊試験を適用して変状の発生や経年劣化を評価する場合は，比較の参考となる初期値があれば，より適確な診断が可能となる．したがって今後新設する構造物においては，竣工時点での非破壊試験データをあらかじめ計画的に取得しておくことが，将来の点検において有効となるであろう．

□参考文献

1) K. L. Johnson: Contact Mechanics, Cambridge Univ. Press, 2003.
2) 日本材料試験協会実施コンクリート強度判定法委員会：シュミットハンマーによる実施コンクリートの圧縮強度判定方法指針，材料試験，**7**(59)，pp.40-44，1958.
3) JSCE-G 504「硬化コンクリートのテストハンマー強度の試験方法」
4) JIS A 1155「コンクリートの反発度の測定方法」
5) 大津政康：コンクリート非破壊評価のための弾性波法の理論と適用，コンクリート工学，**46**(2)，pp.5-11，2008.
6) 日本コンクリート工学協会：コンクリート診断技術'11［基礎編］，2011.
7) JIS A 1127「共鳴振動によるコンクリートの動弾性係数，動せん断弾性係数及び動ポアソン比試験法」
8) M. Ohtsu and T. Watanabe: Stack Imaging of Spectral Amplitudes based on Impact-Echo for Flaw Detection, NDT&E International, (35), pp.189-196, 2002.
9) M.Ohtsu et al.: Moment Tensor Analysis of AE for Cracking Mechanisms in Concrete, ACI Structural Journal, **95**(2), pp.87-95, 1998.
10) JSCE-G 574「EPMA法によるコンクリート中の元素の面分析方法」

□関係規準類

1) JIS A 1155「コンクリートの反発度の測定方法」
2) JSCE-G 504「硬化コンクリートのテストハンマー強度の試験方法」
3) NDIS 1401「コンクリート構造物の放射線透過試験方法」
4) NDIS 2421「コンクリート構造物のアコースティック・エミッション試験方法」
5) NDIS 2426-1「コンクリート構造物の弾性波による試験方法 第1部：超音波法」
6) NDIS 2426-2「コンクリート構造物の弾性波による試験方法 第2部：衝撃弾性波法」
7) NDIS 2426-3「コンクリート構造物の弾性波による試験方法 第3部：打音法」
8) NDIS 3428「赤外線サーモグラフィ法による建築・土木構造物表層部の変状評価のための試験方法」
9) NDIS 3429「電磁波レーダ法によるコンクリート構造物中の鉄筋探査方法」
10) NDIS 3429「電磁誘導法によるコンクリート構造物中の鉄筋探査方法」
11) ASTM-C1383-04：Standard test method for measuring the P-wave speed and the thickness of concrete plates using the impact-echo method
12) ASTM-D5882-00：Standard test method for low strain integrity testing of piles
13) ASTM-C805-02：Standard test method for rebound number of hardened concrete
14) ASTM-C597-02：Standard test method for pulse velocity through concrete

15.7 お わ り に　　　　　　　　　　　　　　　　　　*225*

15) ASTM-C215-02：Standard test method for fundamental transverse, longitudinal and torsional resonant frequencies of concrete specimens
16) RILEM-TC212-ACD Recommendation1：-Measurement method for acoustic emission signals in concrete
17) RILEM-TC212-ACD Recommendation2：-Test method for damage qualification of reinforced concrete beams by acoustic emission
18) RILEM-TC212-ACD Recommendation3：-Test method for classification of active cracks in concrete structures by acoustic emission

☐最新の知見が得られる文献
 1) 土木学会：弾性波法によるコンクリートの非破壊検査に関する委員会報告書およびシンポジウム論文集，コンクリート技術シリーズ 61，2004.
 2) 土木学会：弾性波法の非破壊検査研究小委員会報告書および第 2 回弾性波法によるコンクリートの非破壊検査に関するシンポジウム講演概要集，コンクリート技術シリーズ 73，2007.
 3) 鎌田敏郎，内田慎哉：コンクリート構造物の診断における非破壊検査の適用の現状と今後の展望，物理探査，**60**(3)，pp.253-263，2007.
 4) 土木学会：コンクリート構造物の非破壊評価技術の信頼性向上に関する研究小委員会報告書，コンクリート技術シリーズ 88，2009.
 5) 日本非破壊検査協会編：新コンクリートの非破壊試験，技報堂出版，2010.

☐演習問題
 1. プレストレス導入時期の判定のため，材齢 7 日でコンクリート梁部材の反発度 R を湿潤状態の表面部で測定したところ，25 と求まった．(15.2) 式を参考にすると，このコンクリートの圧縮強度はいくらと推定されるか．
 2. 共鳴法の縦振動法では，供試体長さ L が半波長 ($\lambda/2$) の時に縦共振が生じるとしている．(15.5) 式を参考に，共振周波数 f として $\lambda = 2L = V_p/f$ の関係から，共振周波数と弾性係数 E の関係を求めよ．
 3. 電磁波レーダ法が，コンクリート中の鉄筋の探査に適した手法である主な理由について簡潔に述べよ．
 4. 赤外線サーモグラフィ法によりコンクリート表層部の欠陥を検出する原理について簡潔に説明せよ．
 5. コンクリート中の鉄筋の電位の分布状況から，鉄筋の腐食の可能性を判断する自然電位法の原理について簡潔に説明せよ．

第16章 おわりに

ここまで，材料の非常に理論的で基本的なところから，応用の部分までを見てきた．本章では，コンクリートを中心とした材料に関して，これまでを振り返りながら，将来のあり方と期待されるものについて述べ，締めくくりとしたい．

16.1　20世紀に加速した材料の高性能化

構造物の役割や形状の可能性を広げるために，材料の高強度化，軽量化，高耐久化，多機能化が図られてきた．コンクリートの場合，高強度コンクリート，繊維補強コンクリート，軽量コンクリート，高耐久コンクリート，高流動コンクリート，ポーラスコンクリートなどが開発されてきた．圧縮に強く耐久性に富むという長所の伸長，重くてひび割れやすく脆いという短所の改善，施工の容易化，透水性や生物繁殖の場の付与といった，コンクリートの高性能化，多機能化には，各種の混和材料が大きく貢献した．

上述のコンクリートの例に見られるように，材料開発は，長所の伸長，短所の改善，新たな機能の付与などを目標として行われてきた．研究者は，たとえその目標が困難なものであっても，目標を達成するために懸命に努力し，そこにやりがいを見出してきた．材料開発において大切なことは，研究者が目標として大きな夢をもつことであり，夢の実現のために柔軟に思考し，豊富なアイデアを出すことである．

開発された材料の適用を促進する上では，優れた性能を定量化するための評価方法を確立し，性能を生かした設計施工基準類を作成することが重要である．この点において，土木学会をはじめとする学協会が先導的な役割を果たしてきた．材料の挙動や性能とそのメカニズムに関する信頼できる研究や評価方法の開発に関する研究が，こうした学協会の活動を支えてきた．材料の特徴を生かした魅力的なアイデアが，適用を促進してきた．

16.2 21世紀に求められる環境適応型材料

20世紀の後半からはエネルギーや資源の有限性が問題視されるようになり，21世紀に入ってからは，まさに人類は環境問題という大きな壁にぶつかっている．こうした中で，材料はどうあるべきであろうか．特に建設材料は，その使用量も膨大であり，使うエネルギーも多い．21世紀の環境適応型の材料とはどのような材料であろうか．

16.2.1 長持ちする材料

残念ながら，どんなによい材料であっても使っていくと必ず劣化する．劣化するので，再構築が必要になる．そうであれば，最初に思いつく環境適応型の材料は，「長持ちする材料」である．コンクリート構造物の場合には，材料の寿命よりは構造物としての寿命をいかに長くするかが，環境負荷低減につながる．これには材料面だけでなく，設計や，場合によっては施工も影響する．設計面では，よく分かっている材料を適材適所に使っていくことが重要である．施工では，設計した構造物が造りやすいことも大切であるし，材料のさまざまなバラツキも少ない方が品質管理が容易である．施工しにくい材料を使ってしまうと，余計なエネルギーを使ったり，結局長持ちしない構造物になってしまうこともある．

こうして見てみると，長持ちする材料とは，材料自体が高性能である場合もあろうが，使う側の理解が大変重要で，分かりやすい材料，扱いやすい材料というのも重要な要素となる場合もありそうである．となると，同じ材料であっても，使う側の理解の深まりとともに長持ちする材料になるかもしれない．

16.2.2 シンプルな材料

長持ちしない材料であれば，リサイクルをすればよい，という考え方もあろう．一般論としては，シンプルな材料，シンプルな構造のものはリサイクルが比較的しやすく，複雑な材料，複雑な構造のものほどリサイクルが難しい．最近レアメタルの不足が問題となっているが，これは合金などの性能を向上させるために種々の材料を組み合わせる技術が増えてきたことが背景にある．こうした合金では，性能は向上し付加価値は高まるが，リサイクルという面では大きな障害となることが多い．これは金属材料だけでなく，プラスチック類など幅広い材料にもいえるし，コンクリートにもいえる．コンクリートで高性能な材料の1つとして，短繊維を混入した高強度コンクリートなどがある．こうした材料はきわめて性能が高く，うまく使えば価値の大きいものである．しかし，リサイクルという面ではきわめて難しい材料で，壊すことさえ難

しいものとなる．金属分野では，レアメタルの不足に対し，鉄なら鉄だけで性能を向上させるための研究も盛んである．もちろん，「高性能な複合的材料」を限られた範囲で適材適所に使っていくことは，今後も求められるであろうし，技術開発も必要である．その一方では，「シンプルな材料をシンプルに使う技術」も必要となろう．

16.3　これからの有能な研究者・技術者

　21世紀の環境適応型の材料を考えるとき，材料そのものも重要であるが，「材料と構造に対する深い正しい理解」が不可欠である．必要もないのにいたずらに高性能な材料を求めたり，必要以上にひび割れを毛嫌いしたりすることは，結局無駄を生む．新設の構造物の設計では，深い理解がなければ不確定な要素が増え，それは設計の安全率という形で，構造物の贅肉となってしまう．既存の構造物の劣化状態を診るのに，不確定な要素が大きければ大きいほど心配が増えるため，不要な補修補強を施したり，早期に取り壊したりと，やはり無駄を生じてしまう．材料や構造物に対する正しい理解と，それを用いて「的確に判断できる技術者の養成」も重要な要素である．

　本書を使って材料の勉強をされた人が，ここで述べたような有能な研究者や技術者になられることを，さらにそうした研究者や技術者がよりよい材料・構造を技術開発し提案されんことを祈念して，本書を締めくくることとしたい．

索　引

欧　文

Cl 浸透抵抗性（chloride penetration resistance）85
DLVO（Derjaguin-Landau-Verwey-Overbeek）103
ECC（engineered cementitious composites）199
EPMA（electron probe micro analyzer）223
L 型フロー試験（test for L-type flow of self-compacting concrete）128
Nernst-Plank 式（Nernst-Plank equation）169
PDF（power diffraction file）223
RPC（reactive powder concrete）201
SIBIE（stack imaging of spectral amplitudes based on impact echo）216
S-N 線図（S-N curve, Wöhler curve）143
WLF 式（WLF equation）73
X 線回折（X-ray diffraction）87, 223
X 線回折/リートベルト法（X-ray diffraction / Rietveld method）93
X 線透過法（X-ray transmission method）219

ア　行

相性問題（compatibility problems）92
アコースティック・エミッション法（acoustic emission methods: AE 法）216
圧縮強度（compressive strength）19, 133
アノード（anode）52
洗い分析試験（washing analysis）128
アルカリ骨材反応（alkali aggregate reaction）152
アルカリシリカゲル（alkali silica gel）153
アルカリシリカ反応（alkali silica reaction: ASR）86, 108, 152
アルミナセメント（alumina cement）83
アルミネート相（aluminate phase）84
イオン結合（ionic bond）10
異形鉄筋（deformed bar）142
異種金属腐食（galvanic corrosion）59
異常凝結（abnormal setting）93
液相（liquid phase）92
エトリンガイト（ettringite: Ett, AFt）85
　　　の遅延生成（delayed ettringite formation: DEF）158
エネルギー弾性（energy elasticity）68
エフロレッセンス（efflorescence）108, 123
エポキシ樹脂（epoxy resin）62, 77
エポキシ樹脂塗装鉄筋（epoxy coated steel bar）176
エーライト（alite）84
塩（salt）154
塩害（chloride induced deterioration）167
塩化物イオン（chloride ion）167
延性（ductility）22, 23
延性破壊（ductile fracture）32
エントレインドエア（entrained air）155
エントロピー弾性（entropic elasticity）68
応力-ひずみ曲線（stress-strain curve）16, 144
応力腐食割れ（stress corrosion cracking）61
オートクレーブ養生（autoclave curing）138
温度-時間換算則（time-temperature superposition principle）73

カ　行

界面活性剤（surfactant）99
外来塩化物イオン（ingressed chloride ion）167
化学混和剤（chemical admixture）99

索　引

化学組成（chemical composition）　92
化学的侵食（chemical attack）　156
拡散係数（diffusion coefficient）　169
重ね合わせ則（superposition）　161
可視化実験（visualization technique）　129
仮想ひび割れモデル（fictitious crack model）　148
カソード（cathode）　52
硬さ（hardness）　21, 22
割線弾性係数（secant elastic modulus）　145
割裂引張強度（splitting tensile strength）　141
割裂引張試験（splitting tensile test）　140
ガラス転移（glass transition）　67
ガラス転移点（ガラス転移温度, glass transition temperature: T_g）　68
ガラス領域（glass region）　70
間隙質（interstitial phases）　84
間げき通過性試験（test for passability through obstacle of self-compacting concrete）　128
含水状態（states of moisture）　118
乾燥収縮（drying shrinkage）　85, 122
乾燥収縮ひずみ（drying shrinkage strain）　162
寒中コンクリート（cold weather concrete）　138

偽凝結（false setting）　92
気硬性セメント（non-hydraulic cement）　83
機能材料（functional material）　3
吸水率（absorption）　118
吸着（adsorption）　101
吸着塩化物イオン（adsorbed chloride ion）　168
強化基材（reinforcement）　14
凝結の始発（initial setting）　94
凝結の終結（final setting）　94
凝固（solidification）　26
共振動数（resonance frequency）　146
強度発現（strength development）　87
共有結合（covalent bond）　10
金属結合（metallic bond）　10, 23
金属材料（metal）　23

空間分解能（spatial resolution）　93
空隙（pore）　87
空孔（vacancy）　13
クリープ（creep）　33, 71, 158
クリープ強度（creep strength）　19

クリープ係数（creep coefficient）　160
クリープ破壊（creep fracture）　19
クリープひずみ（specific creep）　158
クリンカ（clinker）　83
クリンカクーラー（clinker cooler）　86

けい酸イオン（silicate ion）　87
けい酸カルシウム（calcium silicate）　84
けい酸カルシウム水和物（calcium silicate hydrate）　85
形状記憶合金（shape memory alloy）　35
結合材（binder）　87, 184
結晶（crystalline）　11
結晶構造（crystalline structure）　87
結晶粒（crystal grain）　13, 24
結晶粒界（面欠陥, grain boundary）　13, 29
ゲル空隙（gel pore）　88
原子空孔（vacancy）　28
減水剤（water reducer）　89
研磨薄片（polished section）　93

硬化（hardening）　121
光学顕微鏡（optical microscope）　93
高強度コンクリート（high strength concrete）　196
合金（alloy）　24, 62
合金鋼（alloy steel）　48
格子間原子（interstitial atom）　28
格子欠陥（lattice defect）　28
公称応力（nominal stress）　19
孔食（pitting corrosion）　59, 175
高性能 AE 減水剤（superplasticizer）　92
構造材料（structural material）　3
構造鈍感（structure insensitive）　9
構造敏感（structure sensitive）　9
降伏（yielding）　16
降伏値（yield stress）　124
降伏点（yield point）　29
鉱物組成（mineral composition）　92
高流動コンクリート（self-compacting concrete）　128, 195
高炉スラグ微粉末（ground granulated blast furnace slag: GGBS）　83, 110
高炉セメント（blast furnace slag blended cement）

索　引

86
骨材（aggregate）　117
固定塩化物イオン（binded chloride ion）　168
ゴム領域（ゴム状平坦領域，rubbery region）　71
固溶強化（solid solution hardening）　31
固溶体（solid solution）　24, 84
コンクリート（concrete）　117
混合（blending）　90
混合剤（mineral admixture, supplemental cementitious material: SCM）　83
混合セメント（blended cement）　83
混合転位（mixed dislocation）　13
コンシステンシー（consistency）　125
コンドン-モース曲線（Condon-Morse curve）　9
混和材（mineral admixture）　108
混和材料（admixture）　99

サ　行

再アルカリ化（re-alkalization）　178
載荷速度（loading rate）　140
再現性（reproducibility）　92
細孔溶液（pore solution）　152
細骨材（fine aggregate）　117
砕砂（crashed sand）　118
再生骨材（recycled aggregate）　118
砕石（crashed stone）　118
材料分離（material segregation）　87
材料分離抵抗性（resistance for segragation）　125
3 点曲げ試験（three-point bending test）　148
3 等分点載荷（third-point loading test）　141
サンブナン体（Saint Venant-Kirchhoff body）　125
残留ひずみ（residual strain）　144

仕上げ（finishing）　92
ジオポリマー（geo-polymer）　83
自己収縮ひずみ（autogeneous shrinkage）　162
自然電位（halfcell potential）　56
自然電位法（halfcell potential method）　221
ジッキング試験（jigging method）　121
実効拡散係数（effective diffusion coefficient）　169
実積率（percentage of solid volume）　121
自由塩化物イオン（free chloride ion）　168

収縮（shrinkage）　107, 121
自由電子（free electron）　23
ジュラルミン（duralumin）　31
蒸気養生（steam curing）　138
衝撃強度（impact strength）　19
衝撃弾性波法（impact elastic wave methods）　215
晶出（crystallization）　26
焼成（burning）　91
状態図（phase diagram）　84
初期接線弾性係数（initial tangential elastic modulus）　145
暑中コンクリート（hot weather concrete）　138
シリカフューム（silica fume）　89, 112
人工軽量骨材（artificial lightweight aggregate）　118
刃状転位（edge dislocation）　13, 29
親水基（hydrophilic group）　101
靱性（toughness）　21, 31, 145
侵入型固溶体（interstitial solid solution）　13

水硬性セメント（hydraulic cement）　83
水素結合（hydrogen bond）　10
水素脆化（hydrogen-induced cracking）　61
水中不分離性コンクリート（antiwashout underwater concrete）　196
水和熱（hydration heat）　85
水和発熱（hydration heat generation）　93
水和反応（hydration reaction）　84
　——の促進（acceleration of hydration reaction）　107
　——の抑制（restraint of hydration reaction）　108
隙間腐食（crevice corrosion）　61
ステンレス鋼（ステンレス，stainless steel）　47, 62
スラグ骨材（slag aggregate）　122
スラッジ（sludge）　123
スランプ（slump）　123, 182
スランプ試験（slump test）　127
寸法効果（size effect）　139

制御圧延（thermomechanical control process）　32
脆性（brittleness）　21

脆性破壊（brittle fracture） 33
静的強度（static strength） 19
静電力（electrostatic force） 85
精度（precision） 93
せき板効果（wall effect） 139
赤外線サーモグラフィ法（infrared thermography method） 220
析出（precipitation） 26
析出硬化（precipitation hardening） 31
積層欠陥（stacking fault） 29
石炭灰（coal ash） 91
石灰石微粉末（limestone powder） 83, 113
絶乾密度（絶対乾燥密度，density in oven-dry condition） 118
石膏（gypsum） 83
接線弾性係数（tangential elastic modulus） 145
セメント（cement） 83
セメントゲル（cement gel） 87
セメントペースト（cement paste） 121
遷移温度（transition temperature） 44
繊維強化プラスチック（繊維補強プラスチック，fiber reinforced plastic, fiber reinforced polymer: FRP） 67, 206
遷移帯（interfacial transition zone） 133
線欠陥（line defect） 29
潜在水硬性（latent hydraulicity） 110
せん断強度（shear strength） 19, 142
せん断弾性係数（shear modulus） 146
せん断破壊（shear fracture） 33
銑鉄（pig iron） 38
栓流（plug flow） 125

層間空隙（interlayer pore） 88
早強（high early strength） 84
相転移（phase transition） 92
増粘性（viscosity modified enhancement） 108
粗骨材（coarse aggregate） 117
疎水基（hydrophobic group） 101
塑性（plasticity） 15
塑性ひずみ（plastic strain） 27
塑性変形（plastic deformation） 26
粗粒率（fineness modulus） 120

タ 行

耐候性鋼（weathering steel） 47
耐酸性（acid resistance） 85
体心立方格子（body centered cubic lattice） 24
耐硫酸塩性（sulfate resistance） 85
打音法（impact acoustics method） 213
多形（polymorphism） 92
脱塩（desalination） 178
ダッシュポット（dashpot） 125
脱炭酸（decarbonation） 92
単位容積質量（one volume mass） 121
単位量（unit mass） 180
炭酸化（中性化，carbonation） 167
炭酸化反応（reaction of carbonation） 172
弾性（elasticity） 15
弾性係数（elastic modulus） 122, 145
弾性限（elastic limit） 16
弾性波法（elastic wave method） 211
弾性変形（elastic deformation） 26
弾性余効（遅れ弾性，elastic after-effect） 15
短繊維補強コンクリート（fiber reinforced concrete: FRC） 198
炭素鋼（carbon steel） 48
炭素繊維（carbon fiber） 80
断面修復工法（patching repair method） 177
置換型固溶体（substitutional solid solution） 13
チタン（titanium） 34
チタン合金（titanium alloy） 34
中性化速度係数（coefficient of carbonation rate） 174
中性化速度式（equation of carbonation rate） 174
中性化抵抗性（carbonation resistance） 85
中性化残り（uncarbonated cover depth） 175
中性化深さ（carbonation depth） 175
稠密充填構造（close-packed structure） 89
稠密六方格子（hexagonal close packed lattice） 24
超音波法（ultrasonic method） 214
超高強度繊維補強コンクリート（ultra high performance fiber reinforced concrete: UHPFRC） 201
直接引張試験（direct tensile test） 140

強さクラス（strength class） 86

低熱（low heat） 84
鉄（iron） 37
鉄筋腐食（steel corrosion） 166
デプレション（depletion） 106
転位（dislocation） 13, 29
転移領域（transition region） 71
電気泳動試験（electrophoresis test） 169
電気化学的手法（electrochemical method） 177, 211
電気化学的反応（electrochemical reaction） 52
電気化学的防食工法（electrochemical protection method） 177
電気防食（cathodic protection） 62, 176
点欠陥（point defect） 13, 28
電磁波法（electromagnetic wave method） 211
電磁波レーダ（ground penetrating radar） 218
電磁誘導法（electromagnetic induction method） 219
展性（malleability） 22, 23
天然骨材（natural aggregate） 118
凍結防止剤（deicing agent） 168
透水型枠（permiable form） 129
動弾性係数（dynamic elastic modulus） 146

ナ 行

内在塩化物イオン（pre-mixed chloride ion） 167
ナフタレンスルホン酸ホルマリン縮合物 （naphthalene sulfonic acid formaldehyde condensate） 106

二酸化炭素（carbon dioxide） 171
ニュートン流動（Newtonian flow） 18

ねじり強度（torsional strength） 19
熱拡散率（thermal diffusivity） 164
熱可塑性樹脂（thermoplastic resin） 12, 67
熱間加工（hot working） 48
熱硬化性樹脂（thermosetting resin） 13, 65
熱伝導率（thermal conductivity） 164
熱分析（thermal analysis） 223
熱膨張係数（coefficient of thermal expansion）

166
練混ぜ水（mixing water） 117
粘性（viscosity） 15
粘性流動（viscous flow） 18
粘弾性（viscoelasticity） 71

ハ 行

配合設計（mix proportion） 180
ハイドロガーネット（hydro-garnet） 84
バウシンガー効果（Bauschinger effect） 17
破壊（fracture） 32
破壊エネルギー（fracture energy） 148
破壊進行領域（fracture process zone） 147
破壊靱性（fracture toughness） 20
破壊力学（fracture mechanics） 147
鋼（steel） 38
破断（rupture） 33
発錆限界塩化物イオン濃度（threshold chloride ion content for initiation of steel corrosion） 171
半水石膏（calcium sulfate hemihydrate basanite） 92
半電池（halfcell） 53
反応性シリカ（reactive silica） 153
反発度に基づく方法（rebound hammer method） 211
非構造材料（non-structural material） 3
微細構造（micro structure） 87
微細な破壊（マイクロクラック，micro crack） 133
非晶質（アモルファス，amorphous） 11
非晶質固体（amorphous solid） 12
非晶質相（amorphous phase） 93
ひずみ硬化（加工硬化，strain hardening, work hardening） 16, 30
ひずみ硬化型セメント系（strain hardening cementitious composite: SHCC） 199
ひずみ速度（strain rate） 124
ひずみ軟化（strain softening） 144
引張強度（tensile strength） 19, 140
引張強さ（ultimate tensile strength） 29
引張軟化曲線（tension softening curve） 148
比熱（specific heat） 164

非破壊試験法（nondestructive test）210
比表面積（specific surface area）84
表乾密度（表面乾燥飽水密度, density in saturated and surface-dry condition）118
標準粒度曲線（standard particle size distribution curve）120
表面水率（surface moisture）118
表面張力（surface tension）101
表面被覆（surface coating）62, 176
ビーライト（belite）84
疲労（fatigue）33, 44, 143
疲労強度（fatigue strength）19
疲労限度（fatigue limit）21, 45, 143
疲労破壊（fatigue fracture）19
ビンガム体（Bingham body）19, 125

ファン・デル・ワールス結合（Van der Waals bond）10
ファン・デル・ワールス力（Van der Waals force）10, 84
フェノールフタレイン法（phenol phthalein method）175
フェライト相（ferrite phase）84
フォークトモデル（フォークト要素, Voigt model）71
複合劣化（complex deterioration）168
腐食（corrosion）52
腐食速度（corrosion rate）171
腐食疲労（corrosion fatigue cracking）61
付着強度（bond strength）142
普通鋼（common steel）48
フック弾性材料（Hooke elastic material）15
不動態（passive state）166
不動態被膜（passive film）57, 166
不飽和ポリエステル樹脂（unsaturated polyester resin）77
フライアッシュ（fly ash）83, 111
ブリーディング試験（bleeding test）128
フリーデル氏塩（Friedel's salt）168
フレッシュコンクリート（fresh concrete）117
ブレーン比表面積（Blaine specific surface area）85
分極（polarization）55
分極抵抗法（polarization resistance method）57, 222
分散（dispersion）103
分散剤（dispersant）89
粉末X線回折データベース（international centre for diffraction data: ICDD）223
平衡（equilibrium）95
平衡状態図（equilibrium phase diagram）25
ペシマム現象（pessimum phenomenon）154
ヘミカーボネート（hemi-carbonate）85
変態（transformation）24
変動係数（coefficient of variation）185
ポアソン効果（Poisson's effect）139
ポアソン比（Poisson's ratio）146
方解石（calcite）85
防食（corrosion prevention）62
膨張コンクリート（expansive concrete）202
膨張材（expansive admixture）113
ボーグ式（Bogue equation）92
舗装用コンクリート（concrete for pavement）128
ポゾラン反応（pozzolanic reaction）87
ポゾラン反応性（pozzolanic reactivity）110
ポリカルボン酸エーテル（polycarboxylate ether）106
ポリマー含浸コンクリート（polymer impregnated concrete: PIC）204
ポリマーコンクリート（polymer concrete）203
ポルトランダイト（portlandite）85
ポルトランドセメント（portland cement）83
ボールベアリング効果（ball bearing effect）109
ホール・ペッチ（Hall-Petch）31

マ 行

マイクロフィラー効果（micro filler effect）109
マイナー則（Miner's law）21
マクスウェルモデル（マクスウェル要素, Maxwell model）71
曲げ強度（flexural strength）19, 141
マチュリティ（積算温度, maturity）138
マトリックス（matrix）14

見掛けの拡散係数（apparent diffusion coefficient）170

索　引　　　235

ミクロセル腐食（micro cell corrosion）175
未水和セメント（unhydrated cement）87
水セメント比（water cement ratio: W/C）184
ミセル（micelle）101
密度（density）84

メラミンスルホン酸ホルマリン縮合物（melamine sulfonic acid formaldehyde condensate）106
面欠陥（plane defect）29
面心立方格子（face centered cubic lattice）24

毛細管空隙（capillary pore）88, 155
モノカーボネート（mono-carbonate）85
モノサルフェート（monosulfate: AFm）85
もみがら灰（rice husk ash）114
モルタル（mortar）117

ヤ　行

焼き入れ（quenching）41
焼きなまし（焼鈍, annealing）41
焼きならし（焼準, normalizing）41
焼きもどし（tempering）41
ヤング係数（Young's modulus）145

誘導期（induction period）93
遊離石灰（free lime: f-CaO）86
油井セメント（oil well cement）83

溶解度（solubility）87
溶脱（leaching）95, 156
溶融スラグ骨材（melting furnace slag aggregate）122
余剰水（surplus water）156

ラ　行

らせん転位（screw dislocation）13, 29

ラメラ（lamella）12

リグニンスルホン酸塩（lignosulfonate）106
理想強度（ideal strength）19
離脱（desorption）88
立体障害効果（steric hindrance）105
流下試験（funnel test for flowability of self-compacting concrete）128
粒形判定実積率（solid volume parcentage for shape evaluation）121
硫酸（sulfuric acid）156
硫酸塩（sulfate）158
粒度（fineness）84, 120
流動領域（flow region）71
リューダース帯（Luder's band）16
リラクセーション（relaxation）45, 158
臨界応力拡大係数（critical intensity stress factor）20

冷間加工（cold working）48
レイタンス（laitance）129
0.2%耐力（0.2% offset yield strength）32
レオロジー（rheology）123
レオロジーモデル（rheological model）19
レジンコンクリート（resin concrete: REC）203
レディーミクストコンクリート（ready mixed concrete）123

ロータリーキルン（rotary kiln）91

ワ　行

ワーカビリティー（workability）125
割増し係数（overdesign coefficient）184

編集者略歴

宮川　豊章
みやがわ　とよあき

1950年　滋賀県に生まれる
1975年　京都大学大学院工学研究科
　　　　修士課程修了
現　在　京都大学大学院工学研究科
　　　　教授・工学博士

六郷　恵哲
ろくごう　けいてつ

1950年　広島県に生まれる
1978年　京都大学大学院工学研究科
　　　　博士課程単位修得退学
現　在　岐阜大学工学部
　　　　教授・博士（工学）

土木材料学　　　　　　　　　　　　　　定価はカバーに表示

2012年3月30日　初版第1刷
2024年3月15日　　　第9刷

編集者	宮　川　豊　章
	六　郷　恵　哲
発行者	朝　倉　誠　造
発行所	株式会社　朝倉書店

東京都新宿区新小川町 6-29
郵便番号　162-8707
電　話　03 (3260) 0141
Ｆ ＡＸ　03 (3260) 0180
https://www.asakura.co.jp

〈検印省略〉

Ⓒ 2012〈無断複写・転載を禁ず〉　　　　Printed in Korea

ISBN 978-4-254-26162-2　C 3051

JCOPY 〈出版者著作権管理機構　委託出版物〉

本書の無断複写は著作権法上での例外を除き禁じられています．複写される場合は，そのつど事前に，出版者著作権管理機構（電話 03-5244-5088, FAX 03-5244-5089, e-mail: info@jcopy.or.jp）の許諾を得てください．